全国高等职业教育资源开发类专业“十三五”规划教材
高等职业教育应用型人才培养规划教材

工程地质勘察与评价

主　编　李明辉　靳晓颖
副主编　白晓丽　魏继莲
　　　　范大明　张　磊

黄河水利出版社
·郑州·

内 容 提 要

本书主要内容包括工程地质勘察和工程地质评价两方面，分别介绍了工程地质勘察的方法、技术、步骤，并在此基础上讲述了工程地质评价的依据和评价方法，简要介绍了各地质条件对工程的影响及应对策略。

本书是高职高专地质工程技术专业的专业基础课程教材，也适用于矿山地质、采矿工程和矿山安全工程专业的工程技术人员学习及培训，还可供从事矿山地质工作、矿山监督和管理工作的技术人员阅读参考。

图书在版编目(CIP)数据

工程地质勘察与评价/李明辉，靳晓颖主编. —郑州：黄河水利出版社，2016.11

全国高等职业教育资源开发类专业“十三五”规划教材

高等职业教育应用型人才培养规划教材

ISBN 978-7-5509-1355-4

Ⅰ.①工… Ⅱ.①李…②靳… Ⅲ.①工程地质勘察-高等职业教育-教材 Ⅳ.①P642

中国版本图书馆 CIP 数据核字(2016)第 222455 号

组稿编辑：陶金志　电话：0371-66025273　E-mail：838739632@qq.com

出 版 社：黄河水利出版社

地址：河南省郑州市顺河路黄委会综合楼 14 层　　邮政编码：450003

发行单位：黄河水利出版社

发行部电话：0371-66026940、66020550、66028024、66022620(传真)

E-mail：hhslcbs@126.com

承印单位：河南省瑞光印务股份有限公司

开本：787 mm×1 092 mm　1/16

印张：15.5

字数：377 千字　　印数：1—3 000

版次：2016 年 11 月第 1 版　　印次：2016 年 11 月第 1 次印刷

定价：38.00 元

全国高等职业教育资源开发类专业“十三五”规划教材

高等职业教育应用型人才培养规划教材

参与院校

（排名不分先后）

辽宁地质工程职业学院
江西应用技术职业学院
湖南工程职业技术学院
重庆工程职业技术学院
湖北国土资源职业学院
福建水利电力职业技术学院
河北工程技术高等专科学校
湖南安全技术职业学院
黄河水利职业技术学院
广东水利电力职业技术学院
河南工业和信息化职业学院
辽源职业技术学院
长江工程职业技术学院
内蒙古工程学校
陕西能源职业技术学院
石家庄经济学院
山西水利职业技术学院
郑州工业贸易学校
山西工程技术学院
安徽矿业职业技术学院
云南国土资源职业学院
兰州资源环境职业技术学院
甘肃工业职业技术学院
昆明冶金高等专科学校
河北地质职工大学
安徽工业经济职业技术学院
湖北水利水电职业技术学院
湖南有色金属职业技术学院
晋城职业技术学院
杨凌职业技术学院
河南建筑职业技术学院
江苏省南京工程高等职业学校
安徽水利水电职业技术学院
山西煤炭职业技术学院
昆明理工大学
河南水利与环境职业学院
云南能源职业技术学院
河南工程学院
吉林大学应用技术学院
辽宁交通高等专科学校

出版说明

为更好地贯彻执行教育部《关于加强高职高专教育人才培养工作的意见》,切实做好高职高专教育教材的建设规划,我社以探索出版内容丰富实用、形式新颖活泼、符合高职高专教学特色的专业教材为己任,在充分吸收既有教材建设成果的基础上,通过大胆改革、积极创新,出版了一批特色鲜明的高职高专教材,得到了广大使用院校的一致好评。我们在走访高校过程中发现,有不少教师反映资源开发类专业教材相对缺乏,应广大师生要求,我社于2012 年开始着手该系列教材的前期调研工作。在这个过程中,我们深入走访全国 50 多座城市的近百所开设相关专业的高职院校,与近百位一线任课教师进行交谈,获得了大量的第一手资料,并最终确定了第一批拟编写的教材名称。当我们发出教材编写邀请函之后,得到了相关院校的积极响应,共有 200 多位老师提交了编写意愿。介于首批拟编写教材数量所限,此次我们只能邀请部分教师参与。在此,特向所有提交编写意愿的老师们表示深深的感谢,希望您们继续关心和支持我们的工作,争取在下一批教材出版中,能把更多专家和老师纳入我们的编写队伍中来。

经过前期的充分调研,2014 年 7 月,我社组织召开了全国高等职业教育资源开发类与基础工程技术专业“十三五”规划教材大纲研讨会,共有 30 多所高职高专院校老师及相关专家 100 余人参加会议。为确保教材的编写质量,参会老师分组对每种教材的编写大纲逐一进行了充分的研讨,有些讨论甚至持续到深夜还在进行,这种敬业精神深深地激励着我们,也为教材的高质量出版提供了保障。

本套教材适合高、中等职业教育资源开发类专业教学使用。在形式上,采用项目化教学模式组织编写,突出实用性与新颖性。在内容上,尤其注重将新技术及新方法融入其中,使学生在课堂上就能接触到较前沿的信息,在保证学习理论知识的同时,提高实际动手能力和操作技能。

本套教材的出版,得到了很多相关院校领导及专家的支持和帮助。为确保教材的编写质量,成立了由相关院校校级领导任主任委员的编审委员会。得益于各位委员的大力支持,以及各位审稿专家不辞辛劳、认真细致地审稿,本教材才得以顺利出版。在此,我们再次向所有给予我们指导和帮助的各位领导和专家表示感谢!

尽管我们付出了百分之百的努力，但受条件所限，教材在编写及出版过程中难免还会存在一些问题和不足，恳请广大读者批评指正，以便教材再版时完善。

本套教材均附带教学课件，任课老师如有需要，请联系黄河水利出版社陶金志（电话：0371－66025273；邮箱：838739632@ qq. com）。本套教材建有学术交流群，内有相关资料及信息以供分享，欢迎各位老师积极加入，QQ 交流群号：8690768。

黄河水利出版社

2015 年 10 月

前 言

高职教育中开设工程地质勘察及相关专业的学校较少，其使用的教材多是本科教材或是在本科教材基础上编写的教材。这些教材在使用中并不能适应现代高职教育，比如：教材以理论为主，应用技能部分较少；有些教材出版时间较早，使用标准、规范已过时等。这也给教师教学和学生学习带来了很多不便。

本教材编写过程中力求教学过程与工程实际相结合，既突出对学生实践技能及工程地质勘察职业能力的培养，又结合学生的认知和教学规律，方便学生通过完整的学习，掌握工程地质勘察与评价的实际工作内容。内容选择和安排以工程地质勘察工作过程划分工作项目，项目按照典型工作任务要求划分具体学习任务，既包括了勘察技能方面的内容，又强调了资料整理和分析评价的内容。全书以最新的国家标准及相关行业的规范规程为依据进行编写，全面体现了教材的新颖和职业性。

本书由黄河水利职业技术学院靳晓颖、石家庄综合地质大队李辉、河北地质职工大学李明辉、安徽水利水电职业技术学院魏继莲、长江工程职业技术学院范大明、河北地质职工大学白晓丽、甘肃工业职业技术学院张磊编写。编写工作的具体分工如下：靳晓颖编写项目一和项目四、附录；李辉编写项目二单元一；李明辉编写项目二单元二、项目三、项目十；魏继莲编写项目五和项目六；范大明编写项目七；白晓丽编写项目八；张磊编写项目九。本书由李明辉、靳晓颖担任主编，并由白晓丽统稿，李明辉最后修订完成；由白晓丽、魏继莲、范大明、张磊担任副主编。

本教材在编写过程中参考了相关单位的资料、规则规范，以及一些教材，在此一并致以最诚挚的谢意！

由于编者水平有限，书中错漏及不妥之处在所难免，恳请读者批评指正。

编 者

2016 年 8 月

目 录

项目一 工程地质勘察概述

学习目标

一、知识目标

1. 掌握勘察等级划分和阶段划分的依据及方法。
2. 掌握常用的勘察方法与手段。
3. 了解不同类型工程的勘察基本要求。

二、能力目标

1. 具备根据工程具体类型及规模特征进行勘察等级划分和阶段划分的能力。
2. 具备使用国家规范和行业规范的能力。

【导入】

岩土工程勘察的总原则是为工程建设服务,因此勘察工作必须结合具体建筑(构筑)物的类型、要求和特点及当地的自然条件和环境来进行,即勘察工作要有明确的针对性和目的性。如在地质条件复杂地区,对场地的地质构造、不良地质现象、地震烈度、特殊土类等必须查明其分布及危害程度,因为这些因素是评价场地稳定性、地基承载力及地基变形的主要控制因素。另外,不同建筑(构筑)物的重要性也不等,其破坏后产生的后果严重性也不同。因此,在进行岩土工程地质勘察设计与实施前,应先针对工程重要性的不同及场地和地基复杂程度的差异,将岩土工程勘察需要划分为不同等级,针对不同勘察等级,各个勘察阶段的工作内容、方法及详细程度也会有显著的差别。

单元一 工程地质勘察分级

一、岩土工程勘察分级的目的与依据

岩土工程勘察等级划分的主要目的是勘察工作量的布置。显然,工程规模较大或较重要、场地地质条件及岩土体分布和性状较复杂者,所投入的勘察工作量就较大;反之,则较小。

按《岩土工程勘察规范》(GB 50021—2001)(2009 年版)(简称《规范》)规定,岩土工程勘察的等级,是由工程重要性、场地复杂程度和地基复杂程度三项因素决定的。首先应分别对三项因素进行分级,在此基础上进行综合分析,以确定岩土工程勘察的等级划分。

二、岩土工程勘察分级

(一)工程重要性等级的划分

根据《规范》规定，岩土工程根据工程的规模和特征及工程破坏或影响正常使用所产生的后果，分为三个重要性等级，如表1-1所示。

表1-1 岩土工程重要性等级划分

安全等级	破坏后果	工程类型
一级	很严重	重要工程
二级	严重	一般工程
三级	不严重	次要工程

【知识链接】

岩土工程重要性等级划分涉及众多行业，如房屋建筑、地下硐室、水利水电、港口工程、废弃物处理工程、核电工程及城市轨道交通等不同工程类型，因此很难做出一个统一的具体划分标准。目前，房屋建筑与构筑物的重要性等级，已在国家标准《建筑地基基础设计规范》(GB 50007—2011)中明确规定，根据地基的复杂程度、建筑物规模和功能特征，以及由于地基问题造成建筑物破坏及影响正常使用的程度将地基基础设计分为三个设计等级(见表1-2)。此外，各产业部门和地方根据本部门(地方)建筑物的特殊要求和经验，在颁布的有关技术规范中也划分了适用于本部门(地方)的工程重要性等级，一般划分为三级。

表1-2 地基基础设计等级

设计等级	建筑和地基类型
甲级	重要的工业与民用建筑物； 30层以上的高层建筑； 体形复杂，层数相差超过10层的高低层连成一体的建筑物； 大面积的多层地下建筑物(如地下车库、商场、运动场等)； 对地基变形有特殊要求的建筑物； 复杂地质条件下的坡上建筑物(包括高边坡)； 对原有工程影响较大的新建筑物； 场地和地基条件复杂的一般建筑物； 位于复杂地质条件及软土地区的二层及二层以上地下室的基坑工程
乙级	除甲级、丙级外的工业与民用建筑物，一般的工业与民用建筑物
丙级	场地和地质条件简单，荷载分布均匀的七层及七层以下的民用建筑物； 一般的工业建筑； 次要的轻型建筑物

【小贴士】

目前，地下硐室、深基坑开挖、大面积岩土处理等尚无工程安全等级的具体规定，可根据实际情况划分。大型沉井和沉箱、超长桩基和墩基、有特殊要求的精密设备和超高压设备、有特殊要求的深基坑开挖和支护工程、大型竖井和平硐、大型基础托换和补强工程，以及其他难度大、破坏后果严重的工程，以列为一级重要性等级为宜。

(二)场地复杂程度等级的划分

场地复杂程度是由建筑抗震稳定性、不良地质现象发育情况、地质环境破坏程度、地形地貌和地下水五个条件衡量的，划分为三个等级(见表1-3)。

表1-3 场地复杂程度等级

场地复杂程度等级	一级	二级	三级
建筑抗震稳定性	危险	不利	有利(或地震设防烈度≤6度)
不良地质现象发育情况	强烈发育	一般发育	不发育
地质环境破坏程度	已经或可能强烈破坏	已经或可能受到一般破坏	基本未受破坏
地形地貌条件	复杂	较复杂	简单
地下水条件	有影响工程的多层地下水，岩溶裂隙水或其他水文地质条件复杂，需专门研究	基础位于地下水位以下	地下水对工程无影响

注：一、二级场地各条件中只要符合其中任一条件即可。

【知识链接】

1. 建筑抗震稳定性

按《建筑抗震设计规范》(GB 50011—2010)规定，选择建筑场地时，对建筑抗震稳定性地段的划分规定如下：

(1)危险地段。地震时可能发生滑坡、崩塌、地陷、地裂、泥石流及发震断裂带上可能发生地表错位的部位。

(2)不利地段。软弱土和液化土，条状突出的山嘴，高耸孤立的山丘，非岩质的陡坡、河岸和斜坡边缘，平面分布上成因、岩性和性状明显不均匀的土层(如故河道、断层破碎带、暗埋的塘浜沟谷及半填半挖地基)等。

(3)有利地段。岩石和坚硬土或开阔平坦、密实均匀的中硬土等。

2. 不良地质现象发育情况

不良地质现象泛指由地球外动力作用引起的，对工程建设不利的各种地质现象。它们分布于场地内及其附近地段，主要影响场地稳定性，也对地基基础、边坡和地下硐室等具体的岩土工程有不利影响。

(1)强烈发育是指由于不良地质现象发育导致建筑场地极不稳定，直接威胁工程设施的安全。例如，山区崩塌、滑坡和泥石流的发生，会酿成地质灾害，破坏甚至摧毁整个工程建筑物。岩溶地区溶洞和土洞的存在造成的地面变形甚至塌陷，对工程设施的安全也会构成直接威胁。

(2)一般发育是指虽有不良地质现象分布，但并不十分强烈，对工程设施安全的影响不严重,或者说对工程安全可能存在潜在的威胁。

3. 地质环境破坏程度

人类工程经济活动导致地质环境的干扰破坏是多种多样的。例如,采掘固体矿产资源引起的地下采空;抽取地下液体(地下水、石油)引起的地面沉降、地面塌陷和地裂缝;修建水库引起的边岸再造、浸没、土壤沼泽化;排除废液引起岩土的化学污染等。地质环境破坏对岩土工程实践的负面影响是不容忽视的,往往对场地稳定性构成威胁。

(1)强烈破坏是指由于地质环境的破坏已对工程安全构成直接威胁,如矿山浅层采空导致明显的地面变形、横跨地裂缝等。

(2)一般破坏是指已有或将有地质环境的干扰破坏,但并不强烈,对工程安全的影响不严重。

4. 地形地貌条件

地形地貌条件主要指的是地形起伏和地貌单元(尤其是微地貌单元)的变化情况。一般来说,山区和丘陵区场地地形起伏大,工程布局较困难,挖填土石方量较大,土层分布较薄且下伏基岩面高低不平。地貌单元分布较复杂,一个建筑场地可能跨越多个地貌单元,因此地形地貌条件复杂或较复杂。平原场地地形平坦,地貌单元均一,土层厚度大且结构简单,因此地形地貌条件简单。

5. 地下水条件

地下水是影响场地稳定性的重要因素。地下水的埋藏条件、类型、地下水位及其化学成分对工程岩土体的稳定性及建筑材料均具有重要影响。

(三)地基复杂程度等级的划分

地基复杂程度可按规定划分为三个等级(见表1-4)。

表1-4　地基复杂程度等级划分

地基复杂程度等级	特征条件	条件满足方式
一级地基 (复杂场地)	岩土种类多,很不均匀,性质变化大,需特殊处理; 多年冻土,严重湿陷、膨胀、盐渍、污染的特殊性岩土,以及其他情况复杂、需做专门处理的岩土	满足其中 一条及以上者
二级地基 (中等复杂地基)	岩土种类较多,不均匀,性质变化较大; 除一级地基中规定外的其他特殊性岩土	满足其中 一条及以上者
三级地基 (简单地基)	岩土种类单一,均匀,性质变化不大; 无特殊性岩土	满足全部条件

注:表中"严重湿陷、膨胀、盐渍、污染的特殊性岩土"是指自重湿陷性土、三级非自重湿陷性土、三级膨胀土等。

(四)岩土工程勘察等级的确定

综合上述三项因素的分级,即可划分岩土工程勘察等级(见表1-5)。

表 1-5　岩土工程勘察等级划分

<table>
<tr><th rowspan="2">勘察等级</th><th colspan="3">确定勘察等级的因素</th></tr>
<tr><th>工程安全等级</th><th>场地复杂程度等级</th><th>地基复杂程度等级</th></tr>
<tr><td rowspan="3">一级</td><td>一级</td><td>任意</td><td>任意</td></tr>
<tr><td rowspan="2">二级</td><td>一级</td><td>任意</td></tr>
<tr><td>任意</td><td>一级</td></tr>
<tr><td rowspan="5">二级</td><td rowspan="2">二级</td><td>二级</td><td>二级或三级</td></tr>
<tr><td>三级</td><td>二级</td></tr>
<tr><td rowspan="3">三级</td><td>一级</td><td>任意</td></tr>
<tr><td>任意</td><td>一级</td></tr>
<tr><td>二级</td><td>二级</td></tr>
<tr><td rowspan="3">三级</td><td>二级</td><td>三级</td><td>三级</td></tr>
<tr><td rowspan="2">三级</td><td>二级</td><td>三级</td></tr>
<tr><td>三级</td><td>二级或三级</td></tr>
</table>

【小贴士】

《建筑结构可靠度设计统一标准》(GB 50068—2001)将建筑结构分为三个安全等级,《建筑地基基础设计规范》(GB 50007—2011)将地基基础设计分为三个等级,都是从设计角度考虑的。对于勘察,主要考虑工程规模大小和特点,以及由于岩土工程问题造成破坏或影响正常使用的后果。由于涉及各行各业,工程重要性等级很难做出统一具体划分标准。

一般情况下,勘察等级可在勘察工作开始前,通过收集已有资料确定,但随着勘察工作的开展,对自然认识的深入,勘察等级也可能发生改变。

【知识链接】

对于岩质地基,场地地质条件的复杂程度是控制因素,建造在岩质地基上的工程,如果场地和地基条件比较简单,勘察工作的难度是不大的。因此,即使是一级工程,场地和地基为三级时,岩土工程勘察等级也可以定为二级。

【案例 1-1】　开封某住宅小区场地内拟建 7 号住宅楼,东西长 75.0 m,南北宽 10.0 ~ 25.0 m,地上 33 层,地下 2 层,剪力墙结构,平面轮廓呈不规则形。

【案例分析】　根据《建筑地基基础设计规范》(GB 50007—2011)第 3.0.1 条的规定,将拟建建筑地基基础设计等级定为甲级。根据《建筑工程抗震设防分类标准》(GB 50223—2008)第 3.0.2 条,确定拟建建筑抗震设防类别为丙类。根据拟建建筑的规模和特征、场地岩土工程条件,按《岩土工程勘察规范》(GB 50021—2001)(2009 年版)第 3.1 条确定本工程的重要性等级为一级,场地等级定为二级(中等复杂),地基等级定为二级地基(中等复杂),综合确定本项岩土工程勘察等级为一级。

【阅读与应用】

《岩土工程勘察规范》(GB 50021—2001)(2009 年版),第 3.1.1、3.1.2、3.1.3、3.1.4 条有关岩土工程勘察分级的技术要求。

单元二　工程地质勘察程序与阶段划分

为保证工程建筑物自规划设计到施工和使用全过程达到安全、经济、适用的标准,使建筑物场地、结构、规模、类型与地质环境、场地工程地质条件相适应,任何工程的规划设计过程必须遵循循序渐进的原则,即科学地划分为若干阶段进行。工程地质勘察过程是对客观工程地质条件和地质环境的认识过程,按照由区域到场地、由地表到地下、由一般调查到专门性问题的研究、由定性到定量评价的原则进行。

我国实行四阶段工程规划设计体制(见表1-6),与国际通用体制相同。

表1-6　工程规划设计阶段划分

阶段划分		规划阶段	初步设计	技术设计	施工设计与施工
部门名称	铁道部门	草测	初测	详测	定测
	水电部门	规划	可行性研究	初步设计	技施设计;运行
	城建部门	总体规划 详细规划	初步设计	技术设计	施工设计与施工

【小贴士】

规划阶段的任务:区域开发技术经济论证,比较选择第一期工程开发地段。定性概略评价。

初步设计的任务:场地方案比较,选场址。定性、定量评价。

技术设计的任务:选定建筑物位置、类型、尺寸。定量评价。

施工设计与施工的任务:施工详图,补充验证已有资料。

岩土工程勘察的阶段划分与工程设计及施工的阶段是密切相关的,《规范》明确规定勘察工作划分为可行性研究勘察、初步勘察和详细勘察三个阶段。

一、可行性研究勘察

可行性研究勘察也称为选址勘察,其目的是强调可行性研究时勘察工作的重要性,特别是对一些大型工程更为重要。勘察的主要任务,是对拟选场址的稳定性和适宜性做出岩土工程评价,进行技术、经济论证和方案比较,满足确定场地方案的要求。这一阶段一般有若干个可供选择的场址方案,都要进行勘察;各方案对场地工程地质条件的了解程度应该是相近的,并对主要的岩土工程问题做初步分析、评价。比较说明各方案的优劣,选取最优的建筑场址。本阶段的勘察方法,主要是在收集、分析已有资料的基础上进行现场踏勘,了解场地的工程地质条件。如果场地的工程地质条件比较复杂,已有资料不足以说明问题,应进行工程地质测绘和必要的勘探工作。

二、初步勘察

初步勘察的目的是密切结合工程初步设计的要求,提出岩土工程方案设计和论证。其主要任务是在可行性研究勘察的基础上,对场地内建筑地段的稳定性做出岩土工程评价,并为确定建筑总平面位置,对主要建筑物的岩土工程方案和不良地质现象的防治工程方案等进行论证,以满足初步设计和扩大初步设计的要求。此阶段是设计的重要阶段,既要对场地稳定性做出确切的评价结论,又要确定建筑物的具体位置、结构形式、规模和各相关建筑物的布置方式,并提出建筑物的地基基础、边坡工程等方案。如果场地内存在不良地质现象,影响场地和建筑物的稳定性,还要提出防治工程方案。因而,岩土工程勘察工作是繁重的。但是,由于建筑场地已经选定,勘察工作范围一般限定于建筑地段内,相对比较集中。本阶段的勘察方法,是在分析已有资料的基础上,根据需要进行工程地质测绘,并以勘探、物探和原位测试为主。应根据具体的地形地貌、地层和地质构造条件,布置勘探点、线、网,其密度和孔深按不同的工程类型和岩土工程勘察等级确定。原则上每一岩土层都应取样或进行原位测试,取样和原位测试坑孔的数量应占相当大的比重。

三、详细勘察

详细勘察的目的是对岩土工程设计、岩土体处理与加固、不良地质现象的防治工程进行计算与评价,以满足施工图设计的要求。此阶段应按不同建筑物或建筑群提出详细的岩土工程资料和设计所需的岩土技术参数。显然,该阶段勘察范围仅局限于建筑物所在的地段内,所要求的成果资料精细可靠,且多为计算参数。例如,工业与民用建筑需要评价和计算地基稳定性和承载力,提供地基变形计算参数,预测建筑物的沉降、差异沉降或整体倾斜;判断高烈度地震区场地饱和砂土(或粉土)的地震液化,计算液化指数;确定深基坑开挖的稳定计算和支护设计所需参数,基坑降水设计所需参数,以及基坑开挖、降水对邻近工程的影响;确定桩基设计所需参数、单桩承载力等。本阶段的勘察方法以勘探和原位测试为主。勘探点一般应按建筑轮廓线布置,其间距根据岩土工程勘察等级确定,较初勘阶段密度更大。勘探坑孔深度一般应以工程基础底面为准起算。采取岩土试样和进行原位测试的坑孔数量,较初勘阶段更多。为了与后续的施工监理衔接,此阶段应适当布置监测工作。

四、施工勘察

以上是岩土工程勘察阶段划分的一般规定。对工程地质条件复杂或有特殊施工要求的重要工程,还需要进行施工勘察。施工勘察包括施工阶段和竣工运营过程中一些必要的勘察工作,主要是检验与监测工作、施工地质编录和施工超前地质预报。它可以起到核对已取得的地质资料和所做评价结论准确性的作用,以此来修改、补充原来的勘察成果。

五、岩土工程勘察纲要

岩土工程勘察纲要是根据勘察任务的要求和踏勘调查结果,按相关规范的技术标准,提出勘察工作大纲和技术指导书。勘察纲要是否全面、合理,会直接影响岩土工程勘察的进度、质量和后续工作能否顺利进行。

岩土工程勘察纲要一般包括以下主要内容:

(1)勘察委托书及合同、工程名称、勘察阶段、工程性能(安全等级、结构及基础形式、建筑物层数与高度、荷载、沉降敏感度)、整片设计标高等。

(2)勘察场地的自然条件、地理位置及岩土工程地质条件(包括收集的地震资料、水文气象资料和当地的建筑经验)。

(3)指明场地存在的问题和勘察工作的要点。

(4)拟采用的勘察方法、勘察内容,确定并布置勘察工作量。包括勘察点和原位测试的位置、数量、取样深度和质量等。要求勘察方法适宜,工作量适当。

(5)所遵循的技术标准。

(6)拟提交的勘察成果资料的内容,包括报告书文字章节和主要图表名称。

(7)勘察工作计划进度、人员组织和经费预算等。

勘察纲要编写的必要性就在于如何根据工程设计意图和拟建场地的岩土工程条件,制定一个从岩土工程勘察角度出发,结合拟建建筑物特点,综合拟建场地的区域地质条件的指导整个岩土工程勘察的施工组织设计。勘察纲要编写的目的是在思想上明确岩土工程勘察主要解决哪些问题,以便使勘察手段、勘察方法、勘察工作量的布置做到有的放矢,取得设计、施工所必需的反映拟建场地客观自然岩土工程条件的勘察资料。

【小贴士】

各项建设工程在设计和施工之前,必须按基本建设程序进行岩土工程勘察。岩土工程勘察应按工程建设各勘察阶段的要求,正确反映工程地质条件,查明不良地质作用和地质灾害,精心勘察、精心分析,提出资料完整、评价正确的勘察报告。

【知识链接】

施工勘察并不是一个固定的勘察阶段,是视工程需要而定的。此外,对一些规模不大且工程地质条件简单的场地,或有建筑经验的地区,可以简化勘察阶段。目前,国内许多城市一般房屋建筑进行的一次性勘察,完全可以满足工程设计、施工的要求。

【案例】

见附录。

单元三 各类工程的勘察基本要求

本单元主要介绍各类工程中勘察的基本要求。

一、房屋建筑和构筑物

房屋建筑和构筑物的岩土工程勘察,应在收集建筑物上部荷载、功能特点、结构类型、基础形式、埋置深度和变形限制等方面资料的基础上进行。其主要工作内容应符合下列规定:

(1)查明场地和地基的稳定性、地层结构、持力层和下卧层的工程特性、土的应力历史和地下水条件以及不良地质作用等。

(2)提供满足设计、施工所需的岩土参数,确定地基承载力,预测地基变形形状。

(3)提出地基基础、基坑支护、工程降水和地基处理设计与施工方案的建议。

(4)提出对建筑物有影响的不良地质作用的防治方案建议。

(5)对于抗震设防烈度大于或等于6度的场地,进行场地与地基的地震效应评价。

建筑物的岩土工程勘察宜分阶段进行,可行性研究勘察应符合选择场址方案的要求;初步勘察应符合初步设计的要求;详细勘察应符合施工图设计的要求;场地条件复杂或有特殊要求的工程,宜进行施工勘察。场地较小且无特殊要求的工程,可合并勘察阶段。当建筑物平面布置已经确定,且场地或其附近已有岩土工程资料时,可根据实际情况,直接进行详细勘察。

(一)可行性研究勘察

可行性研究勘察应对拟建场地的稳定性和适宜性做出评价,并应符合下列要求:

(1)收集区域地质、地形地貌、地震、矿产、当地的工程地质、岩土工程和建筑经验等资料。

(2)在充分收集和分析已有资料的基础上,通过踏勘了解场地的地质、构造、岩性、不良地质作用和地下水等工程地质条件。

(3)当拟建场地工程地质条件复杂,已有资料不能满足要求时,应根据具体情况进行工程地质测绘和必要的勘探工作。

(4)当有两个或两个以上拟选场地时,应进行对比分析。

(二)初步勘察

1.主要工作内容

初步勘察应对场地内拟建建筑地段的稳定性做出评价,并进行下列主要工作:

(1)拟建工程的有关文件、工程地质和沿途工程资料以及工程场地范围的地形图。

(2)初步查明地质构造、地层结构、岩土工程特性、地下水埋藏条件。

(3)查明场地不良地质作用的成因、分布、规模、发展趋势,并对场地的稳定性做出评价。

(4)对抗震设防烈度大于或等于6度的场地,应对场地和地基的地震效应做出初步评价。

(5)季节性冻土地区,应调查场地土的标准冻结深度。

(6)初步判定水和土对建筑材料的腐蚀性。

(7)高层建筑初步勘察时,应对可能采取的地基基础类型、基坑开挖与支护、工程降水方案进行初步分析评价。

2.要求

初步勘察的勘探工作应符合下列要求:

(1)勘探线应垂直地貌单元、地质构造和地质界线布置。

(2)每个地貌单元均应布置勘探点,在地貌单元交接部位和地层变化较大的地段,勘探点应予加密。

(3)在地形平坦地区,可按网格布置勘探点。

(4)对岩质地基,勘探线和勘探点的布置、勘探孔的深度,应根据地质构造、岩体特性、风化情况等,按地方标准或当地经验确定;对土质地基,亦应符合相关规定。

初步勘察勘探线、勘探点间距可按表1-7、表1-8确定,局部异常地段应予加密。

表1-7 初步勘察勘探线、勘探点间距 (单位:m)

地基复杂程度等级	勘探线间距	勘探点间距
一级(复杂)	50~100	30~50
二级(中等复杂)	75~150	40~100
三级(简单)	150~300	75~200

注:1.表中间距不适用于地球物理勘探。

2.控制性勘探点宜占勘探点总数的1/5~1/3,且每个地貌单元均应有控制性勘探点。

表 1-8　初步勘察勘探孔深度　　（单位：m）

工程重要性等级	一般性勘探孔	控制性勘探孔
一级（重要工程）	≥15	≥30
二级（一般工程）	10 ~ 15	15 ~ 30
三级（次要工程）	6 ~ 10	10 ~ 20

注：1. 勘探孔包括钻孔、探井和原位测试孔等。
2. 特殊用途的钻孔除外。

3. 关于勘探孔深度的规定

当遇到下列情形之一时，应适当增减勘探孔的深度：

（1）当勘探孔的地面标高与预计整平地面标高相差较大时，应按其差值调整勘探孔深度。

（2）在预定深度内遇到基岩时，除控制性勘探孔仍应钻入基岩适当深度外，其他勘探孔达到确认的基岩后即可终止钻进。

（3）在预定深度内有厚度较大且分布均匀的坚实土层（如碎石土、密实砂、老沉积土等）时，除控制性勘探孔应达到规定深度外，一般性勘探孔的深度可适当减小。

（4）当预定深度内有软弱土层时，勘探孔深度应适当增加，部分控制性勘探孔应穿透软弱土层或达到预计控制深度。

（5）对重型工业建筑，应根据结构特点和荷载条件适当增加勘探孔深度。

（三）详细勘察

详细勘察应按单体建筑物或建筑群提出详细的岩土工程资料和设计、施工所需的岩土参数；对建筑地基做出岩土工程评价，并对地基类型、基础形式、地基处理、基坑支护、工程降水和不良地质作用的防治等提出建议。

1. 主要工作内容

详细勘察主要应进行下列工作：

（1）收集附有坐标和地形的建筑总平面图，场区的地面整平标高，建筑物的性质、规模、荷载、结构特点，基础形式、埋置深度，地基允许变形等资料。

（2）查明不良地质作用的类型、成因、分布范围、发展趋势和危害程度，提出整治方案的建议。

（3）查明建筑范围内岩土层的类型、深度、分布、工程特性，分析和评价地基的稳定性、均匀性和承载力。

（4）对需进行沉降计算的建筑物，提供地基变形计算参数，预测建筑物的变形特征。

（5）查明埋藏的河道、沟浜、防空洞、孤石等对工程不利的埋藏物。

（6）查明地下水的埋藏条件，提供地下水位及其变化幅度。

（7）在季节性冻土地区，提供场地土的标准冻结深度。

（8）判定水和土对建筑材料的腐蚀性。

详细勘察勘探点布置和勘探孔深度，应根据建筑物特性和岩土工程条件确定。对岩质地基，应根据地质构造、岩体特性、风化情况等，结合建筑物对地基的要求，按地方标准或当地经验确定。详细勘察勘探点的间距可参考表 1-9。

表 1-9 详细勘察勘探点的间距 (单位:m)

地基复杂程度等级	勘探点间距
一级(复杂)	10 ~ 15
二级(中等复杂)	15 ~ 30
三级(简单)	30 ~ 50

2. 要求

详细勘察的勘探点布置,应符合下列规定:

(1) 勘探点宜按建筑物周边线和角点布置,对无特殊要求的其他建筑物可按建筑物或建筑群的范围布置。

(2) 同一建筑范围内的主要受力层或有影响的下卧层起伏较大时,应加密勘探点,查明其变化。

(3) 重大设备基础应单独布置勘探点。重大的动力机器基础或高耸构筑物,勘探点不宜少于 3 个。

(4) 勘探手段宜采用钻探和触探相结合,在复杂地质条件、湿陷性土、膨胀岩土、风化岩和残积土地区,宜布置适量探井。

二、地下硐室

本部分内容适用于人工开挖的无压地下硐室的岩土工程勘察。地下硐室勘察的围岩分级方法应与地下硐室设计采用的标准一致。

(一) 可行性研究勘察

可行性研究勘察应通过收集区域地质资料、现场踏勘和调查,了解拟选方案的地形地貌、地层岩性、地质构造、工程地质、水文地质和环境条件,做出可行性评价,选择合适的硐址和硐口。

(二) 初步勘察

初步勘察应采用工程地质测绘、勘探和测试等方法,初步查明选定方案的地质条件和环境条件,初步确定岩体质量等级,对硐址和硐口的稳定性做出评价,为初步设计提供依据。

初步勘察时,工程地质测绘和调查应初步查明下列问题:

(1) 地貌形态和成因类型。

(2) 地层岩性、产状、厚度、风化程度。

(3) 断裂和主要裂缝的性质、产状、充填、胶结、贯通及组合关系。

(4) 不良地质作用的类型、规模和分布。

(5) 地震地质背景。

(6) 地应力的最大主应力作用方向。

(7) 地下水类型、埋藏条件、补给、排泄和动态变化。

(8) 地表水体的分布及其与地下水的关系、淤积物的特征。

(9) 硐室穿越地面建筑物、地下构筑物、管道等既有工程间的相互影响。

(三) 详细勘察

详细勘察应采用钻探、钻孔物探和测试为主的勘察方法,必要时可结合施工导硐布置硐探，详细查明硐址、硐口、硐室穿越路线的工程地质和水文地质条件，分段划分岩体质量等级，评价硐体和围岩的稳定性，为设计支护结构和确定施工方案提供资料。

详细勘察应进行下列工作：

(1)查明地层岩性及其分布，划分岩组和风化程度，进行岩石物理力学性质试验。

(2)查明断裂构造和破碎带的位置、规模、产状和力学属性，划分岩体结构类型。

(3)查明不良地质作用的类型、性质、分布，并提出防治措施的建议。

(4)查明主要含水层的分布、厚度、埋深，地下水的类型、水位、补给排泄条件，预测开挖期间出水状态、涌水量和水质的腐蚀性。

(5)城市地下硐室需降水施工时，应分段提出工程降水方案和有关参数。

(6)查明硐室所在位置及邻近地段的地面建筑和地下构筑物、管线状况，预测硐室开挖可能产生的影响，提出防护措施。

(四)施工勘察

施工勘察应配合导硐或毛硐开挖进行，当发现与勘察资料有较大出入时，应提出修改设计和施工方案的建议。地下硐室围岩的稳定性评价可采用工程地质分析与理论计算相结合的方法，可采用数值法或弹性有限元图谱法计算。当硐室可能产生偏压、膨胀压力、岩爆和其他特殊情况时，应进行专门研究。

三、岸边工程

(一)工作内容

岸边工程勘察应着重查明下列内容：

(1)地貌特征和地貌单元交界处的复杂地层。

(2)高灵敏软土、层状构造土、混合土等特殊土和基本质量等级为Ⅴ级岩体的分布和工程特性。

(3)岸边滑坡、崩塌、冲刷、淤积、潜蚀、沙丘等不良地质作用。

可行性研究勘察时，应进行工程地质测绘或踏勘调查，内容包括地层分布、构造特点、地貌特征、岸坡形态、冲刷淤积、水位升降、岸滩变迁、淹没范围等情况和发展趋势。必要时应布置一定数量的勘探工作，并应对岸坡的稳定性和场址的适宜性做出评价，提出最优场址方案的建议。

(二)初步设计阶段勘察

初步设计阶段勘察应符合下列规定：

(1)工程地质测绘，应调查岸线变迁和动力地质作用对岸线变迁的影响，埋藏河、湖、沟谷的分布及其对工程的影响，潜蚀、沙丘等不良地质作用的成因、分布、发展趋势及其对场地稳定性的影响。

(2)勘探线宜垂直岸向布置，勘探线和勘探点的间距，应根据工程要求、地貌特征、岩土分布、不良地质作用等确定，岸坡地段和岩石与土层组合地段宜适当加密。

(3)勘探孔的深度应根据工程规模、设计要求和岩土条件确定。

(4)水域地段可采用浅层地震剖面或其他物探方法。

(5)对场地的稳定性应做出进一步评价，并对总平面布置、结构和基础形式、施工方法和不良地质作用的防治提出建议。

(三)施工图设计阶段勘察

施工图设计阶段勘察时,勘探线和勘探点应结合地貌特征和地质条件,根据工程总平面布置确定,复杂地基地段应予加密。勘探孔深度应根据工程规模、设计要求和岩土条件确定,除建筑物和结构物特点与荷载外,应考虑岸坡稳定性、坡体开挖、支护结构、桩基等的分析计算需要。

根据勘察结果,应对地基基础的设计和施工及不良地质作用的防治提出建议。

各勘察阶段勘探线和勘探点的间距、勘探孔的深度、原位测试和室内试验的数量等的具体要求,应符合现行有关标准的规定。

四、管道工程

长输油、输气管道工程可分选线勘察、初步勘察和详细勘察三个阶段。对岩土工程条件简单或有工程经验的地区,可适当简化勘察阶段。

(一)选线勘察

选线勘察应通过收集资料、测绘与调查,掌握各方案的主要岩土工程问题,对拟选穿越、跨越河段的稳定性和适宜性做出评价,并应符合下列要求:

(1)调查沿线地形地貌、地质构造、地层岩性、水文地质等条件,推荐线路越岭方案。

(2)调查各方案通过地区的特殊性岩土和不良地质作用,评价其对修建管道的危害程度。

(3)调查控制线路方案河流的河床和岸坡的稳定程度,提出穿越、跨越方案比选的建议。

(4)调查沿线水库的分布情况,近期和远期规划,水库水位、回水浸没和塌岸的范围及其对线路方案的影响。

(5)调查沿线矿产、文物的分布概况。

(6)调查沿线地震动参数或抗震设防烈度。

(二)初步勘察

初步勘察应包括下列内容:

(1)划分沿线的地貌单元。

(2)初步查明管道埋设深度内岩土的成因、类型、厚度和工程特性。

(3)调查对管道有影响的断裂带的性质和分布。

(4)调查沿线各种不良地质作用的分布、性质、发展趋势及其对管道的影响。

(5)调查沿线井、泉的分布和地下水位情况。

(6)调查沿线矿藏分布及开采和采空情况。

(7)初步查明拟穿越、跨越河流的洪水淹没范围,评价岸坡稳定性。

(三)详细勘察

详细勘察应查明沿线的岩土工程条件和水、土对金属管道的腐蚀性,提出工程设计所需要的岩土特性参数。详细勘察勘探点的布置,应满足下列要求:

(1)对管道线路工程,勘探点间距视地质条件复杂程度而定,宜为 200 ~ 1 000 m,包括地质点及原位测试点,并应根据地形、地质条件复杂程度适当增减;勘探孔深度宜为管道埋设深度以下 1 ~ 3 m。

(2)对管道穿越工程,勘探点应布置在穿越管道的中线上,偏离中线不应大于3 m,勘探点间距宜为30~100 m,并不应少于3个;当采用沟埋敷设方式穿越时,勘探孔深度宜钻至河床最大冲刷深度以下3~5 m;当采用顶管或定向钻方式穿越时,勘探孔深度应根据设计要求确定。

五、架空线路工程

大型架空线路工程可分初步设计勘察和施工图设计勘察两阶段。小型架空线路工程可合并勘察阶段。

(一)初步设计勘察

初步设计勘察应符合下列要求:

(1)调查沿线地形地貌、地质构造、地层岩性和特殊性岩土的分布、地下水及不良地质作用,并分段进行分析评价。

(2)调查沿线矿藏分布、开采计划与开采情况,线路宜避开可采矿层;对已开采区,应对采空区的稳定性进行评价。

(3)对大跨越地段,应查明工程地质条件,进行岩土工程评价,推荐最优跨越方案。

(二)施工图设计勘察

施工图设计勘察应符合下列要求:

(1)平原地区应查明塔基土层的分布、埋藏条件、物理力学性质,水文地质条件及环境水对混凝土和金属材料的腐蚀性。

(2)丘陵和山区除查明上述内容外,尚应查明塔基近处的各种不良地质作用,提出防治措施建议。

(3)大跨越地段尚应查明跨越河段的地形地貌,塔基范围内地层岩性、风化破碎程度、软弱夹层及其物理力学性质;查明对塔基有影响的不良地质作用,并提出防治措施建议。

(4)对特殊设计的塔基和大跨越塔基,当抗震设防烈度大于或等于6度时,勘察工作应满足抗震设计相关要求。

六、废弃物处理工程

废弃物处理工程的岩土工程勘察,应着重查明下列内容:

(1)地形地貌特征和气象水文条件。

(2)地质构造、岩土分布和不良地质作用。

(3)岩土的物理力学性质。

(4)水文地质条件、岩土和废弃物的渗透性。

(5)场地、地基和边坡的稳定性。

(6)污染物的运移,对水源和岩土的污染,对环境的影响。

(7)筑坝材料和防渗、覆盖用黏土的调查。

(8)全新活动断裂、场地地基和堆积体的地震效应。

废弃物处理工程勘察的范围,应包括堆填场(库区)、初期坝、相关的管线、隧洞等构筑物和建筑物,以及邻近相关地段,并应进行建筑材料的勘察。废弃物处理工程的勘察应配合工程建设分阶段进行,可分为可行性研究勘察、初步勘察和详细勘察,并应符合有关标准的规定。

可行性研究勘察应主要采用踏勘调查,必要时辅以少量勘探工作,对拟选场地的稳定性和适宜性做出评价。

初步勘察应以工程地质测绘为主,辅以勘探、原位测试、室内试验,对拟建工程的总平面布置、场地的稳定性、废弃物对环境的影响等进行初步评价,并提出建议。

详细勘察应采用勘探、原位测试和室内试验等手段进行,地质条件复杂地段应进行工程地质测绘,获取工程设计所需的参数,提出设计施工和监测工作的建议,并对不稳定地段和环境影响进行评价,提出治理建议。

七、边坡工程

(一)工作内容

边坡工程勘察应查明下列内容:

(1)地貌形态,当存在滑坡、危岩和崩塌、泥石流等不良地质作用时,应符合相关规范要求。

(2)岩土的类型、成因、工程特性,覆盖层厚度,基岩面的形态和坡度。

(3)岩体主要结构面的类型、产状、延展情况、闭合程度、充填状况、充水状况、力学属性和组合关系,主要结构面与临空面关系,是否存在外倾结构面。

(4)地下水的类型、水位、水压、水量、补给和动态变化,岩土的透水性和地下水的出露情况。

(5)地区气象条件(特别是雨期、暴雨强度),汇水面积,坡面植被,地表水对坡面、坡脚的冲刷情况。

(6)岩土的物理力学性质和软弱结构面的抗剪强度。

(二)工作要求

大型边坡勘察宜分阶段进行,各阶段应符合下列要求:

(1)初步勘察应收集地质资料,进行工程地质测绘和少量的勘探和室内试验,初步评价边坡的稳定性。

(2)详细勘察应对可能失稳的边坡及相邻地段进行工程地质测绘、勘探、试验、观测和分析计算,做出稳定性评价,对人工边坡提出最优开挖坡角;对可能失稳的边坡提出防护处理措施的建议。

(3)施工勘察应配合施工开挖进行地质编录,核对、补充前阶段的勘察资料,必要时,进行施工安全预报,提出修改设计的建议。

【小贴士】

文中所述勘察工作宜分阶段进行,这是根据我国工程建设的实际情况和数十年勘察工作的经验规定的。勘察是一种探索性很强的工作,总有一个从不知到知,从知之不多到知之较多的过程,对自然的认识也总是由粗到细,由浅入深,不可能一步到位。况且,各设计阶段对勘察成果也有不同的要求。因此,分阶段勘察的原则必须坚持。但是,也应注意到,各行业设计阶段的划分不完全一致,工程的规模和要求各不相同,场地和地基的复杂程度差别很大,要求每个工程都分阶段勘察,是不实际也是不必要的。勘察单位应根据任务要求进行相应阶段的勘察工作。

【知识链接】

岩土工程既然要服务于工程建设的全过程，当然应当根据任务要求，承担后期的服务工作，协助解决施工和使用过程中的岩土工程问题。在城市和工业区，一般已经积累了大量工程勘察资料。当建筑物平面布置已经确定时，可以直接进行详细勘察。但对于高层建筑和其他重要工程，在短时间内不易查明复杂的岩土工程问题，并做出明确的评价，故仍宜分阶段进行。

【阅读与应用】

《岩土工程勘察规范》(GB 50021—2001)(2009 年版)第四章相关条款。

单元四　工程勘察方法与技术手段

岩土工程勘察的方法与技术手段，有以下几种。

一、工程地质测绘

工程地质测绘是岩土工程勘察的基础工作，一般在勘察的初期阶段进行。这一方法的本质是运用地质、工程地质理论，对地面的地质现象进行观察和描述，分析其性质和规律，并藉以推断地下地质情况，为勘探、测试工作等其他勘察方法提供依据。

在地形地貌和地质条件较复杂的场地，必须进行工程地质测绘；但对地形平坦、地质条件简单且较狭小的场地，则可采用调查代替工程地质测绘。工程地质测绘是认识场地工程地质条件最经济、最有效的方法，高质量的测绘工作能相当准确地推断地下地质情况，起到有效地指导其他勘察方法的作用。

二、勘探与取样

勘探工作包括物探、钻探和坑探等各种方法。它是被用来调查地下地质情况的，并且可利用勘探工程取样进行原位测试和监测。应根据勘察目的及岩土的特性选用上述各种勘探方法。

物探是一种间接的勘探手段，它的优点是较钻探和坑探轻便、经济而迅速，能够及时解决工程地质测绘中难以推断而又亟待了解的地下地质情况，所以常常与测绘工作配合使用。它又可作为钻探和坑探的先行或辅助手段。但是，物探成果判释往往具有多解性，方法的使用又受地形条件等的限制，其成果需用勘探工程来验证。

钻探和坑探也称勘探工程，均是直接勘探手段，能可靠地了解地下地质情况，在岩土工程勘察中是必不可少的。其中，钻探工作使用最为广泛，可根据地层类别和勘察要求选用不同的钻探方法。当钻探方法难以查明地下地质情况时，可采用坑探方法。坑探工程的类型较多，应根据勘察要求选用。勘探工程一般都需要动用机械和动力设备，耗费人力、物力较多，有些勘探工程施工周期又较长，而且受到许多条件的限制。因此，使用这种方法时应具有经济观点，布置勘探工程需要以工程地质测绘和物探成果为依据，切避盲目性和随意性。

三、原位测试与室内试验

原位测试与室内试验的主要目的，是为岩土工程问题分析评价提供所需的技术参数，包括岩土的物性指标、强度参数、固结变形特性参数、渗透性参数和应力、应变时间关系的参数等。原位测试一般都借助于勘探工程进行,是详细勘察阶段一种主要的勘察方法。

原位测试与室内试验相比,各有优缺点。原位测试的优点是:试样不脱离原来的环境,基本上在原位应力条件下进行试验;所测定的岩土体尺寸大,能反映宏观结构对岩土性质的影响,代表性好;试验周期较短,效率高;尤其对难以采样的岩土层仍能通过试验评定其工程性质。缺点是:试验时的应力路径难以控制;边界条件也较复杂;有些试验耗费人力、物力较多,不可能大量进行。室内试验的优点是:试验条件比较容易控制(边界条件明确,应力应变条件可以控制等);可以大量取样。主要的缺点是:试样尺寸小,不能反映宏观结构和非均质性对岩土性质的影响,代表性差;试样不可能真正保持原状,而且有些岩土也很难取得原状试样。

四、现场检验与监测

现场检验与监测是构成岩土工程系统的一个重要环节,大量工作在施工和运营期间进行,但是这项工作一般需在高级勘察阶段开始实施,所以又被列为一种勘察方法。它的主要目的在于保证工程质量和安全,提高工程效益。

现场检验的含义,包括施工阶段对先前岩土工程勘察成果的验证核查以及岩土工程施工监理和质量控制。现场监测则主要包含施工作用和各类荷载对岩土反应性状的监测、施工和运营中的结构物监测和对环境影响的监测等方面。

检验与监测所获取的资料,可以反求出某些工程技术参数,并以此为依据及时修正设计,使之在技术和经济方面优化。此项工作主要是在施工期间进行,但对有特殊要求的工程以及一些对工程有重要影响的不良地质现象,应在建筑物竣工运营期间继续进行。

随着科学技术的飞速发展,在岩土工程勘察领域中不断引进高新技术。例如,工程地质综合分析、工程地质测绘制图和不良地质现象监测中遥感(RS)、地理信息系统(GIS)和全球卫星定位系统(GPS)(即3S)技术的引进;勘探工作中地质雷达和地球物理成像技术(CT)的应用等。

小 结

1. 根据《规范》规定,岩土工程勘察的等级,是由工程重要性、场地复杂程度和地基复杂程度三项因素决定的。

岩土工程重要性等级根据工程的规模和特征及工程破坏或影响正常使用所产生的后果,分为三个重要性等级。场地复杂程度是由建筑抗震稳定性、不良地质现象发育情况、地质环境破坏程度、地形地貌和地下水五个条件衡量的,划分为三个等级。地基复杂程度根据岩土种类、均匀性及有无特殊性岩土,划分为三个等级。

2.《规范》明确规定勘察工作划分为可行性研究勘察、初步勘察和详细勘察三个阶段。

可行性研究勘察也称为选址勘察,其目的是强调在可行性研究时勘察工作的重要性,特别是对一些重大工程更为重要。勘察的主要任务,是对拟选场址的稳定性和适宜性做出岩土工程评价,进行技术、经济论证和方案比较,满足确定场地方案的要求。

初步勘察的目的,是密切结合工程初步设计的要求,提出岩土工程方案设计和论证。其主要任务是在可行性研究勘察的基础上,对场地内建筑地段的稳定性做出岩土工程评价,并为确定建筑总平面布置,对主要建筑物的岩土工程方案和不良地质现象的防治工程方案等进行论证,以满足初步设计或扩大初步设计的要求。

详细勘察的目的,是对岩土工程设计、岩土体处理与加固、不良地质现象的防治工程进行计算与评价,以满足施工图设计的要求。此阶段应按不同建筑物或建筑群提出详细的岩土工程资料和设计所需的岩土技术参数。

另外,对工程地质条件复杂或有特殊施工要求的重要工程,还需要进行施工勘察。施工勘察包括施工阶段和竣工运营过程中一些必要的勘察工作,主要是检验与监测工作、施工地质编录和施工超前地质预报。

3. 岩土工程勘察的方法与技术手段,有以下几种:

(1)工程地质测绘。

(2)勘探与取样。

(3)原位测试与室内试验。

(4)现场检验与监测。

技能训练

根据某工程基本资料,确定该工程的岩土工程勘察等级,并说明其划分标准。

项目二　岩土的分类与鉴定

学习目标

一、知识目标

1. 掌握岩土的工程地质分类方法和标准。

2. 掌握工程地质勘察中对岩土的野外鉴别方法及技术要求。

二、能力目标

1. 具有野外岩土鉴定的基本能力。

2. 具有野外岩土描述的能力。

【导入】

岩石与土体作为建筑地基,是岩土工程勘察的直接研究对象。岩土工程勘察质量的好坏,是由岩土工程勘察人员对岩石和土体的认识程度决定的,所以对岩土的野外鉴别是岩土工程勘察工作中最基础的工作。本项目重点介绍了岩石与土体在岩土工程中的分类和野外鉴定。

单元一　岩石的分类与野外鉴定

岩石的分类可以分为地质分类和工程分类。地质分类是一种基本分类,工程分类应在地质分类的基础上进行,目的是较好地概括其工程性质,便于进行工程评价。

任务一　岩石的分类

一、岩石的地质分类

地质分类主要根据其地质成因、矿物成分、结构构造和风化程度,可以用地质名称加风化程度表达,如强风化花岗岩、微风化砂岩等。这对于工程的勘察设计是十分必要的。

按地质成因,岩石分为岩浆岩、沉积岩和变质岩三大类。

岩浆岩(火成岩)指地球深部岩浆向上运动,侵入周围岩石或喷出地表后,温度降低冷凝、结晶、固结而形成的岩石。喷出地表的为喷出岩,没有喷出地表而形成的岩石为侵入岩。侵入岩又分为深成岩(形成在地表以下大于 10 km 的深度)和浅成岩(形成在地表以下 3 ~ 10 km 的深度)。

沉积岩指由于地球外力地质作用,地壳表面的岩石在风化作用、剥蚀作用、搬运作用、沉积作用和固结成岩作用后形成的岩石。常见的沉积岩有砾岩、角砾岩、砂岩、粉砂岩、黏土岩、硅质岩、石灰岩、白云岩等。

变质岩指岩石在温度、压力和化学性流体的作用下,矿物成分、化学成分、岩石结构构造发生变化,而形成新的结构、构造或矿物的岩石。变质作用可以分为接触变质作用(角岩、大理岩、石英岩、矽卡岩)、区域变质作用(板岩、千枚岩、片岩、片麻岩、变粒岩、斜长角闪岩)、混合岩化作用(混合岩)和动力变质作用(构造角砾岩、糜棱岩)。

【知识链接】

岩石的形成、地质作用、地质分类方法及依据参考《地质学基础》《普通地质学》《岩石学》等参考书中相关知识。

二、岩石的工程分类

岩石的工程分类主要依据岩石或岩体的工程性状进行划分,从而建立起明确的工程特性概念。

(一)按岩石的坚硬程度分类

(1)岩石的坚硬程度根据岩块的饱和单轴抗压强度 f_r 分为坚硬岩、较硬岩、较软岩、软岩和极软岩,见表 2-1。

表 2-1　岩石坚硬程度分类

坚硬程度	坚硬岩	较硬岩	较软岩	软岩	极软岩
饱和单轴抗压强度 f_r(MPa)	$f_r \geqslant 60$	$60 \geqslant f_r > 30$	$30 \geqslant f_r > 15$	$15 \geqslant f_r > 5$	$f_r \leqslant 5$

注:当无法取得饱和单轴抗压强度数据时可用点荷载试验强度换算方法按现行国家标准《工程岩体分级标准》(GB 50218—2014)执行;当岩体完整程度为极破碎时,可不进行坚硬程度分类。

(2)当缺乏饱和单轴抗压强度资料或不能进行该项试验时,可在现场通过观察定性划分。

(二)按岩体完整程度分类

(1)岩体完整程度划分为完整、较完整、较破碎、破碎和极破碎,见表 2-2。

表 2-2　岩体完整程度分类

完整程度等级	完整	较完整	较破碎	破碎	极破碎
完整性指数	>0.75	0.75~0.55	0.55~0.35	0.35~0.15	<0.15

注:完整性指数为岩体纵波波速与岩块纵波波速之比的平方,选定岩体、岩块测定波速时应有代表性。当完整性指数等于中间值时,取保守值,即按下一级划分。

【小贴士】

岩体的完整程度反映了它的裂隙性,而裂隙性是岩体十分重要的特性,破碎岩石的强度和稳定性较完整岩石大大削弱,尤其对边坡和基坑工程更为突出。

(2)当缺乏试验数据时,岩石风化程度野外鉴别特征可按表 2-3 确定。

(三)按岩体基本质量等级划分

按岩体基本质量等级分为五类,见表 2-4。

表 2-3　岩石风化程度野外鉴别特征

风化程度	野外特征	波速比 k_v
未风化	岩质新鲜，偶见风化迹象	0.9～1.0
微风化	结构构造基本未变化，锤击声脆，有极少量风化裂隙，节理面有铁质渲染或略有变色	0.8～0.9
中等风化	矿物成分基本未变，结构部分破坏，在节理面可见次生矿物。风化裂隙发育，岩芯锤击声较脆，用镐难挖掘，劈石钻冲击不进尺，岩芯钻方可钻进	0.6～0.8
强风化	结构大部分破坏，风化裂隙很发育，成分除石英外基本蚀变成次生矿物，岩芯用手可掰断或捏碎，锤击声哑，用镐可挖，干钻不易钻进	0.4～0.6
全风化	结构基本破坏，但尚可辨认，无完整岩芯，用手可捏碎，有残余结构强度，用镐可挖，干钻可钻进	0.2～0.4

注：1. 波速比 k_v 为风化岩石与新鲜岩石压缩波速度之比。

2. 岩石风化程度，除按表列野外特征和定量指标划分外，也可根据当地经验划分。

3. 泥岩和半成岩，可不进行风化程度划分。

表 2-4　岩体基本质量等级分类

坚硬程度	完整程度				
	完整	较完整	较破碎	破碎	极破碎
坚硬岩	Ⅰ	Ⅱ	Ⅲ	Ⅳ	Ⅴ
较硬岩	Ⅱ	Ⅲ	Ⅳ	Ⅳ	Ⅴ
较软岩	Ⅲ	Ⅳ	Ⅳ	Ⅴ	Ⅴ
软岩	Ⅳ	Ⅳ	Ⅴ	Ⅴ	Ⅴ
极软岩	Ⅴ	Ⅴ	Ⅴ	Ⅴ	Ⅴ

（四）按风化程度划分

按风化程度将岩石分为未风化、微风化、中等风化、强风化、全风化五类。

（五）其他分类

当岩石软化系数小于或等于 0.75 时，应定为软化岩石；当岩石具有特殊成分、特殊结构或特殊性质时，应定为特殊性岩石，如易溶性岩石、膨胀性岩石、崩解性岩石、盐渍化岩石等。

任务二　岩石的野外鉴别与描述

野外勘察工作中对岩石鉴别与描述的内容，主要包括地质年代、地质名称（岩性）、颜色、风化程度、坚硬程度、主要矿物成分、结构、构造和岩石质量指标 *RQD*。对沉积岩要重点描述沉积物的颗粒大小、形状、胶结物成分和胶结程度，对岩浆岩和变质岩应着重描述矿物结晶大小和结晶程度。

一、地质年代

地质年代指岩石形成时所属的地质时期,划分的程度可根据了解的区域资料情况酌情掌握,如古生界(代)、二叠系(纪)、燕山期、寒武系(纪)徐庄组等。

【小贴士】

地质年代描述内容不属于必须记录的项目,如描述员缺乏区域资料,也可以空缺。

二、地质名称

地质名称专指岩石的野外定名,根据岩石的矿物成分、结构构造等特征确定。例如,石英砂岩、安山岩、斜长角闪片麻岩、花岗岩等。

三、颜色

颜色指新鲜岩石断口处的颜色,如紫红色、深灰色等。但应注意,在描述颜色时应选择能代表岩石整体的颜色。

野外经常遇到中性非均一颜色,按次要色在前、主色在后的排列描述,如灰白色、黄褐色等。此外,还应该描述岩石风化后的颜色。

四、结构和构造

岩石的结构和构造受成因类型所控制,现场描述时可观察岩芯断口处的特征而定。

(一)岩浆岩

1.结构

粗粒(粒径 >5 mm)、中粒(粒径 5 ~1 mm)、细粒(粒径 1 ~0.1 mm)。

2.构造

块状构造、流纹构造、气孔构造、枕状构造、球状构造、晶洞构造和层状构造。

(二)沉积岩

1.结构

(1)碎屑结构。砾状结构(粒径 >2 mm)、砂状结构(粒径 2 ~0.05 mm)、粉砂状结构(粒径 0.05 ~0.005 mm)、泥状结构(粒径 <0.005 mm)。

(2)非碎屑结构。鲕粒结构、球粒结构。

2.构造

层理、波痕、泥裂、缝合线、结核、印模。

(三)变质岩

1.结构

变晶结构、变余结构、碎裂结构、交代结构。

2.构造

(1)变成构造。斑点状构造、板状构造、片理构造、片麻状构造、块状构造。

(2)变余构造。

五、风化程度

岩石风化程度野外鉴别特征见表2-3。

六、坚硬程度

坚硬程度是反映岩石的岩性、结构、矿物及胶结成分、风化程度的一个综合性特征，共分为5个等级，野外定性鉴定见表2-5。

表2-5 岩石坚硬程度等级定性分类

坚硬程度等级		岩芯定性鉴定	代表性岩石
硬质岩	坚硬岩	锤击声清脆，有回弹，敲击时震手，难以击碎，基本无吸水反应	未风化—微风化的花岗岩、闪长岩、辉绿岩、玄武岩、安山岩、片麻岩、石英岩、石英砂岩、硅质砂岩等
	较硬岩	锤击声较清脆，有轻微回弹，敲击稍觉震手，击碎较难，有轻微吸水反应	微风化的坚硬岩； 未风化—微风化的大理岩、板岩、石灰岩、白云岩、钙质砂岩等
软质岩	较软岩	锤击声不清脆，无回弹，较容易击碎，泡水后用指甲可刻出印痕	中等风化—强风化的坚硬岩或较硬岩； 未风化—微风化的凝灰岩、千枚岩、泥灰岩、砂质泥岩等
	软岩	锤击声哑，无回弹，敲击处有凹痕，易击碎，泡水后用手可掰开	强风化的坚硬岩或较硬岩； 中等风化—强风化的较软岩； 未风化—微风化的页岩、砂岩、泥质砂岩等
极软岩		锤击声哑，无回弹，敲击处有较深凹痕，手可捏碎，泡水后可捏成团	全风化的各种岩石； 各种半成岩

七、完整性

对岩体完整程度的定性描述，主要取决于岩体中各类结构面的发育程度，可描述为完整、较完整、较破碎、破碎、极破碎。在现场参照岩石质量指标 *RQD* 而定。

八、岩体的描述内容

岩体的描述内容包括结构面、结构体、岩层厚度和结构类型，并宜符合下列规定：

(1)结构面的描述。包括类型、性质、产状、组合形式、发育程度、延展情况、闭合程度、粗糙程度、充填情况和充填物性质以及充水性质等。

(2)结构体的描述。包括类型、形状、大小和结构体在围岩中的受力情况等。

(3)岩层厚度分类。岩层厚度分类见表2-6。

表 2-6　岩层厚度分类

层厚分类	单层厚度 h(m)	层厚分类	单层厚度 h(m)
巨厚层	$h>1.0$	中厚层	$0.5\geqslant h>0.1$
厚层	$1.0\geqslant h>0.5$	薄层	$h\leqslant 0.1$

九、岩石质量指标 *RQD*

岩石质量指标 *RQD* 指用 75 mm 口径金刚石钻头，每回次钻进所取岩芯中，长度大于或等于 10 cm 的岩芯段之和与该回次进尺的比值，用百分数表示。

根据岩石质量指标 *RQD*，岩石质量可分为好($RQD>90$)、较好($75<RQD\leqslant 90$)、较差($50<RQD\leqslant 75$)、差($25<RQD\leqslant 50$)和极差($RQD\leqslant 25$)。

【小贴士】

该项指标在现场取芯后用尺实际量测计算得出，记录在岩土特性一栏中。量测时必须严格区别岩石自然断裂和由钻进及取芯操作引起的断裂，新鲜的不规则断裂面应忽略不计，断块纳入完整岩芯的长度中计算。

【知识链接】

岩石结构与构造的现场观察描述内容可参考《地质学基础》和《岩石学》等相关教材。

单元二　土的分类与野外鉴定

本单元主要介绍岩土工程勘察中在野外现场对岩石和土的鉴别、现场描述的方法及描述内容。本单元为本项目的重点内容。

任务一　土的分类

一、按土的堆积年代分类

晚更新世 Q_3 及其以前沉积的土应定为老沉积土，第四纪全新世中近期沉积的土应定为新近沉积土。

二、按地质成因分类

根据地质成因可划分为残积土、坡积土、洪积土、冲积土、淤积土、冰积土和风积土等。

【知识链接】

关于土的堆积年代和地质成因分类及各类土的特征相关知识，可以参考《地貌学与第四纪地质学》相关内容。

三、按工程分类

按照土的颗粒级配或塑性将土分为碎石土、砂土、粉土、黏性土和填土。

(一)碎石土

碎石土是指粒径大于 2 mm 的颗粒质量超过总质量 50% 的土。碎石土可进一步细分为漂石、块石、卵石、碎石、圆砾和角砾。具体划分见表 2-7。

表 2-7 碎石土分类

碎石土名称	颗粒形状	粒组含量
漂石	圆形或亚圆形为主	粒径大于 200 mm 的颗粒含量超过全重的 50%
块石	棱角形为主	
卵石	圆形或亚圆形为主	粒径大于 20 mm 的颗粒含量超过全重的 50%
碎石	棱角形为主	
圆砾	圆形或亚圆形为主	粒径大于 2 mm 的颗粒含量超过全重的 50%
角砾	棱角形为主	

注：定名时应根据颗粒级配由大到小以最先符合者确定。

(二)砂土

砂土是指粒径大于 2 mm 的颗粒含量不超过全重 50%、大于 0.075 mm(或 0.1 mm)的颗粒含量超过全重 50% 的土。按其粒组含量可分为砾砂、粗砂、中砂、细砂、粉砂五个类别。具体划分见表 2-8。

表 2-8 砂土分类

砂土名称	粒组含量
砾砂	粒径大于 2 mm 的颗粒含量占全重的 25% ~50%
粗砂	粒径大于 0.5 mm 的颗粒含量超过全重的 50%
中砂	粒径大于 0.25 mm 的颗粒含量超过全重的 50%
细砂	粒径大于 0.075 mm 的颗粒含量超过全重的 85%
粉砂	粒径大于 0.075 mm 的颗粒含量占全重的 50% ~85%

(三)粉土

粉土是指塑性指数≤10 且粒径大于 0.075 mm 的颗粒含量不超过 50% 的土，其性质介于砂土和黏性土之间。

(四)黏性土

黏性土为塑性指数 I_P 大于 10 的土，可分为两个亚类：黏土和粉质黏土。塑性指数 I_P 大于 10，且小于或等于 17 的土为粉质黏土；塑性指数 I_P 大于 17 的土为黏土。

(五)填土

填土是指由人类活动而堆积的土，按其物质构成及堆填方式，描述时可细分为以下四类：

(1)素填土：由碎石土、砂土、粉土或黏性土等一种或几种材料组成的填土，不含杂物或含杂物很少。现场定名在其名称前冠以主要成分的属性，如碎石素填土、粉土素填土等。

(2)杂填土：含有大量建筑垃圾、工业废料或生活垃圾等杂物的填土，野外定名时，应反映其主要物质成分及特征，如建筑垃圾杂填土、工业废料杂填土等。

(3)冲填土：由水力冲填泥沙形成的填土，主要分布在大的河道附近或沿海地区，物质成分比较单一。

(4)压实填土：按一定的标准控制材料的成分、密度、含水量，分层夯实或压实所形成的填土，分布较稀少。

任务二　土的野外鉴别与描述

一、碎石土的野外鉴别与描述

野外观察描述的内容包括名称、成因类型、颜色、密实度、颗粒形状、颗粒级配及百分含量、充填物的性质及充填程度、颗粒的风化程度。

(一)名称

碎石土的野外定名应参照表2-7，对所取出的样品进行目测或尺量，必要时可称重，根据其粒组含量、质量百分数和形状，按由大到小的累计含量，以最先符合者确定其名称。

(二)成因类型

野外鉴定主要根据样品的磨圆度和母岩成分，并参考勘探点所处的地貌单元部位综合确定。一般情况下，冲洪积成因的碎石土，以圆形、亚圆形为主；坡积碎石磨圆度较差，多呈次棱角状或棱角状；残积碎石则全部为棱角状。

(三)颜色

应描述其最具有代表性的颜色。按次要颜色在前、主色在后的顺序描述，如灰白色、褐黄色等。如果颜色杂乱难以分辨，可描述为杂色。

(四)密实度

按密实度将碎石土分为松散、中密、密实三级描述。野外鉴别可依表2-9进行。

表2-9　碎石土密实度野外鉴别

密实度	骨架颗粒	可钻性	可挖性	$N_{63.5}$(击)	N_{120}(击)
松散	骨架颗粒质量小于总质量的60%，排列混乱，大部分不接触	钻进较容易，钻杆稍有跳动，孔壁易坍塌	锹可以挖掘，井壁易坍塌，从井壁取出大颗粒后，立即塌落	≤10	≤6
中密	骨架颗粒质量等于总质量的60%～70%，呈交错排列，大部分接触	钻进较困难，钻杆、吊锤跳动不剧烈，偶有坍塌现象	锹镐可以挖掘，井壁有掉块现象，从井壁取出大颗粒后，能保持凹面形状	$10<N_{63.5}\leq20$	$6<N_{120}\leq11$
密实	骨架颗粒质量大于总质量的70%，呈交错排列，连续接触	钻进困难，钻杆、吊锤跳动剧烈，井壁较稳定	锹镐挖掘困难，用撬棍方能松动，井壁稳定	>20	>11

注：$N_{63.5}$和N_{120}均为修正后的击数。

(五)颗粒级配

碎石土的颗粒级配,在野外描述可划分为良好、一般、不良。

良好:目测样品颗粒构成,当颗粒粒径大小极不均匀,颗粒大小范围很大且存在大量过渡粒径。

不良:样品中某一粒径的颗粒占绝对优势(级配均匀),或颗粒粒径在一个范围内,但缺少某些粒径的颗粒(不连续级配)。

一般:介于良好和不良之间。

(六)颗粒形状

(1)块石、碎石、角砾:以棱角形为主。

(2)漂石、卵石、圆砾:以圆形及亚圆形为主。

颗粒形状的野外鉴别方法如下:

圆形:棱角已经全部磨平,表面圆滑。

亚圆形:棱角基本磨掉,但仍隐约可见。

次棱角状:角已磨蚀掉,但棱角仍清晰,无尖锐角。

棱角状:棱角尖锐,明显突出。

(七)充填物的性质及充填程度

当充填物为黏性土、粉土、砂土时,应按充填物性质分别描述颜色、状态、密实度、湿度等。当充填物为砂土时,还应描述充填程度,即完全充填或不完全充填。

(八)碎石土的结构、构造

1. 结构

(1)松散结构。颗粒之间大部分没有相互接触,存在空隙或孔洞;位置不稳定,在振动力作用下容易错位,颗粒多呈棱角状,表面粗糙(相当于松散—稍密)。

(2)紧密结构。颗粒之间接触点多,形状大多呈圆形或亚圆形;粒间无孔洞,振动时不错位(相当于中密—密实)。

2. 构造

(1)块状构造。以粗颗粒为主,彼此之间直接接触,非接触面之间被细颗粒充填,透水性较强。

(2)斑状构造。以细颗粒为主,粗颗粒被包裹其中。

(3)层状构造。具有水平层理、波状层理或斜层理。

二、砂土野外鉴别与描述

砂土的野外鉴定特征:肉眼观察绝大部分是砂粒,干时松散,湿时无塑性,搓不成条,用水搓捻时能感觉到砂粒,无滑润感觉。

野外鉴别与描述的主要项目有名称、颜色、湿度、密实度、矿物成分、颗粒形状和颗粒级配及包含物等。

(一)名称

野外对砂土进行鉴别与描述时,应对砂土进一步细分。其野外鉴别方法见表2-10。

表 2-10 砂土野外命名鉴别方法

砂土名称	现场鉴定特征	砂土名称	现场鉴定特征
砾砂	1/4 以上颗粒比高粱粒大	细砂	4/5 以上颗粒与粗玉米粉相似
粗砂	1/2 以上颗粒比小米粒大	粉砂	颗粒粗细与小米粉相似
中砂	1/2 以上颗粒比砂糖粒大		

(二)湿度

砂土湿度分为干、稍湿、很湿、饱和四个级别。其野外鉴别特征如下：

(1)稍湿。呈松散状，用手握时感到湿、凉，放在纸上不会浸湿，加水时吸收很快。

(2)很湿。可以勉强握成团，放在手上有湿感、水印，放在纸上浸湿很快，加水时吸收很慢。

(3)饱和。放在手掌上水自由渗出。

(三)密实度

砂土密实度分为松散、稍密、中密和密实四个级别。现场鉴别与描述特征见表 2-11。

表 2-11 砂土密实度野外鉴别特征

密实度	标准贯入试验击数	野外鉴别特征
松散	$N \leqslant 10$	钻井时容易塌孔，涌砂严重，需下套管方可钻进，挖井需要支撑才能保持井壁稳定。锹挖容易，用手亦可挖动
稍密	$10 < N \leqslant 15$	用管钻容易钻进，有时有涌砂现象，用锹可以自然挖掘，探井不能挖成梯坎，井壁不稳定，有塌垮现象
中密	$15 < N \leqslant 30$	冲击、回转钻机皆可，但比密实的砂土进尺稍快一些，用锹挖掘时，需要用脚施压，井壁比较稳定
密实	$N > 30$	冲击钻进困难，加压回转钻进缓慢，挖井有时需要用镐，井壁稳定

注：N 为未修正的实测击数。

(四)矿物成分

砂土颗粒的主要矿物成分为石英、长石或角闪石等。描述时应记录其主要及次要矿物成分，如主要由石英组成，暗色矿物次之；或成分以石英长石为主，云母次之。

(五)包含物

砂土中包含有黏性土、粉土或碎石土等成分时，应对包含物成分及特征进行观察和描述，估算其百分含量。如有的碎石土，应描述其粒径的大小。

【小贴士】

颜色和颗粒形状的野外鉴别和描述方法与碎石土相同。

三、粉土的野外鉴别与描述

粉土的野外鉴别特征：现场用肉眼观察土样，绝大部分是粉粒，砂粒少。干时土块结合不够坚固，微用力即散成粉末。湿时具有流动性，土球经振动后可变成饼状，用手可捏成团，能搓成直径为 3 mm 的短土条。用手搓捻无黏感，较粗糙，大部分是粉末。

粉土的野外鉴别与描述内容包括颜色、湿度、密实度、包含物（均匀性）、摇振反应、光泽反应、干强度、韧性等。

（一）湿度

粉土的湿度可分为干、稍湿、湿、很湿四个级别。野外鉴别特征如下：

（1）稍湿。手摸稍感到潮，手握能成团，但稍碰即散。

（2）湿。手摸可感到潮湿，手握成团但不易碰散，放在纸上可留下明显水印。

（3）很湿。手摸有明显湿感，手握可成饼状，放在纸上很快浸出水印。

（二）密实度

粉土的密实度可分稍密、中密、密实三个级别。其野外鉴别特征如下：

（1）稍密。冲击钻进进尺很快，回转钻进不加压即可钻入，孔壁有时会坍塌，用锹挖掘容易，用手亦可挖动。

（2）中密。钻进进尺较快，孔壁比较稳定，普通取土器取样需打击多次，用锹挖掘时需要加压。

（3）密实。冲击钻进进尺较慢，干钻不易进尺，孔壁稳定，用锹挖掘困难，有时需用镐。

（三）包含物（均匀性）

粉土中的主要包含物有云母、贝壳、石英、氧化铁浸染条纹（带）、高岭土条纹（团块）等。可以根据粉土中包含物的含量来划分其均匀性，其划分方法如下：

（1）土质均匀。粉土的颗粒构成以粉粒为主，不含有其他成分。

（2）土质较均匀。土中的包含物含量少于 5%。

（3）土质不均匀。土中的包含物含量超过 5%。

（四）摇振反应

将小土块或土球放在手掌中反复摇晃，并用另一个手掌振击此手掌，土中自由水将渗出，球面呈现光泽。用手指捏土球，放松后水又被吸入，光泽消失，根据土球渗水和吸水反应快慢可区分为：

（1）反应迅速。土样立即渗水及吸水。

（2）反应中等。渗水及吸水中等。

（3）无反应。渗水和吸水慢及不渗。

（五）光泽反应

用取土刀切开土块，观察切面处的光泽程度，主要反映土中黏粒含量多少。视其光滑程度分为：

（1）无光泽。切面粗造。

（2）稍有光泽。切面略粗造（稍光滑）。

（3）有光泽。切面光滑。

（六）干强度

将一小块土捏成小土团，等风干后用手指捏碎，根据用力大小区分为：

（1）干强度高。很难或用力才能捏碎或掰断。

（2）干强度中等。稍用力即可捏碎或掰断。

（3）干强度低。易于捏碎和捻成粉末。

（七）韧性

将土块在手中揉捏均匀，然后在手掌中搓成直径3 mm的土条，再揉成土团，根据再次搓条的可能性，可分为：

（1）韧性高。能揉成土团，再搓成条，捏而不碎。

（2）韧性中等。可再揉成团，捏而不碎。

（3）韧性差。勉强或不能再揉成团，稍捏或不捏即碎。

四、黏性土的野外鉴别与描述

粉质黏土的野外鉴别特征：肉眼观察，细土中有砂粒；干时不坚硬，用锤可打成细土粒，湿时有塑性、有黏结力，能黏着在物体之上，但干燥后较容易剥离；能搓成直径为0.5～2 mm的土条，长度较小；用手搓捻可感觉有少量细颗粒，稍有滑腻感和黏滞感。

黏土的野外鉴别特征：肉眼观察较细腻，一般无砂粒；干时很坚硬，用锤可打成碎块，湿时塑性、黏性大，极易黏着物体（如玻璃、金属、木材等），干燥后难以剥离；土团压成饼时，边部不裂；能搓成手掌长度、直径为0.5 mm的土条；用手搓捻有滑润感觉，当水分较大时，极为黏手，感觉不到有颗粒存在。

黏性土的描述项目主要有颜色、状态、包含物、摇振反应、光泽反应、干强度、韧性等。

（一）状态

黏性土的状态反映了土的软硬程度，与土的颗粒成分、颗粒构成以及含水量有关。描述时划为坚硬、硬塑、可塑、软塑、流塑，其野外鉴别特征见表2-12。

表2-12　黏性土状态野外鉴别特征

状态	野外特征	
	黏土	粉质黏土
坚硬	干而坚硬，手捏不变形，很难掰开	干而硬，但可掰开，用力可捏碎，碎块有棱角
硬塑	用力捏先裂成块后显柔性，手捏感觉干，不易变形，手按无指印	手捏感觉硬，不易变形，手按无指印
可塑	手捏似橡皮，有柔性，手按有指印	手捏易变形，有柔性，不用力即可捏成任意形状
软塑	手捏很软，易变形，土块掰时似橡皮，轻按可成坑	手中振动形状即改变，轻按可成坑
流塑	土柱难以自立，土块轻触立即变形	土柱不能自立，土块难长时间保持固定形状

（二）包含物

黏性土的包含物一般有贝壳、铁锰结核、高岭土姜结石等。

五、其他土的野外鉴别与描述

（一）软土

软土包括淤泥、淤泥质土、泥炭、泥炭质土。其野外鉴别与描述除一般描述外，尚需进行嗅味、动植物腐化程度等的描述。

（1）淤泥或淤泥质土肉眼鉴别特征：深灰色、灰色，有光泽，味臭，除腐殖质外尚含少量未完全分解的动植物体，浸水后水面出现气泡，干燥后体积收缩。

(2)泥炭质土：深灰或黑色，有腥臭味，能看到未完全分解的植物结构，浸水体胀，易崩解，有植物残渣浮于水中，干缩现象明显。

(3)泥炭：除有泥炭质土的特征外，结构松散，土质很轻，暗无光泽，干缩现象极为明显。

(二)填土

除一般描述外，尚应描述物质成分、堆积年代、密实度和厚度的均匀程度等。

【小贴士】

经过现场简易鉴定，所确定土的名称与鉴别特征应吻合一致，否则，应考虑土的定名的准确性。土野外的定名和性质，应结合室内土工试验来进行，现场鉴定可用手捏感触定性描述。

小　结

岩土的分类与鉴定是进行工程地质勘察工作的基础性技能，而对土的分类和鉴别又是野外工作的重点对象。本项目按工程地质勘察工作特点，对岩土的分类和鉴定方法进行了介绍。重点对各类土的野外鉴定内容、方法和技能进行了详细介绍。

技能训练

1.在某工程建设勘察场地，通过现场观察，其主要土层特征如下所示，请根据其野外特征分别进行定名和描述。

主要土层野外观察特征：

(1)呈黄色和褐色，黄色稍浅，有氧化铁杂色、白色丝带及铁质结合，细土中有砂粒；用手捏似橡皮，有柔性，手按有指印；干时不坚硬，用锤可打成细土粒，湿时有塑性、有黏结力，能搓成直径为0.5～2 mm的土条，长度较小，用手搓、捻感觉有少量细颗粒，稍有黏滞感，然后在手掌中搓成直径3 mm的土条，可再揉成团，但是不能再搓成条，且捏不碎，待风干后用手指稍微用力可捏碎；用取土刀切开土块，切面略粗糙；将小土块放在手掌中反复摇晃，并振击此手掌，土中无水渗出。

(2)呈黄色和褐色，黄色稍浅，砂粒少，可以看见石英、氧化铁浸染条纹(带)；土扰动后不易握成团，一摇即散；风干后土块结合不够坚固，微用力即散成粉末；湿时有流动性，土球经振动可成饼状，在手中可捏成团，能搓成直径为3 mm的短土条，用手搓捻无黏滞感，较粗糙，大部分是粉末；用取土刀切开土块，切面光滑；土块在手中揉捏均匀，然后在手掌中搓成直径为3 mm的土条，不能再揉成团，稍捏即碎；捏成小土团，风干后用手很容易捏碎。

(3)呈灰色和白色，更趋向白色；像粗玉米粉一样大的颗粒不到1/4，可见粒径为5～8 mm的长石、石英，偶见卵石，粒径为10～50 mm；呈松散状，不能捏成团，用手握时感到湿、凉，放在纸上不会浸湿，加水时吸收很快；进行了标准贯入试验，击数为12击。

(4)青灰夹黄色，松子大的颗粒大约占土的总质量的2/3，磨圆度较好，母岩为砂岩；钻进较困难，钻杆、吊锤跳动不剧烈，孔壁有坍塌现象，重探12击。

2.根据实地情况，选择不同的土样进行野外鉴定。要求在现场对土样命名，并进行完整的描述。

项目三　工程地质测绘与调查

学习目标

一、知识目标

1. 掌握工程地质测绘的目的、任务与要求。

2. 掌握工程地质测绘的工作程序。

3. 掌握工程地质测绘工作中的技术要求。

二、能力目标

1. 具有编写工程地质测绘技术要求的能力。

2. 具有进行野外实地测绘的能力。

3. 具有进行资料整理及图件编制的能力。

【导入】

20 世纪 90 年代后期，北方某省会城市计划在其西部丘陵地区利用自然沟谷建设垃圾场，以满足日益增多的城市垃圾处理需要。但在这个区域缺少满足初步设计要求的地质、工程地质资料。为满足初步设计要求，地质工作者进行了工程地质测绘。通过工程地质测绘与调查了解了区域及场区外围的地层分布及地质构造条件，查清了场地地层的时代和地质构造单元，以及场区围岩地层分布特征、地质构造特征及水文地质特征等，为初步设计提供了准确的地质、工程地质资料。

要想完成工程地质测绘与调查工作，我们应该知道如下问题：

1. 什么是工程地质测绘？它的作用是什么？

2. 如何进行工程地质测绘？

【知识链接】

工程地质测绘是工程地质勘察中首先进行的一项最重要、最基本的勘察工作，也是一种简单、经济、有效的勘察方法。

1. 基本概念

工程地质测绘是运用地质、工程地质理论，采用收集资料、调查访问、地质测量、遥感解译等方法查明场地工程地质要素，并按照精度要求将它们如实地反映在规定比例尺的地形图上，为拟建工程选择最优场址及设计提供依据。

2. 工程地质测绘分类

根据研究内容与目的不同，工程地质测绘可分为两类：一类是全面对工作区内工程地质条件进行查明的综合性工程地质测绘；另一类是为某一特定建筑物或者是对某一工程地质要素进行专门研究的专门性工程地质测绘。

3. 工程地质测绘的应用条件

(1)对岩石出露或地貌、地质条件较复杂的场地应进行工程地质测绘。对地质条件简单的场地，可用调查代替工程地质测绘。

(2)工程地质测绘和调查宜在可行性研究或初步勘察阶段进行。在可行性研究阶段收集资料时，宜包括航空像片、卫星像片的解译结果。在详细勘察阶段可对某些专门地质问题做补充调查。

4. 工程地质测绘工作的基本程序

(1)接受主管部门或委托单位的任务书，收集资料，进行航卫像片解译。

(2)根据任务书编制纲要，进行野外工作的准备工作。

(3)按纲要开展野外测绘、勘探和试验。

(4)资料综合分析和整理，编制图件，编写报告。

单元一 工程地质测绘和调查纲要编制与准备工作

在进行工程地质测绘和调查之前，应做好技术、人员和物品的准备工作，编写测绘和调查纲要，为测绘和调查工作的实施做好充分的准备。

任务一 资料收集与现场踏勘

在编制工程地质测绘和调查纲要之前，应详细了解调查区的经济状况、发展规划和对工程地质工作的要求，充分收集相关资料并进行分析研究，通过现场踏勘检验资料的真实性和适用性。

一、资料收集

收集资料主要包括水文、气象、自然地理、地貌、地层岩性、地质构造和新构造、地震、水文地质、工程地质、动力地质现象、地质灾害及其他有关的资料。

二、现场踏勘

现场踏勘是在收集已有资料，并进行分析研究的基础上进行的。

路线踏勘的选择原则是：穿越区内主要构造线、地层发育全，地质露头较好，且通行、通视条件较好。

现场踏勘的目的包括：

(1)了解工作区自然地理条件(位置、交通、水文、气象、地形、地貌特征)。

(2)初步掌握工作区内地质概况(地层、岩性、构造、地下水、不良地质现象)。

(3)正确选择实测地层、地貌剖面位置。

(4)合理布置测绘观察点和观测路线。

(5)统一测绘标准、技术要求和工作方法。

(6)制订工作计划及工作步骤。

任务二　编制工程地质测绘纲要

工程地质测绘纲要是进行测绘工作的技术依据,一般包括在勘察纲要内,所以勘察纲要及任务书是编制测绘纲要的主要依据,应根据设计任务和内容、工程特点和技术要求编写测绘纲要。

测绘纲要的内容一般包括以下几个方面。

一、工作任务情况

通过对勘察任务分析确定测绘的目的、要求、面积及比例尺。

(一)工程地质测绘与调查范围的确定

工程地质测绘与调查的范围,应包括场地及其附近地段。测绘范围的确定主要取决于以下几个方面。

1. 建筑物类型和规模

不同类型和不同规模的建筑物与其自然环境相互作用的范围、规模和强度不同,所以确定测绘范围时,首先要考虑到这一点。

2. 工程阶段

不同阶段对工程地质条件的研究内容与程度不同,而工程地质测绘的范围也会随之发生变化。一般情况下,在规划和设计阶段,主要为了选择建筑地区或建筑场地,需要进行方案的比选,对工程地质条件研究程度要求较低,测绘的范围应包括方案有关地区在内,所以测绘范围很大。在场地选定后,特别是建筑物的后期设计阶段,就只需要在已选工作区的较小范围内进行大比例尺的工程地质测绘。可见,工程地质测绘的范围是随着建筑物设计阶段的提高而减小的。

3. 工程地质条件研究程度

工程场地工程地质条件的复杂程度(见表3-1)和研究程度都影响到测绘范围。工程地质条件复杂,研究程度差,工程地质测绘范围就大。在工作区或邻近地区内已做过相关地质研究工作的,只需进行分析、验证,必要时做补充调查和测绘即可。

【小贴士】

工程地质条件的复杂程度分两种情况:一种是工作区内工程地质条件非常复杂;另一种是工作区内的地质结构并不复杂,但在邻近地区存在可能威胁建筑物安全的物理地质作用。

表 3-1 工程地质条件复杂程度划分

复杂程度	地形地貌	地质条件	地下水	不良地质现象	已有建筑物
简单	地形简单，地貌类型单一	地质结构简单，岩性单一、产状水平或缓倾，岩性岩相变化不大，岩土工程地质性质良好	区域性地下水位基本稳定	现代动力地质作用和现象及地质灾害不发育	无变形或其他“病害”现象
中等	地形较简单，地貌类型较单一	地质结构较复杂，岩性岩相不稳定，层数较多，产状常呈倾斜，岩土工程地质性质较差	区域性地下水位波动较大	现代动力地质作用和现象及地质灾害中等发育	有变形或其他“病害”现象不多见
复杂	地形和地貌类型复杂	地质结构复杂，岩性岩相变化大，层数多，产状多变，岩土工程地质性质不良	各种类型的地下水之间关系复杂	现代动力地质作用和现象及地质灾害广泛发育	有变形或其他“病害”现象多见

（二）工程地质测绘与调查比例尺的确定

工程地质测绘与调查比例尺选择的总体原则是：测绘所得到的成果既要满足工程建设的要求，又要尽量节省测绘工作量。

工程地质测绘的比例尺主要取决于工程设计阶段和工程地质条件研究程度。设计的初期阶段，测绘范围较大，对工程地质条件研究程度要求低，采用的比例尺一般较小；随着建筑物设计阶段的提高，研究范围变小，对工程地质条件研究程度要求变高，采用的比例尺变大。

一般工程地质测绘比例尺选择如下：

（1）可行性研究勘察阶段，可选用中、小比例尺，即 1∶5 000～1∶50 000。

（2）初步勘察阶段，可选用大、中比例尺，即 1∶2 000～1∶10 000。

（3）详细勘察阶段，可选用大比例尺，即 1∶500～1∶2 000。

【小贴士】

同一设计阶段，建筑物的规模越大，工程地质条件越复杂，采用的比例尺就越大；当工程地质条件复杂时，比例尺可适当放大。有对工程有重要影响的地质单元体（滑坡断层、软弱夹层、洞穴等）时，可采用扩大比例尺表示。

二、工作区自然地理条件

通过对已收集资料和现场踏勘分析确定测绘与调查区域的位置、交通、水文、气象、地形、地貌特征。

三、工作区地质概括

根据所收集地质、水文地质资料及已有工程地质资料的分析和实地踏勘获得资料，对工作区内地层分布及特征、岩性、地质构造、地下水分布、不良地质现象进行说明。

四、工作方法及精度要求

（一）工作方法

1. 布置观察路线

根据踏勘所了解到的测区地形地貌、露头特征、地层岩性、地层构造等基本情况，依据测绘任务要求布置观察路线，以便全面查明测区的工程地质条件。

观察路线的布置原则：要用最短的路线观测到最多的内容。

1）观察路线的布置方法

（1）穿越法。沿垂直构造线（如岩层走向、轴向、断层走向）或垂直河流流向方向布置观察路线。这样容易查明填图区的地层时代、层序、接触关系和地层厚度，以及构造特征与地貌的关系等，工作效率较高。不足之处是，两条观察路线之间的地段不能直接观察清楚。

（2）追索法。沿走向线或河流观察，容易查明岩层或构造的横向变化，确定地质界线、沿断层走向两侧岩层的变化、断层的分枝和收敛、岩浆岩体和围岩的接触界线、河流流域概况等。多在构造复杂、岩性变化大的地段采用。

（3）综合法。是上述两种方法的结合，即在穿越路线上，为查明接触关系和地质体的横向变化，沿地质体走向追索一定距离；或在追索路线中，为查明地层层序及其纵向变化，上、下接触关系等，穿越地质体走向一定距离。优点是可较全面地研究地质体的纵、横向变化，缺点是工作量较大。

2）观察路线的密度

观察路线的密度由调查任务及精度要求确定，路线间距应以达到填图要求和解决主要地质问题为前提。

【小贴士】

要对每条观察路线进行编号，注明起止点，并按实际行经路线标明在地形图上。应选择村庄、桥梁或特殊地形等具有明显特征的地物或地貌作为测绘路线的起点和终点。

2. 布置观察点

在观察线上选定一些点位进行重点观察和描述，观察点应尽量利用天然基岩露头处，必要时可揭露观察即人工露头，如探槽、浅井等。

观察点的布置原则：观察点的布置应以能有效地控制各种地质界线、地质体和不良地质现象为原则。

地质观察点的布置、密度和定位应满足下列要求：

（1）在地质构造线、地层接触线、岩性分界线、标准层位和每个地质单元体应有地质观察点。

（2）地质观察点的密度应根据场地的地貌、地质条件，成图比例尺和工程要求等确定，并应具有代表性。

（3）地质观察点应充分利用天然和已有的人工露头，当露头少时，应根据具体情况布置一定数量的探坑或探槽。

(4)地质观察点的定位应根据精度要求选用适当方法;地质构造线、地层接触线、岩性分界线、软弱夹层、地下水露头和不良地质作用等特殊地质观察点,宜用仪器定位。

【小贴士】

观察点和观测线的密度要服从调查效果,其间距一般参照相关规范执行,但不强求均匀分布,应视工程地质条件的复杂程度适当加密或减稀。

(二)工程地质测绘与调查的精度要求

工程地质测绘精度指对地质现象观察描述以及工程地质条件各要素在工程地质图上反映的详细程度。精度与比例尺相一致。

实测地质体的最小尺寸一般为图上 3 mm;对于具有重要意义、在图上不到 3 mm 的地质现象,可以扩大比例尺表示。各种地质体的界线必须在实地进行勾绘或根据遥感解译界线通过野外核定。

测绘的各种地质点位置的误差范围在相应比例尺的图上不大于 2 mm。为此,需在一定面积内布置一定数量的观察点及观测线。观察点的布置要目的明确,并具有较好的控制性和代表性。

观察点的间距应根据任务要求,以能有效控制和收集到足够的地质资料、符合测绘精度要求为依据,其疏密程度取决于测绘比例尺和地质条件(见表 3-2)。

表 3-2 综合工程地质测绘每平方千米内观测点数和观测线平均长度

比例尺	地质条件复杂程度					
	简单		中等		复杂	
	观测点个数	观测线长度(km)	观测点个数	观测线长度(km)	观测点个数	观测线长度(km)
1:20 万	0.49	0.50	0.61	0.60	1.10	0.70
1:10 万	0.96	1.00	1.44	1.20	2.16	1.40
1:5万	1.91	2.00	2.94	2.40	5.29	2.80
1:2.5 万	3.96	4.00	7.50	4.80	10.00	5.60
1:1万	13.80	6.00	26.00	8.00	34.60	10.00

【小贴士】

为满足最终测绘结果精度要求,一般在测绘时,选用地图比例尺要比最终提交的成果比例尺大一级。

五、人员组织及经济预算

依据测绘面积、测绘工作量和工作时间的要求,合理进行人员组织。一般包括项目负责人、技术负责人、野外测绘人员(一般以 2 ~3 人为一组,一个工作区由若干小组同时进行工作)。

经济预算应依据国家、行业或地方相关规范、标准合理进行,应遵循“既不浪费又能满足工作要求”的原则。

六、材料物资器材的计划

测绘与调查的工具主要包括地质锤、罗盘、放大镜、GPS 仪、地形底图(野外手图和室内清图)、各种记录表格、野外记录簿、水文地质调查器材(水位计、三角堰板、工兵铲、水温计、pH 试纸)、文件夹、记录用品(文具盒、2H 铅笔、签字笔、橡皮、三角板等)、照相机、摄像机等。

除上述测绘工具和用品外,还应包括交通工具、笔记本电脑、打印机等相关用品。

所有材料物资器材的数量应根据工作量和人员组成确定。

七、工作计划及工作步骤

依据测绘范围和工作时间要求制订具体的工作计划。一般的测绘工作步骤是:第一,依据测绘纲要进行测绘准备工作;第二,实测剖面,统一工作标准;第三,野外测绘实施;第四,测绘资料整理;第五,测绘成果验收。

八、要求提交的各种资料、图件

依据工作具体任务和要求所应该提交的资料和图件。一般包括:实际材料图、综合工程地质图、工程地质分区图、综合地质柱状图、工程地质剖面图以及各种素描图、照片和文字说明等。

单元二　工程地质测绘和调查实施

根据测绘纲要技术要求,在野外进行实地测绘。通过在野外按照纲要要求设计路线对工程地质现象进行观察描述、测量、取样以及选择典型的地段与位置进行剖面实测,必要的时候配合简单的勘探与试验。重点是野外测绘的工作内容与方法。

【知识链接】

1. 测绘和调查的内容

工程地质测绘和调查应该包括下列内容:

(1)查明地形、地貌特征及其与地层、构造、不良地质作用的关系,划分地貌单元。

(2)岩土的年代、成因、性质、厚度和分布。对岩层应鉴定其风化程度,对土层应区分新近沉积土、各种特殊性土。

(3)查明岩体结构类型,各类结构面(尤其是软弱结构面)的产状和性质,岩、土接触面和软弱夹层的特性等,新构造活动的形迹及其与地震活动的关系。

(4)查明地下水的类型、补给来源、排泄条件,井泉位置,含水层的岩性特征、埋藏深度、水位变化、污染情况及其与地表水体的关系。

(5)收集气象、水文、植被、土的标准冻结深度等资料,调查最高洪水位及其发生时间、淹没范围。

(6)查明岩溶、土洞、滑坡、崩塌、泥石流、冲沟、地面沉降、断裂、地震震害、地裂缝、岸边冲刷等不良地质作用的形成、分布、形态、规模、发育程度及其对工程建设的影响。

(7)调查人类活动对场地稳定性的影响,包括人工洞穴、地下采空、大挖大填、抽水排水和水库诱发地震等。

(8)建筑物的变形和工程经验。

2. 测绘和调查的工作方法

路线地质观察的一般工作程序大致是：

(1)确定观测点的图上位置。

(2)观察并描述、记录露头地质特征，测量地质体的产状要素和其他构造要素，绘制素描图和照相，采集标本和样品。

(3)追索和勾绘地质界线。

(4)沿路线进行连续观察、记录和绘制路线地质剖面图。

任务一　实测剖面

正式测绘前，应首先实测代表性地质剖面，建立典型的地层岩性柱状剖面和标志，划分工程地质制图单元。如已有地层柱状图可供利用，亦应进行现场校核，以加强感性认识，确定填图单位，统一工作方法。

岩性综合体或岩性类型是填图的基本单位，必要时可按工程地质单元划分到工程地质类型，其界线可与地层界线吻合，也可根据岩性、岩相和工程地质特征进行细分或者归并。

一、一般技术要求

(1)剖面线方位应基本垂直于地层或主要构造线走向，两者之间的夹角一般不小于60°。

(2)剖面线通过的具体位置，除要满足实测目的与任务要求外，还应注意基岩露头的连续性。所以，选择剖面线时优先考虑沟谷的自然切面及人工采掘面等。如在剖面线上露头不好，而相邻地段露头好且有明显的层位标志时，可以采用层位平移法测制。如没有明显的平移标志，可进行人工揭露。

(3)确定比例尺时，应根据测区内岩性复杂程度、岩石地层划分和表示详细程度，以及地质目的和经济效果来确定，充分反映最小地层单位或岩石单位。

二、分层原则

由全部参与测绘工作人员集体观察后确定统一的分层意见和具体分层标准及位置。分层时应遵循的具体原则如下：

(1)以岩性差异及接触关系为分层原则。对于不连续或不正常的接触关系(如沉积间断或角度不整合、断层等)，必须进行分层描述记录。

(2)分层时应根据岩性差异、沉积韵律、层理构造、基本层序特点和类型，以及特殊的化石层、含矿层、标志层等方面综合考虑。

(3)分层的精度根据剖面比例尺大小而定。具体以能够反映最小分层尺度为准，即以图面1 mm所表示的厚度为准。

【小贴士】

如1:1 000比例尺，最小分层厚度为1 m，但厚度<1 m的特殊层、软弱层应单独分出，扩大表示于图上，记录中必须注明其真实厚度。岩性单一或岩性组合单调的，可适当放宽分

层厚度,分层厚度不得大于剖面比例尺最小表示厚度的 10 倍(或≤5 m)。

三、实测剖面工作实施

(一)导线布置及测量

沿岩层倾向布置导线,地形剖面线采用半仪器法导线测量,即用罗盘测量导线的方位、地形坡度,用皮尺或测绳丈量导线两点间的地面斜距。

(二)剖面测量

在导线内的测量分层距离、各层岩性及产状、层号及地层代号、分层斜距、岩性描述、岩石和化石标本采集位置及编号、产状及测量位置、厚度等。分层岩性描述前,应沿横向及纵向仔细观察,全面了解岩石特征或岩层组合特征。

记录人员对上述内容进行准确记录。观察和记录格式可参考表 3-3。

表 3-3 实测剖面记录

比例尺 1∶500　　日期:2010 年 9 月 20 日

导线号	分层号	斜距	方位角	坡角	岩石及化石标本位置
0—1		30 m	345°	+18°	
	1	0 ~ 8 m	深灰色厚层灰岩,团粒结构,质纯,风化后在地貌上呈石芽状。7 m 处产状 320°∠50°或 50°/NW∠50°		5 m 处Ⅲ$_1$ -1B
	2	8 ~ 21 m	浅灰色厚层白云质灰岩,微波状水平层理极为发育,层面见干扰波痕,风化面见“砂糖状”的白云石化团块,形状不规则,总体平行层理分布(见素描图 × ×)。15 m 处产状 315°∠45°或 45°/NW∠45°		12 m 处Ⅲ$_2$ -1B 18 m 处Ⅲ$_2$ -2B
	3	21 ~ 30 m	灰色中厚层石灰岩,平行层理方向的锯齿状缝合线极为发育(见素描图 × ×),具生物碎屑结构,含化石 × × × ×。27 m 处产状 318°∠47°或 42°/NW∠47°		25 m 处Ⅲ$_3$ -1B 29 m 处Ⅲ$_3$ -1H
1—2		35 m	338°	-20°	
	4	0 ~ 15 m	灰白色致密块状白云岩		

【小贴士】

剖面导线应按前述原则尽量垂直岩层走向,由老至新或由新至老连续布线测量;导线测站位置应选择在能通视前、后测站的地形变化(或道路拐点)和分层界线处。

(三)绘制实测剖面草图

实测剖面草图在实测过程中逐步完成,基本与剖面测量及记录同步完成。按坡度角、斜距和比例尺结合实际地形绘出地形线。在地形线下方按视倾角绘制岩性符号和分层界线,标注层号、地层代号和产状测量位置等。剖面全部测完后,写上图名和比例尺。

(四)资料整理

剖面资料包括野外记录本、剖面图、柱状图、剖面小结、测量登记表等。

任务二 实地测绘和调查

在野外进行测绘和调查时,需要按照纲要要求沿测绘路线在相应的观测点进行观察描述,并将观测点(如地质点、矿点、工点、水文点等)准确地标绘在地形图上,并将相同界线的观测点按照实际分布情况连接成线,形成野外工程地质手图。

一、野外观测点及观测路线工作

(一)观察点的定位

将野外观察点准确地标绘在地形底图上的工作方法,在区域地质测量工作中称为定点。

对精度要求高的工程图件及大比例尺地质图,须用经纬仪等测量仪器定点。野外在地形图上定点,可以用手持 GPS 仪定点,也可结合地形地物特征直接标定或用罗盘进行后方交会来定点。

点位在地形底图上用直径 2 mm 的圆圈标定。点位确定后应进行统一编号,号码标在圆圈的右下角。标定的观测点位在地形图上的误差不大于 1 mm。

下述情况一般都应定点:

地层、标志层、化石层的界线;不同岩性、岩相或内部相带的分界线;断层、褶皱枢纽、构造转折部位;重要的或具有代表性的地层产状、裂隙、劈理、脉岩及样品采集地点;岩溶现象和滑坡、塌方等自然现象发育处以及阶地、夷平面或其他地貌界线。

1. 手持 GPS 仪定点方法

将 GPS 仪置于观测点上,或人站在观测点上,观测点应该选在开阔地点,上方无遮挡物,便于搜索卫星信号。打开机器,搜索卫星,当信号稳定后,读取坐标,并进行储存。

在记录簿或卡片上记录坐标,并按坐标标注在地形底图上。

2. 罗盘后方交会法定点

首先,在观测点上利用罗盘使地形图的东南西北方向与实地的东南西北方向保持一致。

其方法是将地形图平放,使罗盘长边靠着地形图左或右图框,并保持水平,同时转动地形图和罗盘,使指北针对准刻度盘的 0°,此时地形图与实际方向一致,一些线性地物如河流、公路的延长方向应与地形图上所标注的该河流或公路相平行。

然后,在观测点附近找三个不在一直线上且在地形图上有明显标识的已知点(三角点、山顶、建筑物等),分别用罗盘测量观测点在已知点的方位。记录三条测线方位。

最后,在图上找到各已知点,按已测方位分别绘出三条测线,三条测线的交点即为观测点所在位置。如因测量误差导致三条测线不能相交于一点而交成三角形(称为误差三角形),观测点位置应取误差三角形之小点。

【小贴士】

实际工作时往往将目估法和交会法同时运用,相互校正,使点定得更为准确。例如用三点交会法画出误差三角形后,用目估法找出测点附近特殊的地形物和高程来校对点的位置。

(二)观察点的观察与描述内容

工程地质测绘服务的主题是工程建设,其观察内容也以建筑物与地质环境相互作用的工程地质条件为主，其不同观察点观察与描述内容主要有以下几个方面：

1. 地貌点观察与描述内容

工程地质测绘中对地貌的研究内容有：

(1)地貌形态特征、分布和成因。

(2)划分地貌单元。

(3)地貌单元的形成与岩性、地质构造及不良地质现象等的关系。

(4)各种地貌形态和地貌单元的发展演化历史。

【小贴士】

上述各项主要在中、小比例尺测绘中进行。在大比例尺测绘中，则应侧重于地貌与工程建筑物布置以及岩土工程设计、施工关系等方面的研究。

【阅读与应用】

关于地形地貌相关知识可以参考《地貌学及第四纪地质学》等相关教材。

2. 地层岩性点观察与描述内容

地层岩性点包括地层分界点、岩性观察点、岩体观察点和土体观察点。其描述内容如下。

1)岩性观察点

岩性观察点的观察与描述应包括地质年代、岩石名称、风化程度、颜色、结构、构造、主要矿物成分和岩石质量指标 *RQD*。

【小贴士】

不同岩类观察和描述重点不同：沉积岩主要描述沉积物的颗粒大小、形状、胶结物成分和胶结程度；岩浆岩和变质岩主要描述矿物结晶大小和结晶程度。

对沉积岩调查的主要内容是：岩性岩相变化特征，层理和层面构造特征，结核、化石及沉积韵律，岩层间的接触关系；碎屑岩的成分、结构、胶结类型、胶结程度和胶结物的成分；化学岩和生物化学岩的成分、结晶特点、溶蚀现象及特殊构造；软弱岩层和泥化夹层的岩性、层位、厚度及空间分布等。

对岩浆岩调查的主要内容是：岩浆岩的矿物成分及其共生组合关系，岩石结构、构造、原生节理特征，岩浆活动次数及序次，岩石风化的程度；侵入体的形态、规模、产状和流面、流线构造特征，侵入体与围岩的接触关系，析离体、捕虏体及蚀变带的特征；喷出岩的气孔状、流纹状和枕状构造特点，反映喷出岩形成环境和次数的标志，凝灰岩的分布及泥化、风化特点等。

对变质岩调查的主要内容是：变质岩的成因类型、变质程度、原岩的残留构造和变余结构特点，板理、片理、片麻理的发育特点及其与层理的关系，软弱层和岩脉的分布特点，岩石的风化程度等。

2)岩体观察点

岩体观察点的描述主要包括岩体结构面、结构体、岩层厚度和结构类型，并符合下列规定：结构面的描述包括类型、性质、产状、组合形式、发育程度、延展情况、闭合程度、粗糙程度、充填情况和充填物性质以及充水性质等；结构体的描述包括类型、形状、大小和结构体在围岩中的受力情况等。

【小贴士】

对质量较差的岩体,鉴定和描述尚应符合下列规定:

(1)对软岩和极软岩,应注意是否具有可软化性、膨胀性、崩解性等特殊性质。

(2)对极破碎岩体,应说明破碎的原因,如断层、全风化等。

(3)开挖后是否有进一步风化的特性。

3)土体的观察和描述内容

(1)碎石土应描述颗粒级配、颗粒形状、颗粒排列、母岩成分、风化程度、充填物的性质和充填程度、密实度等。

(2)砂土应描述颜色、矿物组成、颗粒级配、颗粒形状、黏粒含量、湿度、密实度等。

(3)粉土应描述颜色、包含物、湿度、密实度、摇振反应、光泽反应、干强度韧性等。

(4)黏性土应描述颜色、状态、包含物、光泽反应、摇振反应、干强度、韧性、土层结构等。

(5)特殊性土除应描述上述相应土类规定的内容外,尚应描述其特殊成分和特殊性质,如对淤泥尚需描述嗅味,对填土尚需描述物质成分、堆积年代、密实度和厚度的均匀程度等。

(6)对具有互层、夹层、夹薄层特征的土,尚应描述各层的厚度和层理特征。

【知识链接】

土的具体观察和描述内容、要求见项目一。

【小贴士】

土层划分定名时应按如下原则:对同一土层中相间呈韵律沉积,当薄层与厚层的厚度比大于1/3时,宜定为“互层”;厚度比为1/10~1/3时,宜定为“夹层”;厚度比小于1/10的土层,且多次出现时,宜定为“夹薄层”;当土层厚度大于0.5 m时,宜单独分层。

3.地质构造点观察和描述内容

地质构造是工程地质测绘研究的重要内容,其主要观察与描述内容有:

(1)层的产状及各种构造形式的分布、形态和规模。

(2)软弱结构面(带)的产状及其性质,包括断层的位置、类型、产状、规模、断距、破碎带宽度及充填胶结情况。

(3)岩土层各种接触面及各类构造岩的工程特性。

(4)近期构造活动的形迹、特点及与地震活动的关系等。

【小贴士】

在测绘过程中要重视节理、裂隙等小构造的观察和描述。结合工程布置和地质条件选择有代表性的地段进行详细的节理裂隙统计,其主要内容是:节理裂隙的成因类型和形态特征,节理裂隙的产状、规模、密度和充填情况等。

4.水文地质点观察和描述内容

在工程地质测绘中水文地质调查的主要内容包括:

(1)河流、湖沼等地表水体的分布、动态及其与水文地质条件的关系。

(2)主要井、泉的分布位置,所属含水层类型、水位、水质、水量、动态及开发利用情况。

(3)区域含水层的类型、空间分布、富水性和地下水水化学特征及环境水的侵蚀性。

(4)相对隔水层和透水层的岩性、透水性、厚度和空间分布。

(5)地下水的流速、流向、补给、径流和排泄条件,地下水活动与环境的关系,如土地盐碱化、冷浸现象等。

5. 不良地质现象观察和研究内容

研究不良地质现象要以地层岩性、地质构造、地貌和水文地质条件的研究为基础，并收集气象、水文等自然地理因素资料。研究内容有：

(1)各种不良地质现象的分布、形态、规模、类型和发育程度。

(2)分析它们的形成机制、影响因素和发展演化趋势。

(3)预测其对工程建设的影响，提出进一步研究的重点及防治措施。

6. 已有建筑物的调查内容

调查内容有：

(1)选择不同地质环境中的不同类型和结构的建筑物，调查其有无变形、破坏的标志，并详细分析其原因，以判明建筑物对地质环境的适应性。

(2)具体评价建筑场地的工程地质条件，对拟建建筑物可能的变形、破坏情况做出正确的预测，并提出相应的防治对策和措施。

(3)在不良地质环境或特殊性岩土的建筑场地，应充分调查、了解当地的建筑经验，包括建筑结构、基础方案、地基处理和场地整治等方面的经验。

7. 人类活动对场地稳定性的影响

工作区及其附近人类的某些工程活动，往往影响建筑场地的稳定性，例如：人类的地下开采；大挖大填；强烈抽排地下水和水库蓄水引起的地面沉降、地表塌陷、诱发地震、斜坡失稳等现象，都会对场地的稳定性造成不利影响，对它们的调查应予以重视。此外，场地内如有古文化遗迹和文物，应妥善保护，并向有关部门报告。

(三)观察点的描述要求

观测点的描述既要全面又要突出重点，还要注意观测点之间的沿途观察记录，反映点间的变化情况。文字记录要清晰简明，对典型或重要的地质现象，尽量用素描、照片与文字相配合进行记录。

1. 一般记录要求与格式

进行野外地质观察必须做好记录，地质记录是最宝贵的原始资料，是进行综合分析和进一步研究的基础，也是地质工作成果的表现之一。一般要求如下：

(1)详细，包括地质内容和具体地点两方面，即对看到的地质现象及分析、判断进行详细记录，同时详细说明地点。

(2)客观地反映实际情况，可以将对地质现象的分析、判断进行记录，但应分别记录，前者不能随意更改，后者可以根据认识的发展而修正。

(3)记录清晰、美观、文字通达。

(4)图文并载，重要的地质现象应尽可能绘图表示。

(5)记录需采用铅笔(最好是2H铅笔)，野外记录不得随意涂改，可将记录有错的内容画去，再将正确的内容写在空白处。不允许随意撕毁记录本插页，应严格保持记录本的原有状态。

【案例3-1】 记录内容与格式如下：

日期：2014年6月4日(星期四) 天气：晴转多云

地点：秦皇岛石门寨地区

路线1：张崖子—东部落—潮水峪(1)

No. 1

点位:张崖子村西 0.5 km 小河旁　　坐标: $X=4\ 448\ 640$

$Y=20\ 726\ 850$

点性:岩性点

点述:混合花岗岩,风化面为灰、灰黄至黄褐色,新鲜面呈灰白至灰红色、肉红色,等粒结构,局部呈片麻状构造。主要矿物成分为钾长石、斜长石、石英、角闪石、黑云母。钾长石呈自形—半自形,个别见卡氏双晶,含量可达60%;斜长石呈自形,半自形较少见,含量少于10%;石英,在肉红色岩石中含量20%,灰白色岩石中可达60%;角闪石呈自形、半自形,黑色,含量为5%~10%;黑云母为片状,含量少于5%。

点间:沿途岩石成分有变化,钾长石含量降低,石英含量增加,颜色变浅。局部有石英脉体出现,宽度在5~10 cm,走向近东西向。

2. 绘制信手地质剖面图

在横穿构造线走向进行综合地质观察时,应绘制信手地质剖面图,它表示横过构造线方向上地质构造在地表以下的情况,这是一种综合性的图件。

图件除要表示地层、构造、火成岩和其他地质现象以及地形起伏、地物名称以及其他所需要表示的综合性内容外,还应包括图名,方向,比例尺(一般要求水平比例尺和垂直比例尺一致),地形的轮廓,地层的层序、位置、代号、产状,岩体符号、岩体出露位置、岩性和代号,断层位置、性质、产状,地物名称。

信手地质剖面图是在野外观察过程中绘成的,而不是在地质图上切下来的。路线地质剖面图中的地形起伏轮廓和各种地质体间的相对距离是目估的,但要基本上反映实际情况。各地质体的产状则是实测的,绘图时应力求准确。

当观察路线不能始终沿同一方向(一般都是垂直于构造线)连续进行时(如通行困难),可以沿走向平移,如平移距离大,在图上可标示出向何方向平移多少米。如观察路线基本上是横穿构造线,仅有局部性的变化(因道路有转折)时,图上不必改变方向。

二、野外工程地质手图绘制

根据观察点确定的地质界线位置,按地形和露头实际关系,如实地勾出地质、地貌界面的连接线。地质界线的勾绘是在野外测绘过程中现场完成的,所以当测绘和调查工作结束时,一张工程地质草图也就完成了。

为了提高勾绘地质界线的准确程度,野外工作中应注意以下几点:

(1)勾绘地质界线时,采用"V"字形法则或三点法绘制。

(2)勾绘界线时应充分注意不同地质体的地形、地貌、植被、土壤色调的差异,用以判定界线的位置和伸延情况。

(3)如果获得了较大比例尺航空照片,则应事先进行解译并在野外验证,根据影像特征判定界线伸延位置。

(4)勾绘地质界线时,还应时刻注意分析地层层序是否正常、构造是否合理,在有断层切割的地段更要注意断层性质和构造恢复是否符合地质原理。

(5)如果地质界线(包括断层)相交、相切时,要特别注意它们的相互关系和交切的实地位置,一般应实地踏勘观察、定点收集资料求得解决。

(6)为了能及时发现和有计划地追索地质界线,通常应在路线观察前充分研究旁侧路线的地质情况,对即将观察的路线上可能出现的界线和它们大致的位置做出预测,并做好在界线缺失、重复、增多时的应急追索、观察措施,以提高界线勾绘的准确性和质量。

(7)凡遇界线不能顺利连接时,则应追索观察解决。

【小贴士】

在路线地质观察和地质点的观察过程中,界线勾绘是否准确,直接影响地质填图的质量。因此,凡在观察路线上的地质界线,必须在定点的同时根据视域范围内界线延伸特点将其勾绘在地形图上。同时,将旁侧路线所勾绘的相应的地质界线在野外相互连接起来,表示出界线在更大范围的延伸情况。如此在全区内把所有路线上相应的界线逐一相互连接就可完成一幅高质量的地质图。

三、补测

按计划路线完成测绘后,如果在室内资料整理过程中发现问题,或不能满足要求的情况下,需对问题地区进行补测,补测方法和要求与前述工作方法及要求相同。

单元三　工程地质测绘和调查资料整理及成果

在通过野外测绘和调查获取第一手野外原始资料的情况下,通过与前期所收集资料进行综合分析,整理编制相应的图件并编写文字说明。重点是图件编制和文字报告编写的方法和内容。

任务一　原始资料整理

一、野外资料整理

(一)原始记录本、表格、卡片和统计表的整理

在野外测绘和调查中,以小组为单位,在每天工作结束后均要求对当天原始记录、表格、卡片和统计表进行整理和检查,在确定没有问题之后着墨。在野外工作结束后,按图幅对记录表格、卡片和统计表进行统一整理、装订。

(二)野外图件资料的整理

野外工作过程中的图件包括野外工程地质测绘手图、实际材料图。工程地质测绘手图是在野外现场完成的,当天野外工作结束,检查没有问题之后,在地形底图上以 2 mm 直径的实心圆圈标定调查点,统一编号,并将各种地质现象标绘到图上,检查无误后,着墨。每阶段野外工作结束后,将本阶段手图内容转绘至一张同比例尺地形图上,至本图幅工作结束之后再将物探、勘探、取样、观测和地质剖面图的展布等内容绘制在同一张图上,构成一张完整的实际材料图。

(三)野外检查

野外检查包括测绘小组自检和小组之间的互检,其目的是及时发现测绘中出现的问题,提高测绘质量。

二、野外验收前的资料整理与准备

野外验收前的资料整理，是在野外工作结束后，全面整理各项野外实际资料，检查核实其完备程度和质量，整理誊清野外工作手图和编制各类综合分析图、表，编写调查工作小结。一般野外资料验收应提供下列资料：

(1)各种原始记录本、表格、卡片和统计表。

(2)实测的地质、地貌、水文地质、工程地质和勘探剖面图。

(3)各项原位测试、室内试验鉴定分析资料和勘探试验资料。

(4)典型影像图、摄影及野外素描图。

(5)物探解释成果图、物探测井、井深曲线和推断解释地质柱状图及剖面图、物探各种曲线、测试成果数据、物探工作报告。

(6)各类图件，包括野外工程地质调查工作手图、地质略图、研究程度图、实际材料图、各类工程布置图、遥感图像解译地质图等。

任务二　工程地质测绘和调查成果编制

工程地质测绘和调查的最终成果资料整理，在野外验收后进行，要求内容完备、综合性强、文图表齐全。其主要内容是：

(1)对各种实际资料进行整理分类、统计和数学处理，综合分析各重要工程地质条件、因素及其间的关系和变化规律。

(2)编制基础性、专门性图件和综合工程地质图。

(3)编写工程地质测绘调查报告。

一、工程地质图件的编制

(一)编制实际材料图

实际材料图主要反映测绘过程中的观察点与线的布置、填绘成果及其他测绘、物探、勘探、取样、观测和地质剖面图的展布等内容。该图是绘制其他图件的基础。

(二)编制岩、土体的工程地质分类图

岩、土体的工程地质分类图主要反映各工程地质单元的地层时代、岩性和主要的工程地质特征(包括结构和强度特征等)，以及它们的分布和变化规律。对于特殊的岩、土体和软弱夹层，破碎带，可夸大表示。该图还应附有工程地质综合柱状图或岩、土体综合工程地质分类说明表、代表性的工程地质剖面图等。

(三)编制工程地质分区图

工程地质分区图是在调查分析工作区工程地质条件的基础上，按工程地质特性的异同性进行分区评价的成果图件。工程地质分区的原则和级别要因地制宜，主要根据工作区的特点并考虑工作区的经济发展规划的需要来确定。一级区域应依据对工作区工程地质条件起主导作用的因素来划分，二级区域应依据影响动力地质作用和环境工程地质问题的主要因素来划分，三级区域可根据对工作区主要工程地质问题和环境工程地质问题的评价来划分。

(四)综合工程地质图

该图是全面反映工作区的工程地质条件、工程地质分区、工程地质评价的综合性图件。图面内容包括岩土体的工程地质分类及其主要工程地质特征,地质构造(主要是断裂)、新构造(特别是现今活动的构造和断裂)和地震,地貌与外动力地质现象和主要地质灾害,人类活动引起的环境地质、工程地质问题,水文地质要素,工程地质分区及其评价等内容。

综合工程地质图由平面图、剖面图、岩土体综合工程地质柱状图、岩土体工程地质分类说明表和图例、必要的镶图等组成,应尽可能增加工程地质分区说明表。

二、工程地质测绘和调查报告的编制

工程地质调查报告一般包括下列章节:

序言
第一章　自然地理、地质概况
　第一节　自然地理概况
　第二节　地质概况
　第三节　资源概况
第二章　区域工程地质条件
　第一节　岩土体工程地质分类
　第二节　岩土体工程地质特征
　第三节　地貌及外动力地质现象
　第四节　水文地质条件
　第五节　新构造运动与地震
　第六节　天然建筑材料与其他地质资源
第三章　专门性环境工程地质问题(视情况定内容)
第四章　工程地质分区
　第一节　分区原则
　第二节　分区评价与预测
结论与建议
附图和附表

【阅读与应用】

(1)《岩土工程勘察规范》(GB 50021—2001)(2009 年版)。

(2)《工程地质手册》(第 4 版)。

(3)《公路工程地质勘察规范》(JTG C20—2011)。

(4)《地质勘察规范》(GB 5047—2008)。

小　结

工程地质测绘是运用地质、工程地质理论,采用收集资料、调查访问、地质测量、遥感解译等方法查明场地工程地质要素,并按照精度要求将它们如实地反映在规定比例尺的地形图上。本项目按照测绘工作过程及任务从工程地质测绘工作的前期准备、实地测绘、资料整理及成果编制三方面，详细说明了工程地质测绘的程序、内容、技术要求、成果要求及编制要求和方法。

技能训练

1. 分析某一地区工程地质图，并写出读图报告，分析该地区工程地质条件，编制工程地质测绘纲要。

2. 组织学生进行实地工程地质测绘实训，在实训场地对各种工程地质现象进行观察、描述，并绘制剖面图、工程地质图。

项目四 勘探与取样

学习目标

一、知识目标

1. 掌握物探、钻探、坑探等勘探手段的基本技术要求。
2. 掌握勘探工作的合理布置。
3. 掌握钻探方法的特点及钻孔观测和编录方法。
4. 掌握勘探成果图件的绘制内容和方法。

二、能力目标

1. 具备合理布置勘探工作的能力。
2. 具备现场钻孔观测和编录的能力。
3. 具备编制勘探成果图件的能力。

【导入】

岩土工程实践是在地壳表层某一深度范围内进行的，因此须查明这一深度范围内岩土体的空间分布情况及其工程性质，以及地下水等条件。工程地质测绘主要是调查建筑场地工程地质条件在地表的特征，并藉以推断地下的情况。确切查明地下地质情况的基本方法是勘探工作。

【预备知识】

1. 岩土工程勘探的任务

(1)详细研究建筑场地或建筑地段的岩土体和地质构造。研究各地层的岩性特征、厚度及其横向变化，按岩性详细划分地层，尤其须注意软弱岩层的岩性及其空间分布情况；确定天然状态下各岩土层的结构和性质；确定基岩的风化深度和不同风化程度的岩石性质，划分风化带；研究岩层的产状；研究断层破碎带的位置、宽度和性质；节理、裂隙发育程度及随深度的变化，做裂隙定量指标的统计。

(2)研究水文地质条件。了解岩土的含水性，查明含水层、透水层和隔水层的分布、厚度、性质及其变化；各含水层地下水的水位(水头)、水量和水质；借助水文地质试验和监测，了解岩土的透水性和地下水动态变化。

(3)研究地貌和不良地质现象。查明各种地貌形态，如河谷阶地、洪积扇、斜坡等的位置、规模和结构；研究各种不良地质现象，如滑坡的范围、滑动面位置和形态、滑体的物质和结构；岩溶的分布、发育深度、形态及充填情况等。

(4)取样及提供野外试验条件。从勘探工程中采取岩土样和水样，供室内岩土试验和水质分析鉴定用；在勘探工程中可做各种原位测试，如载荷试验、标准贯入试验、剪切试验、波速测试等岩土物理力学性质试验，岩体地应力量测，水文地质试验以及岩土体加固与改良的试验等。

(5)提供检验与监测的条件。利用勘探工程布置岩土体性状、地下水和不良地质现象的监测,地基加固与改良和桩基础的检验与监测。

(6)其他。如进行孔中摄影、喷锚支护灌浆处理钻孔、基坑施工降水钻孔、灌注桩钻孔等。

2. 岩土工程勘探的特点

(1)勘探范围取决于场地评价和工程影响所涉及的空间,除深埋隧道和为了解专门地质问题而进行的勘探外,通常限定于地表以下较浅的深度范围内。

(2)除深入岩体的地下工程和某些特殊工程外,大多数工程都坐落于第四纪土层或基岩风化壳上。为了工程安全、经济和正常使用,对这一部分地质体的研究应特别详细。例如,应按土体的成分、结构和工程性质详细划分土层,尤其是对软弱土层需给予特别注意。风化岩体要根据其风化特性进行风化壳垂直分带。

(3)为准确查明岩土的物理力学性质,在勘探过程中必须注意保持岩土的天然结构和天然湿度,尽量减少人为扰动破坏。为此,需要采用一些特殊的勘探技术。

(4)为了实现地质、水文地质、岩土工程性质的综合研究,以及与现场试验、监测等紧密结合,要求岩土工程勘探发挥综合效益,对勘探工程的结构、布置和施工顺序也有特殊的要求。

3. 岩土工程勘探的手段

岩土工程勘探常用的手段有钻探工程、坑探工程及地球物理勘探三类。钻探和坑探工程是直接勘探手段,能较可靠地了解地下地质情况。钻探工程是使用最广泛的一类勘探手段,普遍应用于各类工程的勘探;由于它对一些重要的地质体或地质现象有时可能会误判、遗漏,所以也称它为“半直接”勘探手段。采用坑探工程时,勘探人员可以在其中观察编录,以掌握地质结构的细节,但是重型坑探工程耗资高,勘探周期长,采用时应考虑经济性。

地球物理勘探简称物探,是一种间接的勘探手段,它可以简便而迅速地探测地下地质情况,且具有立体透视性的优点。但其勘探成果具多解性,使用时往往受到一些条件的限制。

考虑到三类勘探手段的特点,布置勘探工作时应综合使用,互为补充。可行性研究勘察阶段的任务,是对拟建场地的稳定性和适宜性做出评价,主要进行工程地质测绘,勘探往往是配合测绘工作而开展的,而且较多地使用物探手段,钻探和坑探主要用来验证物探成果和取得基准剖面。初步勘察阶段应对建筑地段的稳定性做出岩土工程评价,勘探工作比重较大,以钻探工程为主,并利用勘探工程取样,做原位测试和监测。在详细勘察阶段,须提出详细的岩土工程资料和设计所需的岩土技术参数,并应对基础设计、地基处理以及不良地质现象的防治等具体方案做出论证和建议,以满足施工图设计的要求。因此,须进行直接勘探,与其配合还应进行大量的原位测试工作。各类工程勘探坑、孔的密度和深度都有详细严格的规定。在复杂地质条件下或特殊的岩土工程(或地区)中,还应布置重型坑探工程。此阶段的物探工作主要为测井,以便沿勘探井孔研究地质剖面和地下水分布等。

单元一　钻　探

一、岩土工程钻探的特点

在岩土工程勘察中,钻探是最常用的一类勘探手段。与坑探、物探相比较,钻探有其突出的优点,它可以在各种环境下进行,一般不受地形、地质条件的限制;能直接观察岩芯和取样,勘探精度较高;能做原位测试和监测,最大限度地发挥综合效益;勘探深度大,效率较高。因此,不同类型、结构和规模的建筑物,不同的勘察阶段,不同环境和工程地质条件下,凡是布置勘探工作的地段,一般需采用此类勘探手段。与一般的矿产资源钻探相比,岩土工程钻探有如下特点:

(1)钻探工程的布置,不仅要考虑自然地质条件,还需结合工程类型及其结构特点。如房屋建筑与构筑物一般应按建筑物的轮廓线布孔。

(2)除深埋隧道及为了解专门地质问题而进行的钻探外,孔深一般十余米至数十米,所以经常采用小型、轻便的钻机。

(3)钻孔多具综合目的,除查明地质条件外,还要取样、做原位测试和监测等;有些原位测试往往与钻进同步进行,所以不能盲目追求进尺。

(4)在钻进方法、钻孔结构、钻进过程中的观测编录等方面,均有特殊的要求。如岩芯采取率、分层止水、水文地质观测、采取原状土样和软弱夹层、断层破碎带样品等要求。

二、岩土工程钻探的特殊要求

为了完成勘探工作的任务,岩土工程钻探有以下几项特殊的要求:

(1)土层是岩土工程钻探的主要对象,应可靠地鉴定土层名称,准确判定分层深度,正确鉴别土层天然的结构、密度和湿度状态。为此,要求钻进深度和分层深度的量测误差范围应为 ±0.05 m,非连续取芯钻进的回次进尺应控制在 1 m 以内,连续取芯的回次进尺应控制在 2 m 以内;某些特殊土类,需根据土体特性选用特殊的钻进方法;在地下水位以上的土层中钻进时应进行干钻,当必须使用冲洗液时应采取双层岩芯管钻进。

(2)岩芯采取率要求较高。对岩层做岩芯钻探时,一般岩石不应低于 80%,破碎岩石不应低于 65%。对工程建筑物至关重要需重点查明的软弱夹层、断层破碎带、滑坡的滑动带等地质体和地质现象,为保证获得较高的岩芯采取率,应采用相应的钻进方法。例如,尽量减少冲洗液或用干钻,采取双层岩芯管连续取芯,降低钻速,缩短钻程。当需确定岩石质量指标 *RQD* 时,应采用 N 型双层岩芯管钻进,其孔径为 75 mm,采取的岩芯直径为 54 mm,且宜采用金刚石钻头。

(3)钻孔水文地质观测和水文地质试验是岩土工程钻探的重要内容,借以了解岩土的含水性,发现含水层并确定其水位(水头)和涌水量大小,掌握各含水层之间的水力联系,测定岩土的渗透系数等。按照水文地质要求观测,分层止水、水位观测。

(4)在钻进过程中,为了研究岩土的工程性质,经常需要采取岩土样。坚硬岩石的取样可利用岩芯,但其中的软弱夹层和断层破碎带取样时,必须采取特殊措施。为了取得质量可靠的原状土样,需配备取土器,并应注意取样方法和操作工序,尽量使土样不受或少受扰动。

采取饱和软黏土和砂类土的原状土样，还需使用特制的取土器。

任务一　钻孔设计书的编制

钻孔设计书的内容包括：

（1）钻孔目的及地形地质概况、目的层、工程地质目的及示意图。

（2）钻孔的类型、深度及钻孔结构设计（见表4-1）。

表4-1　有冰水沉积物的坝址河谷区钻孔设计

深度（m）	地质年代	岩性	钻进方式	孔径（mm）	套管（mm）	工程地质要求
0～3	alQ_4	黏土	回转	250		取原状土样
3～7	$al-plQ_3$	砂土	冲击	250	219	动探、扰动样
7～15	$al-plQ_3$	含砾黏土	回转	190	168	原状样、静探
15～40	$fglQ_2$	含漂砾卵砾石	冲击	130	127	动探、抽水试验
40～50	Mz－J	强风化花岗岩	回转（钢砂）	110		压水试验
50～70	Mz－J	弱风化花岗岩	金刚石	91		取岩样

（3）岩土工程要求。包括岩芯采取率、取样、试验、观测、止水及编录等各方面的要求。编录的项目及应取得的成果资料有钻孔柱状剖面图、岩芯素描（或照相）、钻进观测、试验记录图及水文地质日志等。

（4）说明钻探结束后对钻孔的处理意见。

任务二　钻孔观测与编录

钻孔观测与编录是钻进过程的详细文字记载，也是岩土工程钻探最基本的原始资料。因此，在钻进过程中必须认真、细致地做好观测与编录工作，以全面、准确地反映钻探工程的第一手地质资料。钻孔观测与编录的内容包括以下几项。

一、岩芯观察、描述和编录

对岩芯的描述包括地层岩性名称、分层深度、岩土性质等方面。不同类型的岩土其岩性描述内容为：

（1）碎石土。颗粒级配；粗颗粒形状、母岩成分、风化程度，是否起骨架作用；充填物的成分、性质、充填程度；密实度；层理特征。

（2）砂类土。颜色、颗粒级配、颗粒形状和矿物成分、湿度、密实度、层理特征。

（3）粉土和黏性土。颜色、稠度状态、包含物、致密程度、层理特征。

（4）岩石。颜色；矿物成分；结构和构造；风化程度及风化表现形式，划分风化带；坚硬程度；节理、裂隙发育情况，裂隙面特征及充填胶结情况，裂隙倾角、间距，进行裂隙统计。必要时做岩芯素描。

【小贴士】

各类岩土的观察描述方法见项目二。

岩土芯样是文字记录的辅助资料。岩土芯样不仅对原始记录的检查核对是必要的，而且对施工开挖过程的资料核对，发生纠纷时的取证、仲裁，也有重要的价值。因此，应在一段时间内妥善保存。目前，已有一些工程勘察单位用岩芯的彩色照片代替实物。全断面取芯的土层钻孔还可制作土芯纵断面的揭片，便于长期保存。

通过对岩芯的各种统计，可获得岩芯采取率、岩芯获得率和岩石质量指标（*RQD*）等定量指标。岩芯采取率是指所取岩芯的总长度与本回次进尺的百分比。总长度包括比较完整的岩芯和破碎的碎块、碎屑和碎粉物质。岩芯获得率是指比较完整的岩芯长度与本回次进尺的百分比。它不计入不成形的破碎物质。

岩石质量指标（*RQD*）是指在取出的岩芯中，长度大于 10 cm 的柱状岩芯长度与本回次进尺的百分比。其计算和等级划分如图 4-1 所示。岩石质量指标是岩体分类和评价地下硐室围岩质量的重要指标。该指标只有在统一标准的钻进操作条件下才具有可比性。按照国际通用标准，应采用直径 75 mm（N 型）双层岩芯管金刚石钻头的钻具。

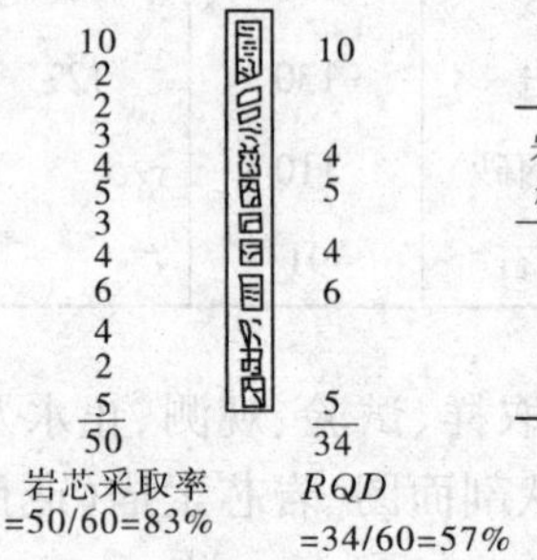

(a)

岩土质量指标 *RQD*(%)	岩土质量描述
0~25	极劣的
25~50	劣的
50~75	好的
75~100	很好的

(b)

图 4-1　岩石质量指标的计算与分级

上述三项指标可反映岩石的坚硬和完整程度。显然，同一回次进尺的岩芯采取率最大，岩芯获得率次之，而岩石质量指标（*RQD*）值则最小。每回次取出的岩芯应顺序排列，并按有关规定进行编号、装箱和保管，并应注明所取原状土样、岩样的数量和取样深度。

二、钻孔水文地质观测

钻进过程中应注意和记录冲洗液消耗量的变化。发现地下水后，应停钻测定其初见水位及稳定水位。当是多层含水层，需分层测定水位时，应检查分层止水情况，并分层采取水样和测定水温。准确记录各含水层顶、底板标高及其厚度。

三、钻进动态观察和记录

钻进动态能提供许多地质信息，所以钻孔观测、编录人员必须做好此项工作。在钻进过程中注意换层的深度、回水颜色变化、钻具陷落、孔壁坍塌、卡钻、埋钻和涌砂现象等，结合岩芯判断孔内情况。如果钻进不平稳，孔壁坍塌及卡钻，岩芯破碎且采取率又低，就表明岩层裂隙发育或处于构造破碎带中。岩芯钻探时冲洗液消耗量变化一般与岩体完整性有密切关系，当回水很少甚至不回水时，说明岩体破碎或岩溶发育，也可能揭露了富水性较强的含水层。国内水利水电勘察单位使用的钻孔摄影和钻孔电视，可以对孔内岩层裂隙发育程度及方向、风化程度、断层破碎带、岩溶洞穴和软弱泥化夹层等，获取较为清晰的照片和图像。这无疑提高了钻探工作的质量和钻孔利用率。

四、野外钻探记录要求

野外钻探记录要求一般包括以下几个方面：

(1)钻探记录一般要求在钻探进行过程中同时完成，记录内容应包括岩土描述及钻进过程两个部分。

(2)现场记录表的各项内容应按钻进回次逐项填写。当在回次中有变层时，应分行填写，不能将若干回次，或若干层合并一行记录。现场记录错误的地方可以划去，在旁边做更正，不得在原处涂抹修改。

(3)取样记录栏应与取样所在回次相对应。

(4)原位测试记录根据要求记录在相应回次位置，标准贯入试验在预打 15 cm 后，连续 3 个 10 cm 进展的锤击数，或预打 15 cm 锤击数及连续 3 个 10 cm 进尺的锤击数。

(5)钻进过程的记录内容应包括：①钻进方法、钻具名称、规格、护壁方式等。②钻进的难易程度、进尺速度、操作手感、钻进参数的变化情况。③孔内情况，应注意缩颈、回淤、地下水位或冲洗液位及其变化等。④取样及原位测试的编号、深度位置、取样工具名称规格、原位测试类型及其结果。⑤岩芯采取率、*RQD* 值等。⑥其余异常情况。

(6)钻探成果均应有钻探机(班)长、记录员及钻探队负责人签名。

任务三　钻探资料整理

钻探工作结束后，应进行钻孔资料整理。主要成果资料如下。

一、钻孔柱状图

钻孔柱状图是钻孔观测与编录的图形化，它是钻探工作最主要的成果资料。土层钻孔和岩层钻孔的钻孔柱状图图形不同。该图是将每一钻孔内岩土层情况按一定的比例尺编制成柱状图，并进行简明的描述。在图上还应在相应的位置上标明岩芯采取率、冲洗液消耗量、地下水位、岩芯风化分带、孔中特殊情况、代表性的岩土物理力学性质指标以及取样深度等。如果孔内做过测井和试验，也应将其成果在相应的位置上标出。所以，钻孔柱状图实际上是反映钻探工作的综合成果，可参考图 4-2。

二、钻孔操作记录及水文地质日志图

在钻探工作结束后，应按相关要求对钻孔操作记录进行整理核实，检查记录是否完整，并对水文地质观测记录进行整理，编制水文地质日志图。

三、岩芯素描图及其说明

钻探结束后应对所取岩芯样绘制素描图或留取影像资料，并进行文字说明。

【小贴士】

岩土工程钻探往往会遇到复杂地质体，如软弱夹层、破碎带和深厚砂卵石层等。这些地层常常是工程所关注的重要对象；为了探明这些复杂地层的空间分布、工程性质和水文地质条件，须保证钻进的穿透能力和千方百计地提高岩芯采取率，以提供有关的地质信息。主要

钻孔柱状图

第1页共1页

工程名称	×××工程				
工程编号	2008K110		钻孔编号	10	
孔口高程	46.59 m	坐标 x=39 581 118.37 m	开工日期 2008.10.1	稳定水位深度	7.50 m
孔口直径	127.00 mm	y=4 448 579.27 m	竣工日期 2008.10.1	测量水位日期	

地层编号	时代成因	层底高程(m)	层底深度(m)	分层厚度(m)	柱状图 1:200	岩土名称及其特征	取样	标贯击数(击)	稳定水位(m)和水位日期
①	Q_4^{ml}	46.09	0.50	0.50		杂填土:黄褐色,主要由黏性土混粗砂组成,松散,稍湿。		=15.0	
②		42.79	3.80	3.30	c	粗砂:黄褐色,长石石英质混粒结构,次棱角状,稍湿,稍密—中密。		1.00~1.30 =28.0 2.00~2.30 =33.0 3.00~3.30 =12.0	
③	Q_4^{al+pl}	40.79	5.80	2.00		粉质黏土:黄褐色,干强度、韧性中等,无摇振反应,切面较光滑,可塑,含少量细砂。		4.10~4.40 =10.0 5.10~5.40 =23.0	
④		36.49	10.10	4.30	cl	粗砾砂:黄褐色,长石石英质混粒结构,次棱角状,稍湿,稍密—中密,含少量角砾。		6.10~6.40 =26.0 7.00~7.30 =27.0 8.10~8.40 =43.0 9.00~9.30 =12.0	▼(1)39.09
⑤		34.79	11.80	1.70		粉质黏土:黄褐色,干强度、韧性中等,无摇振反应,切面较光滑,可塑,含少量角砾。		10.00~10.30 =12.0 11.00~11.30	
⑥		32.09	14.50	2.70	l	砾砂:黄褐色,长石石英质混粒结构,次棱角状,稍湿,稍密—中密,含少量角砾。			
⑦		28.19	18.40	3.90		圆砾:褐黄色—棕黄色,骨架颗粒原岩成分主要为花岗岩,坚硬,呈亚圆形,一般粒径2~30 mm,最大粒径50 mm,骨架颗粒含量约占60%,交错排列,充填大量黏性土,饱和,中密—密实。			
⑧	Q_3^{al+pl}	19.29	27.30	8.90		卵石:褐黄色—棕黄色,母岩为混合花岗岩,磨圆度较好,充填中粗砂,最大粒径15 cm,一般粒径2~10 cm,饱和,中密—密实。		=106.0	
⑨	A_r	16.59	30.00	2.70		强风化混合花岗岩:褐黄色,主要矿物成分为长石、石英,云母次之,中粗粒结构,块状构造,风化裂隙发育,岩芯手捏呈块状,岩体基本质量等级为Ⅴ级,属软岩。		27.40~27.70 =115.0 28.40~28.70 =138.0 29.40~29.70	

工程负责人		检查		制图		图号	2008K110-4

图4-2　钻孔柱状图

措施有：增大岩芯抗扭断能力、改善钻具单动性能、及时起钻和缩短回次进尺时间、减小破岩作用力、提高钻具稳定性、减少冲洗液的冲刷、提高卡取岩芯的可靠程度等。为此，需采用一些专门的钻进技术。

【知识链接】

无泵钻进：在钻进过程中不用水泵，而是利用孔内水的反循环作用，不使钻头与孔壁或岩芯黏结，同时将岩粉收集在取粉管内。这种钻进技术较简便，可防止由于水泵送水而冲刷岩芯和孔壁，较顺利地穿透软弱、破碎岩层，并提高岩芯采取率和基本保持岩层的原状结构。

【阅读与应用】

《岩土工程勘察规范》(GB 50021—2001)(2009 年版)9.2 相关条款。

单元二　井探、槽探、硐探

本单元主要说明各种勘察方法的基本概念、作用，重点是勘探工程的编录方法、技术要求和成果要求。

一、岩土工程勘探常用的坑探工程类型及其适用条件

坑探工程也叫掘进工程、井巷工程，它在岩土工程勘探中占有一定的地位。与一般的钻探工程相比较，其特点是：勘察人员能直接观察到地质结构，准确可靠，且便于素描；可不受限制地从中采取原状岩土样和用作大型原位测试。尤其对研究断层破碎带、软弱泥化夹层和滑动面(带)等的空间分布特点及其工程性质等，更具有重要意义。坑探工程的缺点是：使用时往往受到自然地质条件的限制，耗费资金大而勘探周期长；尤其是重型坑探工程不可轻易采用。岩土工程勘探中常用的坑探工程有探槽、试坑、浅井、竖井(斜井)、平硐和石门(平巷)(见图 4-3)。其中，前三种为轻型坑探工程，后三种为重型坑探工程。各种坑探工程的特点和适用条件见表 4-2。

二、坑探工程设计书的编制

坑探工程设计书是在岩土工程勘探总体布置的基础上编制的。其主要内容包括：

(1)坑探工程的目的、类型和编号。

(2)坑探工程附近的地形、地质概况。

(3)掘进深度及其论证。

(4)施工条件：岩性及其硬度等级，掘进的难易程度，采用的掘进方法(铲、镐挖掘或爆破作业等)；地下水位，可能涌水状况，应采取的排水措施；是否需要支护及支护材料、结构等。

(5)岩土工程要求：包括掘进过程中应仔细观察、描述的地质现象和应注意的地质问题；对坑壁、顶、底板掘进方法的要求，是否许可采用爆破作业及作业方式；取样地点、数量、规格和要求等；岩土试验的项目、组数、位置以及掘进时应注意的问题；应提交的成果。

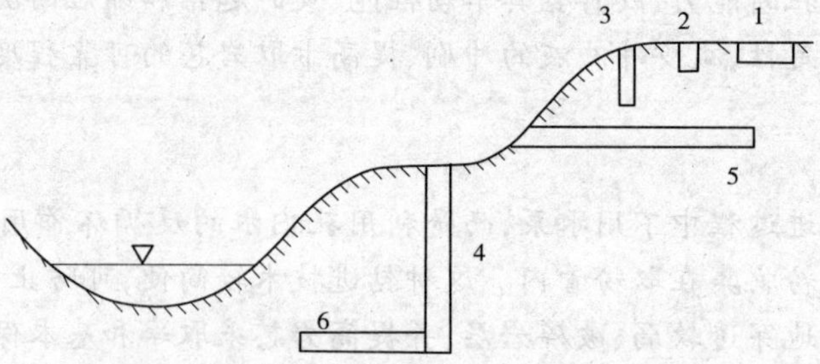

1—探槽；2—试坑；3—浅井；4—竖井；5—平硐；6—石门

图 4-3　工程地质常用坑探工程类型示意图

表 4-2　各种坑探工程的特点和适用条件

名称	特点	适用条件
探槽	在地表，深度为 3 ~ 5 m 的长条形槽子	剥除地表覆土，揭露基岩，划分地层岩性，研究断层破碎带；探查残坡积层的厚度和物质、结构
试坑	从地表向下，铅直的、深度为 3 ~ 5 m的圆形或方形小坑	局部剥除覆土，揭露基岩；做载荷试验、渗水试验，取原状土样
浅井	从地表向下，铅直的、深度 5 ~ 15 m 的圆形或方形井	确定覆盖层及风化层的岩性及厚度；做载荷试验，取原状土样
竖井（斜井）	形状与浅井相同，但深度大于 15 m，有时需支护	了解覆盖层的厚度和性质，作风化壳分带、软弱夹层分布、断层破碎带及岩溶发育情况、滑坡体结构及滑动面等；布置在地形较平缓、岩层又较缓倾的地段
平硐	在地面有出口的水平坑道，深度较大，有时需支护	调查斜坡地质结构，查明河谷地段的地层岩性、软弱夹层、破碎带、风化岩层等；做原位岩体力学试验及地应力量测，取样；布置在地形较陡的山坡地段
石门（平巷）	不出露地面而与竖井相连的水平坑道，石门垂直岩层走向，平巷平行	了解河底地质结构，做试验等

三、坑探工程的观察、描述

坑探工程观察和描述，是反映坑探工程第一手地质资料的主要手段。所以，在掘进过程中，岩土工程师应认真、仔细地做好此项工作。观察、描述的内容包括：

（1）地层岩性的划分。第四系堆积物的成因、岩性、时代、厚度及空间变化和相互接触关系；基岩的颜色、成分、结构构造、地层层序以及各层间接触关系；应特别注意软弱夹层的岩性、厚度及其泥化情况。

（2）岩石的风化特征及其随深度的变化，作风化壳分带。

(3)岩层产状要素及其变化,各种构造形态;注意断层破碎带及节理、裂隙的研究;断裂的产状、形态、力学性质;破碎带的宽度、物质成分及其性质;节理裂隙的组数、产状、穿切性、延展性、隙宽、间距(频度),有必要时作节理裂隙的素描图和统计测量。

(4)水文地质情况。如地下水渗出点位置、涌水点及涌水量大小等。

四、坑探工程展视图编制

展视图是坑探工程编录的主要内容,也是坑探工程所需提交的主要成果资料。所谓展视图,就是沿坑探工程的壁、底面所编制的地质断面图,按一定的制图方法将三度空间的图形展开在平面上。由于它所表示的坑探工程成果一目了然,故在岩土工程勘探中被广泛应用。不同类型坑探工程展视图的编制方法和表示内容有所不同,其比例尺应视坑探工程的规模、形状及地质条件的复杂程度而定,一般采用1∶25～1∶100。

(一)探槽展视图

首先进行探槽的形态测量。用罗盘确定探槽中心线的方向及其各段的变化、水平(或倾斜)延伸长度、槽底坡度。在槽底或槽壁上用皮尺作一基线(水平或倾斜方向均可),并用小钢尺从零点起逐渐向另一端实测各地质现象,按比例尺绘制于方格纸上。这样便得到探槽底部或一壁的地质断面图。除槽壁和槽底外,有时还要将端壁断面图绘出。作图时需考虑探槽延伸方向和槽底坡度的变化,遇此情况时则应在转折处分开,分段绘制。

展视图一般表示槽底和一个侧壁的地质断面,有时将两端壁也绘出。展开的方法有两种:一种是坡度展开法,即槽底坡度的大小,以壁与底的夹角表示。此法的优点是符合实际;缺点是坡度陡而槽长时不美观,各段坡度变化较大时也不易处理。另一种是平行展开法,即壁与底平行展开。这是经常被采用的一种方法,它对坡度较陡的探槽更为合适。

(二)试坑(浅井、竖井)展视图

此类铅直坑探工程的展视图,也应先进行形态测量,然后作四壁和坑(井)底的地质素描。其展开的方法也有两种:一种是四壁辐射展开法,即以坑(井)底为平面,将四壁各自向外翻倒投影而成(见图4-4)。一般适用于作试坑展视图。另一种是四壁平行展开法,即四壁连续平行排列(见图4-5)。它避免了四壁辐射展开法因探井较深导致的缺陷。所以,这种展开法一般适用于浅井和竖井。四壁平行展开法的缺点是,当探井四壁不直立时图中无法表示。

(三)平硐展视图

平硐在掘进过程中往往需要支护,所以应及时作地质编录。平硐展视图从硐口作起,随掌子面不断推进而分段绘制,直至掘进结束。其具体做法是:先画出硐底的中线,平硐的宽度、高度、长度、方向以及各种地质界线和现象,都是以这条中线为准绘出的。当中线有弯曲时,应于弯曲处将位于凸出侧的硐壁裂一叉口,以调整该壁内侧与外侧的长度。如果弯曲较大,则可分段表示。硐底的坡度用高差曲线表示。该展视图五个硐壁面全面绘出,平行展开(见图4-6)。

【小贴士】

坑探是地质勘探工作的一种技术手段,是为了揭露地质及矿产现象而在地表或地下挖掘不同类型坑道的工作。它包括探槽、浅井、平巷、斜井和竖井等。其特点是人员可进入工程内部,对所揭露的地质及矿产现象能进行直接观测及采样,能检验钻探和物化探资料或成

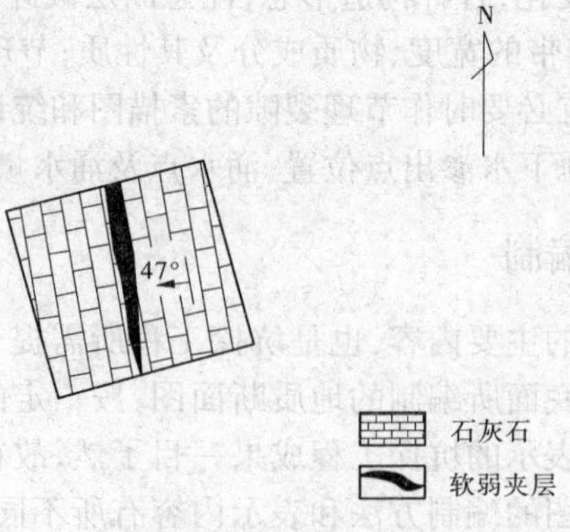

图4-4　四壁辐射展开法绘制试坑展视图

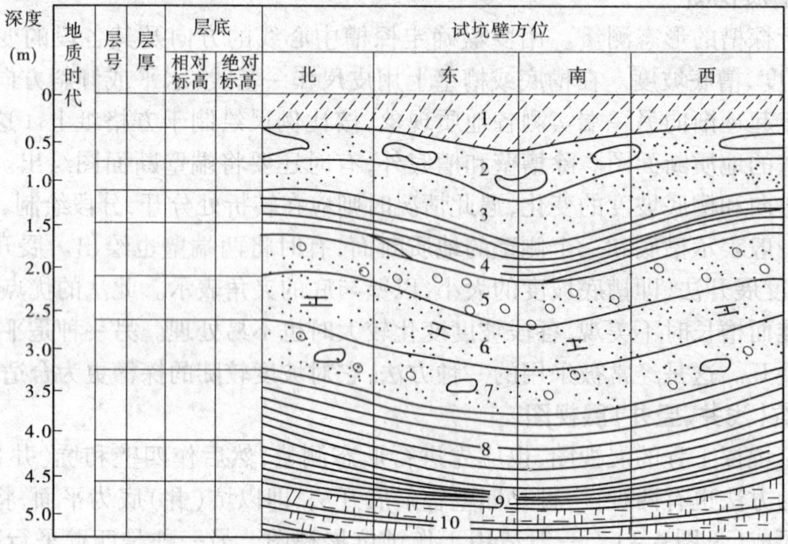

图4-5　四壁平行展开法绘制的浅井示意图

果的可靠程度，获得比较精确的地质资料，探明精度较高的矿产储量，是勘探地质构造复杂的稀有金属、放射性元素、有色金属及特种非金属矿床时常用的手段。坑探曾被称为“山地工作”，因含义不确切，目前已逐步停止使用。

【知识链接】

槽探施工要求槽形完整、断面呈梯形、槽帮平滑、槽底平整。槽底宽不小于0.6 m，掘进深度应进入新鲜基岩0.3～0.5 m。地质编录在探槽施工终止后由地质人员及时进行，采用1/100的比例尺编录一壁一底。若两壁地质现象变化较大，则编录两壁一底。编录过程要记录岩层分层、岩性、矿化等地质现象，同时现场绘制1/100的素描图。

【阅读与应用】

《岩土工程勘察规范》(GB 50021—2001)(2009年版)9.3相关条款。

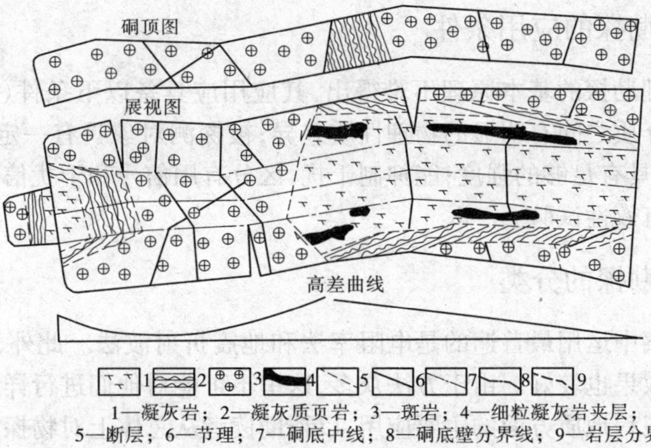

图4-6 平硐展视图

单元三 工程物探

一、地球物理勘探的基本原理

地球物理勘探简称物探，它是用专门的仪器来探测各种地质体物理场的分布情况，对其数据及绘制的曲线进行分析解释，从而划分地层，判定地质构造、各种不良地质现象的一种勘探方法。由于地质体具有不同的物理性质（导电性、弹性、磁性、密度、放射性等）和不同的物理状态（含水量、孔隙性、固结程度等），它们为利用物探方法研究各种不同的地质体和地质现象提供了物理前提。所探测的地质体各部分间以及该地质体与周围地质体之间的物理性质和物理状态差异越大，就越能获得比较满意的结果。应用于岩土工程勘察中的物探，称为“工程物探”。

物探的优点是设备轻便、效率高；在地面、空中、水上或钻孔中均能探测；易于加大勘探密度、深度和从不同方向敷设勘探线网，构成多方位数据阵，具有立体透视性的特点。但是，这类勘探方法往往受到非探测对象的影响和干扰，以及仪器测量精度的局限，其分析解释的结果就显得较为粗略，且具多解性。为了获得较确切的地质成果，在物探工作之后，还常用勘探工程（钻探和坑探）来验证。为了使物探这一间接勘探手段在工程勘察中有效地发挥作用，岩土工程师在利用物探资料时，必须较好地掌握各种被探察地质体的典型曲线特征，将数据反复对比分析，排除多解，并与地质调查相结合，以获得正确、单一的地质结论。

二、地球物理勘探的主要作用

岩土工程勘察中，可在下列方面采用地球物理勘探：

（1）作为钻探的先行手段，了解隐蔽的地质界线、界面或异常点。

（2）在钻孔之间增加地球物理勘探点，为钻探成果的内插、外推提供依据。

（3）作为原位测试手段，测取岩土体的波速、动弹性模量、动剪切模量、卓越周期、电阻率、放射性辐射参数、土对金属的腐蚀性等。

三、地球物理勘探的应用条件

由上述地球物理勘探的基本原理不难得出，其应用应具备以下条件（规范明确列出）：被探测对象与周围介质之间有明显的物理性质差异；被探测对象具有一定的埋藏深度和规模，且地球物理异常具有足够的强度；能抑制干扰，区分有用信号和干扰信号；在有代表性地段进行物探方法的有效性试验。

四、地球物理勘探的分类

在岩土工程勘察中运用最普遍的是电阻率法和地震折射波法。此外，近年来地质雷达和声波测井的运用效果也较好。由于方法众多，这里不可能对他们进行详细介绍，只概略介绍其主要原理和在工程地质方面的主要应用，以帮助读者从总体上对物探方法有所了解，以便在日后工作中能正确选用相应的物探方法解决具体的工程地质问题。现将各主要物探方法的原理和适用范围列于表 4-3。

表 4-3　各主要物探方法的原理和适用范围

方法名称		基本原理	适用范围
电法勘探	自然电场法	以各种岩土层的电学性质差异为前提，来探测地下的地质情况。这些电学性质主要指导电性、电化学活动性、介电性等	1. 探测隐伏断层、破碎带； 2. 测定地下水流速、流向
	充电法		1. 探测地下洞穴； 2. 测定地下水流速、流向； 3. 探测地下或水下隐伏物体； 4. 探测地下管线
	电阻率测深		1. 测定基岩埋深，划分松散沉积层序或基岩风化带； 2. 探测隐伏断层、破碎带； 3. 探测地下洞穴； 4. 测定潜水面深度和含水层分布； 5. 探测地下或水下隐伏物体
	电阻率剖面		1. 测定基岩埋深； 2. 探测隐伏断层、破碎带； 3. 探测地下洞穴； 4. 探测地下或水下隐伏物体
	高密度电阻率		1. 测定潜水面深度和含水层分布； 2. 探测地下或水下隐伏物体
	激发极化法		1. 划分松散沉积层序； 2. 探测隐伏断层、破碎带； 3. 探测地下洞穴； 4. 测定潜水面深度和含水层分布； 5. 探测地下或水下隐伏物体

续表 4-3

<table>
<tr><th colspan="2">方法名称</th><th>基本原理</th><th>适用范围</th></tr>
<tr><td rowspan="5">磁法勘探</td><td>甚低频</td><td rowspan="5">利用特殊岩土体的磁场异常或电磁波传播(包括在不同介质分界面上的反射、折射)异常情况进行勘探</td><td>1. 隐伏断层、破碎带;
2. 探测地下或水下隐伏物体;
3. 探测地下管线</td></tr>
<tr><td>频率探测</td><td>1. 测定基岩埋深,划分松散沉积层序和基岩风化带;
2. 探测隐伏断层、破碎带;
3. 探测地下洞穴;
4. 测定河床水深和沉积泥沙厚度;
5. 探测地下或水下隐伏物体;
6. 探测地下管线</td></tr>
<tr><td>电磁感应法</td><td>1. 测定基岩埋深;
2. 探测隐伏断层、破碎带;
3. 探测地下洞穴;
4. 探测地下或水下隐伏物体;
5. 探测地下管线</td></tr>
<tr><td>地质雷达</td><td>1. 测定基岩埋深,划分松散沉积层序和基岩风化带;
2. 探测隐伏断层、破碎带;
3. 探测地下洞穴;
4. 测定潜水面深度和含水层分布;
5. 测定河床水深和沉积泥沙厚度;
6. 探测地下或水下隐伏物体;
7. 探测地下管线</td></tr>
<tr><td>地下地磁波法</td><td>1. 探测隐伏断层、破碎带;
2. 探测地下洞穴;
3. 探测地下或水下隐伏物体;
4. 探测地下管线</td></tr>
</table>

续表 4-3

<table>
<tr><th colspan="2">方法名称</th><th>基本原理</th><th>适用范围</th></tr>
<tr><td rowspan="6">地震波勘探</td><td>折射波法</td><td rowspan="6">根据弹性波在不同介质中传播速度的差异，以及弹性波在具有不同声阻抗介质交界面处的反射、折射特征进行勘探</td><td>1. 测定基岩埋深，划分松散沉积层序和基岩风化带；
2. 测定潜水面深度和含水层分布；
3. 测定河床水深和沉积泥沙厚度</td></tr>
<tr><td>反射波法</td><td>1. 测定基岩埋深，划分松散沉积层序和基岩风化带；
2. 探测隐伏断层、破碎带；
3. 探测地下洞穴；
4. 测定潜水面深度和含水层分布；
5. 测定河床水深和沉积泥沙厚度；
6. 探测地下或水下隐伏物体；
7. 探测地下管线</td></tr>
<tr><td>直达波法（单孔法或跨孔法）</td><td>1. 划分松散沉积层序和基岩风化带；
2. 探测隐伏断层、破碎带</td></tr>
<tr><td>瑞利波法</td><td>1. 测定基岩埋深，划分松散沉积层序和基岩风化带；
2. 探测隐伏断层、破碎带；
3. 探测含水层；
4. 探测地下洞穴和地下或水下隐伏物体；
5. 探测地下管线</td></tr>
<tr><td>声波法</td><td>1. 测定基岩埋深，划分松散沉积层序和基岩风化带；
2. 探测隐伏断层、破碎带；
3. 探测含水层；
4. 探测地下洞穴和地下或水下隐伏物体；
5. 探测地下管线；
6. 探测滑坡体的滑动面</td></tr>
<tr><td>声纳浅层剖面法</td><td>1. 测定河床水深和沉积泥沙厚度；
2. 探测地下或水下隐伏物体</td></tr>
<tr><td colspan="2">地球物理测井</td><td>在探井中直接对被探测层进行地球物理测量，从而了解其各种物理性质差异</td><td>1. 探测地下洞穴；
2. 测定潜水面深度和含水层分布；
3. 划分松散沉积层序和基岩风化带；
4. 探测地下或水下隐伏物体</td></tr>
</table>

【小贴士】

各种物探方法的使用都有一定的局限性，而大多数勘察场地又都存在着显示相同物理场的多种地质体并存的条件，用单一的物探方法解释异常比较困难。因此，可在同一剖面、同一测网中用两种以上的物探方法共同工作，将数据资料相互印证，综合分析，就有利于排除干扰因素，以提高解释的置信度。

【阅读与应用】

《岩土工程勘察规范》(GB 50021—2001)(2009 年版)9.5 相关条款。

单元四 取样技术

取样是岩土工程勘察中必不可少的、经常性的工作,是为定量评价岩土工程问题而提供室内试验的样品,包括岩土样和水样。除在地面工程地质测绘调查和坑探工程中采取试样外,主要在钻孔中采取试样。

目前的研究一般很重视岩土物理力学性质指标的获取,但对岩土试样的代表性问题,则重视不够。岩土体一般为非均质体,取样的位置在一定的单元体内应力求在不同方向上均匀分布。根据勘察设计要求,不同试样的用途是不一样的,有的试样主要用于岩土分类定名;有的主要用于研究其物理性质;而有的除上述用途外,还要研究其力学性质。为了保证所取试样符合试验要求,必须采用合适的取样技术。

本单元主要讨论钻孔中采取土样的技术问题,即土样的质量要求、取样方法、器具等问题。

一、土样的质量等级划分

土样的质量实质上是土样的扰动问题。土样扰动表现在原位应力状态、含水量、结构和组成成分等方面的变化,它们产生于取样全过程。土样扰动对试验成果的影响也是多方面的,会使土样不能确切表征实际的岩土体。有的学者从实用观点出发,提出对"不扰动土样"或"原状土样"的基本质量要求是:

(1)没有结构扰动。

(2)没有含水量和孔隙比的变化。

(3)没有物理成分和化学成分的改变。

由于不同试验项目对土样扰动程度有不同的控制要求,因此许多国家的规范或手册中都根据不同的试验要求来划分土样质量级别。《岩土工程勘察规范》(GB 50021—2001)(2009 年版)参照国外的经验,对土样质量级别做了四级划分,并明确规定各级土样能进行的试验项目(见表 4-4)。其中,Ⅰ、Ⅱ级土样相当于原状土样,但Ⅰ级土样比Ⅱ级土样有更高的要求。表中对四级土样扰动程度的区分只是定性的和相对的,没有严格的定量标准。

表 4-4 土样质量等级划分

级别	扰动程度	试验内容
Ⅰ	不扰动	土类定名、含水量、密度、压缩变形、抗剪强度
Ⅱ	轻微扰动	土类定名、含水量、密度
Ⅲ	显著扰动	土类定名、含水量
Ⅳ	完全扰动	土类定名

二、钻孔取土器的选取

取土器是影响土样质量的重要因素，所以勘察部门都注重取土器的设计、制造。对取土器的基本要求是：尽可能使土样不受或少受扰动；能顺利切入土层中，并取土样；结构简单且使用方便。

（一）取土器基本技术参数

取土器的取土质量，首先取决于取样管的几何尺寸和形状。目前，国内外钻孔取土器有贯入式和回转式两大类。以国内主要使用的贯入式取土器来说，有两种规格的取样管。

1. 取样管直径（D）

目前，土试样的直径多为 50 mm 或 80 mm，考虑到边缘的扰动，相应地宜采用内径（D_e）为 75 mm 及 100 mm 的取样管。对于饱和软黏土、湿陷性黄土等某些特殊土类，取样管直径还应更大些。

2. 面积比（C_a）

对于无管靴的薄壁取土器，$D_w = D_t$，C_a 值愈大，土样被扰动的可能性愈大。一般采取高质量土样的薄壁取土器，其 C_a 为 10%，采取低级别土样的厚壁取土器，C_a 值可达 30%。

$$C_a = \frac{D_w^2 - D_e^2}{D_e^2} \times 100\% \qquad (4\text{-}1)$$

式中　C_a——面积比；

D_w——取土器管靴外径，mm；

D_t——取土筒外径，mm；

D_e——取土器管靴内径，mm。

3. 内间隙比（C_i）

C_i 的作用是减小取样管内壁与土样间因摩擦而引起对土样的扰动，C_i 的最佳值随着土样直径的增大而减小。国内生产的各种取土器 C_i 值为 0 ~ 1.5%。

$$C_i = \frac{D_s - D_e}{D_e} \times 100\% \qquad (4\text{-}2)$$

式中　C_i——内间隙比；

D_s——取土筒内径，mm；

其他字母含义同前。

4. 外间隙比（C_0）

C_0的作用是减小取样管外壁与土层的摩擦，以使取土器能顺利入土。国内生产的各种取土器 C_0值为 0 ~ 2%。

5. 取样管长度（L）

取样管长度要满足各项试验的要求。考虑到取样时土样上、下端受扰动以及制样时试样破损等因素，取样管长度应较实际所需试样长度大些。

6. 刃口角度（α）

α 也是影响土样质量的重要因素。该值愈小，则土样的质量愈好。但是 α 过小，刃口易于受损，加工处理技术和对材料的要求也更高，势必提高了成本。国内生产的取土器 α 值一般为5°～10°。

(二)贯入式取土器

贯入式取土器取样时,采用击入或压入的方法将取土器贯入土中。这类取土器又可分为敞口取土器和活塞取土器两类。敞口取土器按取样管壁厚分厚壁、薄壁和束节式三种;活塞取土器又有固定活塞、水压固定活塞、自由活塞等几种。

(三)回转式取土器

回转式取土器的基本结构与岩芯钻探的双层岩芯管相同,分为单动和双动两类。回转式取土器可采取较坚硬、密实的土类以及软岩的样品。单动型取土器适用于软塑—坚硬状态的黏性土和粉土、粉细砂土,土样质量Ⅰ级或Ⅱ级。双动型取土器适用于硬塑—坚硬状态的黏性土、中砂、粗砂、砾砂、碎石土及软岩,土样质量亦为Ⅰ级或Ⅱ级。

三、钻孔取样的操作

土样质量的优劣,不仅取决于取土器具,还取决于取样全过程的各项操作是否恰当。

(一)钻进要求

(1)使用合适的钻具与钻进方法。一般应采用较平稳的回转式钻进。若采用冲击、振动、水冲等方式钻进,应在预计取样位置1 m以上改用回转钻进。在地下水位以上一般应采用干钻方式。

(2)在软土、砂土中宜用泥浆护壁。若使用套管护壁,应注意旋入套管时管靴对土层的扰动,且套管底部应限制在预计取样深度以上大于3倍孔径的距离。

(3)应注意保持钻孔内的水头等于或稍高于地下水位,以避免产生孔底管涌,在饱和粉砂土、细砂土中尤应注意。

(二)取样要求

(1)到达预计取样位置后,要仔细清除孔底浮土。孔底允许残留浮土厚度不能大于取土器废土段长度。清除浮土时,需注意不致扰动待取土样的土层。

(2)下放取土器必须平稳,避免侧刮孔壁。取土器入孔底时应轻放,以避免撞击孔底而扰动土层。

(3)贯入取土器力求快速连续,最好采用静压方式。如采用锤击法,应做到重锤少击,且应有导向装置,以避免锤击时摇晃。对饱和粉砂土、细砂土和软黏土,必须采用静压法取样。

(4)当土样贯满取土器后,在提升取土器前应旋转2～3圈,也可静置约10 min,以使土样根部与母体顺利分离,减少逃土的可能性。提升时要平稳,切忌陡然升降或碰撞孔壁,以免失落土样。

(三)土样的封装和贮存

(1)Ⅰ、Ⅱ、Ⅲ级土样应妥善密封。密封方法有蜡封和胶带缠绕等。应避免暴晒和冰冻。

(2)尽可能缩短取样至试验之间的贮存时间,一般不宜超过3周。

(3)土样在运输途中要避免振动。对于易于振动液化和水分离析的土样,应就近进行试验。

【小贴士】

每个土样封蜡后均应填贴标签，标签上下应与土样上下一致，并牢固粘贴于容器外壁，土样标签应记载的内容包括工程名称或编号、孔号、土样编号、取样深度、土类名称、取样日期、取样人姓名，且土样标签记载应与现场钻探记录相符。

【知识链接】

国内生产的取土器的各项技术参数见表4-5。

表4-5 国内生产的取土器的各项技术参数

取土器参数	厚壁取土器	薄壁取土器	
面积比 C_a(%)	13～20	≤10(敞口，自由活塞)	10～13(固定活塞，水压固定活塞)
内间隙比 C_i(%)	0.5～1.5	0(敞口，自由活塞)	0.5～1.0(固定活塞，水压固定活塞)
外间隙比 C_0(%)	0～2.0	0	
刃口角度 α(°)	<10	5～10	
外径 D_t(mm)	75～89，108	75，100	
长度 L(mm)	400，550	砂土(5～10)D_e，黏性土(10～15)D_e	
衬管	整圆和半合管，塑料、酚醛层压纸或镀锌铁皮制成	无衬管，束节式取土器衬管同左	

注：D_e 为取土器刃口内径。

【阅读与应用】

《岩土工程勘察规范》(GB 50021—2001)(2009年版)9.4相关条款。

单元五 勘探工作布置

一、勘探工作的布置

布置勘探工作总的要求，应是以尽可能少的工作量取得尽可能多的地质资料。为此，进行勘探设计时，必须熟悉勘探区已取得的地质资料，并明确勘探的目的和任务。将每一个勘探工程都布置在关键地点，且发挥其综合效益。在工程地质勘察的各个阶段中，勘探坑孔的合理布置、坑孔布置方案的设计必须建立在对工程地质测绘资料以及区域地质资料充分分析研究的基础上。

(一)勘探工作布置的一般原则

1. 勘探总体布置形式

(1)勘探线。按特定方向沿线布置勘探点(等间距或不等间距)，了解沿线工程地质条件，绘制工程地质剖面图。用于初勘阶段、线形工程勘察、天然建材初查。

(2)勘探网。勘探网选布在相互交叉的勘探线及其交叉点上，形成网状(方格状、三角状、弧状等)，用于了解面上的工程地质条件，绘制不同方向的剖面图、场地地质结构立体投影图。适用于基础工程场地详勘、天然建材详查阶段。

(3)结合建筑物基础轮廓、一般工程建筑物设计要求,勘探工作按建筑物基础类型、形式、轮廓布置,并提供剖面及定量指标。例如:桩基——每个独立基础有一个钻孔;筏片、箱基——基础角点、中心点应有钻孔;拱坝——按拱形最大外荷载线布置孔。

2.要求

布置勘探工作时,应遵循以下原则:

(1)勘探工作应在工程地质测绘基础上进行。通过工程地质测绘,对地下地质情况有一定的判断后,才能明确通过勘探工作需要进一步解决的地质问题,以取得好的勘探效果。否则,由于不明确勘探目的,将有一定的盲目性。

(2)无论是勘探的总体布置,还是单个勘探点的设计,都要考虑综合利用。既要突出重点,又要照顾全面,点面结合,使各勘探点在总体布置的有机联系下发挥更大的效用。

(3)勘探布置应与勘察阶段相适应。不同的勘察阶段,勘探的总体布置、勘探点的密度和深度、勘探手段的选择及要求等,均有所不同。一般地说,从初期到后期的勘察阶段,勘探总体布置由线状到网状,范围由大到小,勘探点、线距离由稀到密;勘探布置的依据,由以工程地质条件为主过渡到以建筑物的轮廓为主。

(4)勘探布置应随建筑物的类型和规模而异。不同类型的建筑物,其总体轮廓、荷载作用的特点以及可能产生的岩土工程问题不同,勘探布置亦应有所区别。道路、隧道、管线等线形工程,多采用勘探线的形式,且沿线隔一定距离布置一垂直于它的勘探剖面。房屋建筑与构筑物应按基础轮廓布置勘探工程,常呈正方形、长方形、工字形或丁字形;具体布置勘探工程时又因不同的基础形式而异。桥基则采用由勘探线渐变为以单个桥墩进行布置的梅花形形式。

(5)勘探布置应考虑地质、地貌、水文地质等条件。一般勘探线应沿着地质条件等变化最大的方向布置。勘探点的密度应视工程地质条件的复杂程度而定,而不是平均分布。为了对场地工程地质条件起到控制作用,还应布置一定数量的基准坑孔(即控制性坑孔),其深度较一般性坑孔要大些。

(6)在勘探线、网中的各勘探点,应视具体条件选择不同的勘探手段,以便互相配合,取长补短,有机地联系起来。

总之,勘探工作一定要在工程地质测绘基础上布置。勘探布置主要取决于勘察阶段、建筑物类型和岩土工程勘察等级三个重要因素,还应充分发挥勘探工作的综合效益。为搞好勘探工作,岩土工程师应深入现场,并与设计、施工人员密切配合。在勘探过程中,应根据所了解的条件和问题的变化,及时修改原来的布置方案,以期圆满地完成勘探任务。

(二)勘探坑孔布置原则

按工程地质条件布置坑孔的基本原则如下:

(1)地貌单元及其衔接地段,勘探线应垂直地貌单元界线,每个地貌单元应有控制坑孔,两个地貌单元之间过渡地带应有钻孔。

(2)断层,在上盘布坑孔,在地表垂直断层走向布置坑探,坑孔应穿过断层面。

(3)滑坡,沿滑坡纵横轴线布孔、井,查明滑动带数量、部位、滑体厚度。坑孔深应穿过滑坡带到稳定基岩。

(4)河谷,垂直河流布置勘探线,钻孔应穿过覆盖层并深入基岩5 m以上,防止误把漂石当作基岩。

(5)查明陡倾地质界面,使用斜孔或斜井,以相邻两孔深度所揭露的地层相互衔接为原则,防止漏层。

(三)勘探坑孔间距的确定

各类建筑勘探坑孔的间距,是根据勘察阶段和岩土工程勘察等级来确定的。不同的勘察阶段,其勘察的要求和岩土工程评价的内容不同,因而勘探坑孔的间距也各异。

初期勘察阶段的主要任务是为选址和进行可行性研究做准备,对拟选场址的稳定性和适宜性做出岩土工程评价,进行技术经济论证和方案比较,满足确定场地方案的要求。由于有若干个建筑场址的比较方案,勘察范围大,勘探坑孔间距比较大。当进入到中、后期勘察阶段,要对场地内建筑地段的稳定性做出岩土工程评价,确定建筑总平面布置,进而对地基基础设计、地基处理和不良地质现象的防治进行计算与评价,以满足施工设计的要求。此时,勘察范围缩小而勘探坑孔增多了,因而坑孔间距是比较小的。

不同的岩土工程勘察等级,表明了建筑物的规模和重要性以及场地工程地质条件的复杂程度。显然,在同一勘察阶段内,属一级勘察等级者,因建筑物规模大而且重要或场地工程地质复杂,勘探坑孔间距小,而二、三级勘察等级的勘探坑孔间距相对较大。

《岩土工程勘察规范》(GB 50021—2001)(2009 年版)明确规定了各类建筑物在不同勘察阶段和岩土工程勘察等级的勘探线、点的间距,以及勘探工程的布置。在实际工作中,应根据具体情况合理地确定勘探工程的间距,决不能机械照搬。

坑孔间距的确定原则如下:

(1)勘察阶段。初期间距大,中后期逐渐加密。

(2)工程地质条件的复杂程度。简单地段少布,间距放宽;复杂地段、要害部位间距加密。

(3)参照有关规范。

(四)勘探坑孔深度的确定

确定勘探坑孔深度的含义包括两个方面:一是确定坑孔深度的依据;二是施工时终止坑孔的标志。概括起来说,勘探坑孔深度应根据建筑物类型、勘察阶段、岩土工程勘察等级以及所评价的岩土工程问题等综合考虑。除上述原则外,尚应考虑以下几点:

(1)建筑物有效附加应力影响范围。

(2)与工程建筑物稳定性有关的工程地质问题的研究需要。如坝基可能的滑移面深度、渗漏带底板深度。

(3)工程设计的特殊要求。如确定坝基灌浆处理的深度、桩基深度、持力层深度等。

(4)工程地质测绘及物探对某种勘探目的层的推断,在勘探设计中应逐孔确定合理深度,明确终孔标志。对于规范不应机械执行,应结合实际地质条件灵活运用。

进行勘探设计时,有些建筑物可依据其设计标高来确定坑孔深度。例如,地下硐室和管道工程,勘探坑孔应穿越硐底设计标高或管道埋设深度以下一定深度。

此外,还可依据工程地质测绘或物探资料的推断确定勘探坑孔的深度。在勘探坑孔施工过程中,应根据该坑孔的目的任务而决定是否终止,切不能机械地执行原设计的深度。例如,为研究岩石风化分带目的的坑孔,当遇到新鲜基岩时即可终止。

二、勘探工程的施工顺序

勘探工程的合理施工顺序，既能提高勘探效率，取得满意的成果，又能节约勘探工作量。为此，在勘探工程总体布置的基础上，须重视和研究勘探工程的施工顺序问题，即全部勘探工程在空间和时间上的发展问题。

一项建筑工程，尤其是场地地质条件复杂的重大工程，需要勘探解决的问题往往较多。由于勘探工程不可能同时全面施工，而必须分批进行，这就应根据所需查明问题的轻重主次，同时考虑到设备搬迁方便和季节变化，将勘探坑孔分为几批，按先后顺序施工。

先施工的坑孔，必须为后续坑孔提供进一步地质分析所需的资料。所以，在勘探过程中应及时整理资料，并利用这些资料指导和修改后续坑孔的设计和施工。因此，选定第一批施工的勘探坑孔是具有重要意义的。

【小贴士】

根据实践经验，第一批施工的坑孔应为：对控制场地工程地质条件具有关键作用和对选择场地有决定意义的坑孔；建筑物重要部位的坑孔；为其他勘察工作提供条件，而施工周期又比较长的坑孔；在主要勘探线上的坑孔。考虑到洪水的威胁，应在枯水期尽量先施工水上或近水的坑孔。由此可知，第一批坑孔的工程量是比较大的。

【阅读与应用】

《岩土工程勘察规范》(GB 50021—2001)(2009 年版)9 相关条款。

小　结

岩土工程钻探和坑探是直接查明工程地质条件的手段，物探是间接查明工程地质条件的手段，本项目分别按照工作程序介绍了岩土工程勘探中钻探、坑探和物探工作的特点、技术要求和工作实施的布置原则、施工方法。重点讲述了钻探方法、技术要求和采取土样。其中，野外现场钻孔编录、钻孔柱状图编制是本项目必备技能，应重点掌握。

技能训练

1. 实地进行钻探编录，并根据编录成果绘制钻孔柱状图。
2. 实地进行坑探编录，并现场绘制坑探展视图。

项目五 原位测试

学习目标

一、知识目标

1. 掌握岩土工程中各种测试技术的基本方法。
2. 掌握测试结果的基本分析方法。
3. 了解岩土工程中各种测试技术的最新进展。

二、能力目标

1. 具备使用常规测试技术进行原位测试的能力。
2. 具备对常规测试技术测试原始结果进行整理和应用的能力。

【导入】

岩土工程的原位测试一般是指在工程现场通过特定的测试仪器对测试对象进行试验,并运用岩土力学的基本原理对测试数据进行归纳、分析和推理,以判断其状态或得出其性状参数的综合性试验技术。

【知识链接】

原位测试技术的优点在于:①不用取样;②样本数量大;③快速、经济。

岩土工程中的原位测试技术可用于岩土工程的各个分支工程中,它贯穿于工程的各个阶段,在不同的阶段中有着不同的功能。岩土工程中的原位测试技术包含如下种类。

1. 基本测试技术

(1)载荷试验(平板、螺旋板)。

(2)静力触探试验。

(3)圆锥动力触探试验。

(4)标准贯入试验。

(5)十字板剪切试验。

(6)旁压试验。

(7)现场剪切试验。

(8)波速试验。

(9)扁铲侧胀试验。

2. 工程应用

(1)岩土工程勘察。

(2)地基基础的质量检测。

(3)基坑开挖的检测与监测。

(4)岩体原位应力测试。

(5)公路、隧道、大坝、边坡等大型工程的监测和检测。

单元一 载荷试验

一、试验目的与特点

(1)试验目的:确定地基的承载力和变形特性。

(2)试验特点:载荷试验模拟建筑物地基土的受荷条件,比较直观地反映地基土的变形特性。该法具有直观和可靠性高的特点,局限性在于费用较高,周期较长和压板的尺寸效应。

二、试验仪器

(1)承压板,面积一般为 $0.25 \sim 0.50\ m^2$,常用圆形的钢板或钢筋混凝土板(见图 5-1)。

(2)加荷系统:①压重加荷装置;②千斤顶加荷装置,根据试验要求,采用不同规格的手动液压千斤顶加荷,并配备不同量程的压力表或测力计控制加荷值。

(3)反力系统,一般反力系统由主梁、平台、堆载体(锚桩)等构成。

(4)量测系统,量测系统包括基准梁、位移计、磁性表座、油压表(测力环)。

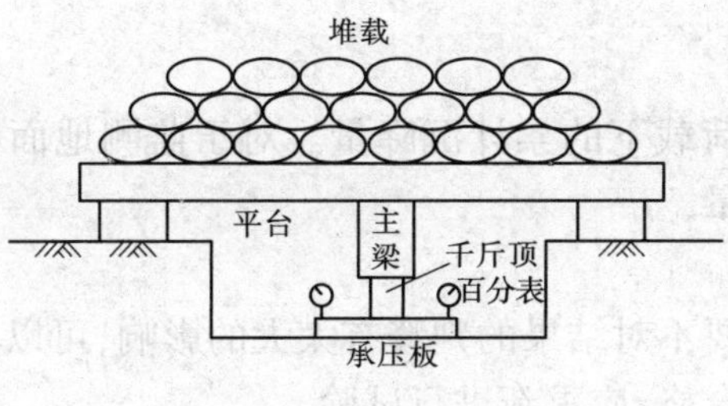

(a)静载荷试验示意图

(b)静载荷试验现场

图 5-1 静载荷试验

三、野外现场试验(液压千斤顶加载)

(一)载荷试验设备的安装

将试验面打扫干净以观测地面变形,将百分表的指针调至接近于最大读数位置。

(二)载荷试验实施

(1)按规定逐级加荷并记录百分表读数,达到沉降稳定标准后再施加下一级荷载,注意观测地基土产生塑性变形使压板周围地面出现裂纹和土体侧向挤出的情况,记录并描绘地面裂纹形状(放射状或环状、长短粗细)及出现时间。

(2)试验过程的各级荷载要始终确保稳压,百分表行程接近零值时应在加下一级荷载前调整,并随时注意平台上翘、锚桩拔起、撑板上爬、撑杆倾斜、坑壁变形等不安全因素,及时采取处置措施,必要时可终止试验。

1. 慢速法加载

《建筑地基基础设计规范》(GB 50007—2011)对于慢速法加载过程的规定:

(1)荷载分级:不少于 8 级,总加载量不应少于荷载设计值的 2 倍。

(2)稳定标准:当连续 2 h 内,每小时内沉降增量小于 0.1 mm 时,则认为沉降已趋稳定,可施加下一级荷载。

(3)数据测读:每级加载后,按间隔 10 min、10 min、10 min、15 min、15 min,以后每半小时读一次沉降,直至沉降稳定。

2. 快速法加载

仍是逐级加荷,特点是加荷速率快、试验周期短,一般情况下试验过程仅数小时至十多个小时,快速载荷试验主要适用于沉降速率快的地层,如岩石、碎石类土、砂类土等,对毋须做沉降验算的建筑物,结合施工时限也可对黏性土地层采用快速试验。

3. 加载终止标准

(1)承压板周围的土明显地侧向挤出。

(2)沉降急骤增大,荷载—沉降曲线出现陡降段。

(3)在某一级荷载的作用下,24 h 内沉降速率不能达到稳定标准。

(4)$s/b \geqslant 0.06$(s 为沉降量,b 为承压板宽度或直径)。

四、试验成果的整理

(一)原始读数的计算复核

记录承压板上百分表的读数,计算出各级荷载下的累计沉降量。对于监测地面位移的百分表,分别计算出各地面百分表的累计升降量。

(二)异常数据处理

在资料分析阶段发现个别数据异常时,只要不对结果的判释有太大的影响,可以将其舍去。若测试中的异常点过多,则该次试验为不合格,应重新进行试验。

(三)曲线绘制

绘制 $p—s$ 曲线,还可绘制各级荷载作用下的沉降和时间的关系曲线以及地面变形曲线。

完整的 $p—s$ 曲线包含了三个阶段,如图 5-2 所示。

OA 段为弹性阶段,曲线特征为近似线性,反映了地基土的弹性性质,*A* 点为比例界限,对应的荷载称为临塑荷载。

AB 段为塑性发展阶段,曲线特征为曲率加大,表明地基土由弹性过渡到弹塑性,并逐步进入破坏阶段。

BC 段为破坏阶段,曲线特征为产生陡降段,*C* 点对应的荷载称为破坏荷载,*C* 点荷载的前一级荷载称为极限荷载。

若绘出的 $p—s$ 曲线的直线段不通过坐标原点,可按直线段的趋势确定曲线的起始点,以便对 $p—s$ 曲线进行修正。

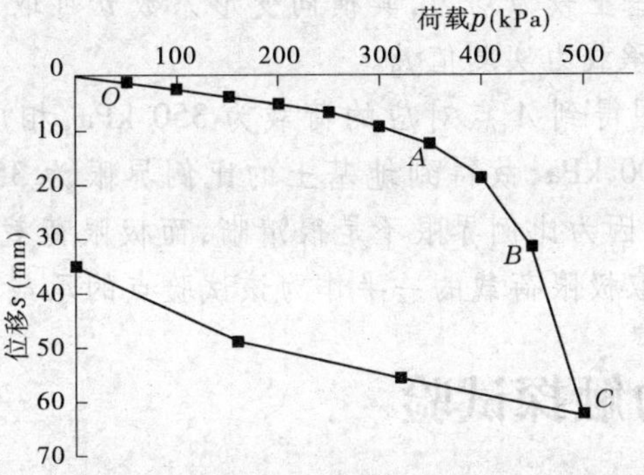

图 5-2　某地基静载试验的荷载—位移曲线（p—s 曲线）

五、成果应用

载荷试验主要用于确定地基承载力，安全系数不小于 2，但还得确保建筑物不产生过大沉降。铁路建筑物一般以强度控制为主、变形控制为辅；工业与民用建筑则一般以变形控制为主、强度控制为辅。

《建筑地基基础设计规范》（GB 50007—2011）附录 C 对于确定地基承载力的规定如下：

（1）当 p—s 曲线上有明确的比例界限时，取该比例界限所对应的荷载值。

（2）当极限荷载小于对应比例界限的荷载值的 2 倍时，取极限荷载值的一半。

（3）若不能按上述二款要求确定，当承压板面积为 0.25 ~ 0.5 m^2 时，可取 $s/b = 0.01 \sim 0.015$ 所对应的荷载，但其值不应大于最大加载量的 1/2。

在求得地基承载力实测值后，该规范规定按下述方法确定地基承载力特征值：

同一土层参加统计的试验点不应少于 3 点，当试验实测值的极差不超过其平均值的 30% 时，取此平均值作为该土层的地基承载力特征值 f_{ak}。

原铁道部第一勘测设计院曾对全国各地 500 多个载荷试验资料进行分析，他们认为地基基本承载力 σ_0 的取值标准应与地基土的性质结合起来考虑，具体做法是：

（1）对 $Q_1 \sim Q_3$ 的老黏性土和 $Q_1 \sim Q_2$ 的老黄土，比例界限对应的 s/d（d 为基础宽度）的平均值为 0.03，取相应荷载值的 1/2 定 σ_0，其对应的 s/d 的平均值为 0.007。

（2）对一般 Q_4 黏性土、$Q_3 \sim Q_4$ 新黄土、砂类土，一般以比例界限定 σ_0，它所对应的 s/d 值为：①$I_P > 10$ 的黏性土和新黄土平均为 0.01；②$I_P \leqslant 10$ 的黏性土平均为 0.012；③砂类土平均为 0.015。

当比例界限 p_1 和极限荷载 p_2 不明显时，把 $s/d = 0.06$ 对应的荷载当作 p_2，并以 $p_2/2$ 定 σ_0。

（3）对高压缩性软弱土层，一般仍以 p_1 定 σ_0，在满足建筑物的沉降要求时，也可取 $s/d = 0.02$ 对应的荷载定为 σ_0。

【小贴士】

在数据处理和分析过程中不是太精确，规范的规定对很多情况也不是太明确，一般应借助于经验和理论知识，且应偏于安全。

【案例 5-1】　如载荷试验中采用直径 1.128 m 的圆形承压板，得出的 p—s 曲线如图 5-2

所示,已知承压板下的地基土较为均匀,其横向变形系数 ν 可取为0.25。试根据该图确定该地基土的极限荷载 p_1、承载力实测值 f_0。

【案例分析】 按该图得到 A 点对应的荷载为350 kPa,相应的承压板沉降量为12.4 mm,C 点对应的荷载为500 kPa,故得到地基土的比例界限为350 kPa,极限荷载 p_1 为500 kPa。按相关规范的规定,因为比例界限不是很清晰,而极限荷载容易确定且极限荷载小于对应比例界限的2倍,故取极限荷载的一半作为该试验点的承载力实测值,即 $f_0 = 250$ kPa。

单元二 静力触探试验

一、试验原理和目的

静力触探简称静探(CPT),是把一定规格的圆锥形探头借助机械匀速压入土中,并测定探头阻力等的一种测试方法,目前在我国使用的静力触探仪以电测式为主,试验是用电阻应变测试技术,直接从探头中量测贯入阻力,并定义为比贯入阻力。

静力触探具有下列明显优点:

(1)测试连续、快速,效率高,功能多,兼有勘探与测试的双重作用。

(2)采用电测技术后,易于实现测试过程的自动化,测试成果可由计算机自动处理,大大减轻了人的工作强度。

静力触探的主要缺点是对碎石类土和密实砂土难以贯入,也不能直接观测土层。在地质勘探工作中,静力触探常和钻探取样联合运用。

图5-3是静力触探示意图和得到的测试曲线。从测试曲线和地层分布的对比可以看出,触探阻力的大小与地层的力学性质有密切的关系。

静力触探技术在岩土工程中的应用包括:

(1)对地基土进行力学分层并判别土的类型。

(2)确定地基土的参数(强度、模量、状态、应力历史)。

(3)砂土液化可能性。

(4)浅基承载力。

(5)单桩竖向承载力等。

二、试验设备

(一)探头

(1)单桥探头:只能测量一个参数(见图5-4)。

(2)双桥探头:可同时测锥头阻力和侧壁摩擦力两个参数的探头。国内外普遍采用,用途很广(见图5-5)。

(3)孔压探头:它一般是在双桥探头基础上再安装一种可测触探时产生的超孔隙水压力装置的探头。孔压探头最少可测三种参数,即锥尖阻力、侧壁摩擦力及孔隙水压力。

(二)量测记录仪表

我国的静力触探几乎全部采用电阻应变式传感器。因此,与其配套的记录仪器主要有以下四种类型:①电阻应变仪;②自动记录绘图仪;③数字式测力仪;④数据采集仪(微机控制)。

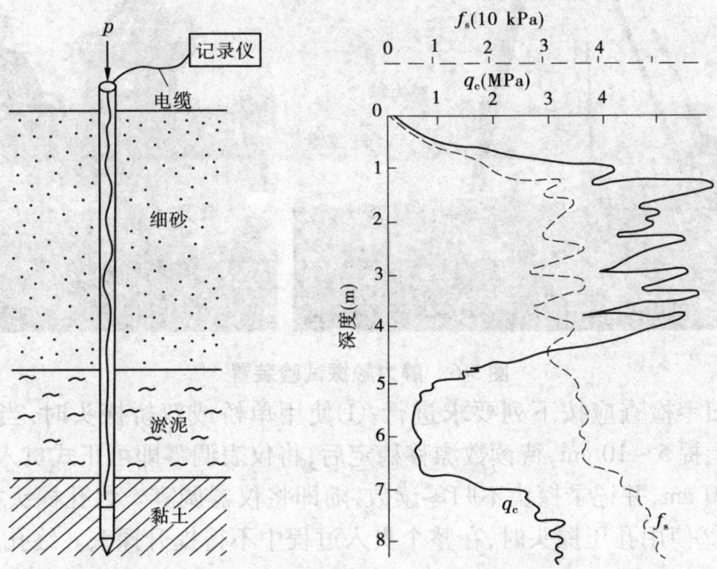

(a)静力触探示意及土层剖面　(b)静力触探曲线

图 5-3 静力触探示意图及其曲线

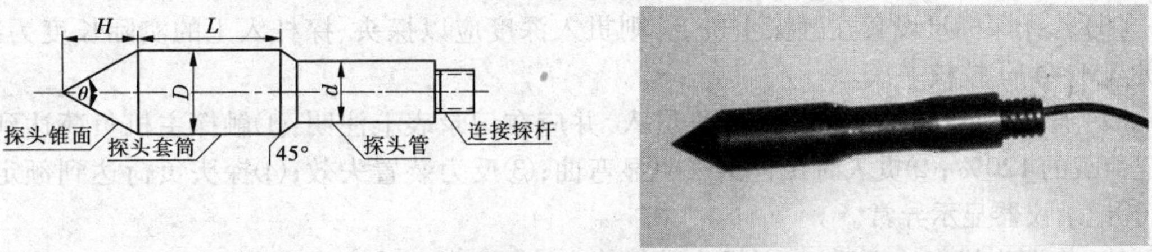

图 5-4 单桥探头

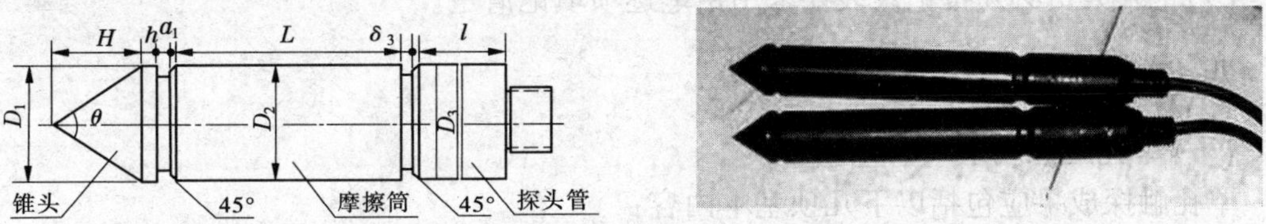

图 5-5 双桥探头

(三)贯入系统

静力触探贯入系统由触探主机(贯入装置)和反力装置两大部分组成(见图 5-6)。

三、现场试验实施

(1)将触探机就位后,应调平机座,并使用水平尺校准,使贯入压力保持竖直方向,并使机座与反力装置衔接、锁定。当触探机不能按指定孔位安装时,应将移动后的孔位和地面高程记录清楚。

(2)探头、电缆、记录仪器的接插和调试,必须按有关说明书要求进行。

(3)触探机的贯入速率,应控制在 1 ~2 cm/s 内,力求均匀。

图 5-6　静力触探试验装置

(4)探头的归零检查应按下列要求进行:①使用单桥或双桥探头时,当贯入地面以下 0.5~1.0 m 后,上提 5~10 cm,待读数漂移稳定后,将仪表调零即可正式贯入。每贯入 1~2 m 提升探头 5~10 cm,并记录探头不归零读数,随即将仪器调零。终孔探头拔出地面后,记录不归零读数。②使用孔压探头时,在整个贯入过程中不得提升探头。终孔后,记录不归零读数。

(5)使用记读式仪器时,每贯入 0.1 m 或 0.2 m 应记录一次读数;使用自动记录仪时,应随时注意桥压、走纸和画线情况,做好深度和归零检查的标注工作。

(6)若计深标尺设置在触探主机上,则贯入深度应以探头、探杆入土的实际长度为准,每贯入 3~4 m 校核一次。

(7)遇到下列情况之一时,应停止贯入,并应在记录表上注明:①触探主机负荷达到其额定荷载的 120%;②贯入时探杆出现明显弯曲;③反力装置失效;④探头负荷达到额定荷载;⑤记录仪器显示异常。

(8)将探头拔出地面后,应对探头进行检查、清理。

(9)记录人员必须按记录表要求用铅笔逐项填记清楚。

四、试验成果的整理

(一)单孔触探成果

单孔触探成果应包括以下几项基本内容:

(1)各触探参数随深度的分布曲线。

(2)土层名称及潮湿程度(或稠度状态)。

(3)各层土的触探参数值和地基参数值。

(4)对于孔压触探,如果进行了孔压消散试验,应附上孔压随时间而变化的过程曲线;必要时,可附锥尖阻力随时间而改变的过程曲线。

(二)原始数据的修正

1. 深度修正

当记录深度与实际深度有出入时,应按深度线性修正深度误差。对于因探杆倾斜而产生的深度误差,可按下述方法修正:

触探的同时量测触探杆的偏斜角(相对铅垂线),如每贯入 1 m 测了 1 次偏斜角,则该段的贯入修正量为

$$\Delta h_i = 1 - \cos[(\theta_i + \theta_{i-1})/2] \tag{5-1}$$

式中 Δh_i——第 i 段贯入深度修正量；

θ_i、θ_{i-1}——第 i 次和第 $i-1$ 次实测的偏斜角。

触探结束时的总修正量为 $\sum\Delta h_i$，实际的贯入深度应为 $h-\sum\Delta h_i$。

实际操作时应尽量避免过大的倾斜、探杆弯曲和机具方面产生的误差。

2. 零漂修正

一般根据归零检查的深度间隔按线性内插法对测试值加以修正。修正时应注意不要形成人为的台阶。

(三)触探曲线的绘制

需要绘制的触探曲线包括 p_s（单桥探头的比贯入阻力）—h 或 q_c—h、f_s（侧阻力）—h 和 R_f（$R_f=f/q\times100\%$）—h 曲线（可参考图 5-3）。

五、静力触探成果的应用

(一)划分土层及土类

1. 划分土层

根据长期的经验确定了以下划分方法（结合静力触探曲线）：

(1)上下层贯入阻力相差不大时，取超前深度和滞后深度的中点，或中点偏向于阻值较小者 5~10 cm 处作为分层面。

(2)上下层贯入阻力相差 1 倍以上时，取软层最靠近分界面处的数据点偏向硬层 10 cm 处作为分层面。

(3)上下层贯入阻力变化不明显时，可结合 f_s 或 R_f 的变化确定分层面。

土层划分以后可按平均法计算各土层的触探参数，计算时应注意剔除异常的数据。

2. 划分土类

利用静力触探划分土类是目前岩土工程勘察中常用的一种方法，在实际应用中由于单桥探头测试的参数太少，精度较差，需要和钻探及当地经验相结合来应用。

目前，我国主要采用双桥探头所测得的指标来进行土类划分。本单元主要介绍《静力触探试验规程》(YS 5223—2000)中利用双桥探头测试参数 q_c 和 R_f 划分土类的方法（见图 5-7）。

(二)确定地基承载力、压缩模量

1. 确定地基承载力

用静力触探法求地基承载力的突出优点是快速、简便、有效。在应用此法时应注意以下几点：

(1)静力触探法求地基承载力一般依据的是经验公式。用静力触探法求地基承载力要充分考虑土质的差别，特别是砂土和黏土的区别。另外，采用静力触探法推求场地的承载力时，还应进行基础宽度和埋置深度的修正。

(2)地基土的成因、时代及含水量的差别对用静力触探法求地基承载力的经验公式有明显影响，如老黏土（$Q_1\sim Q_3$）和新黏土（Q_4）的区别。

我国对使用静力触探法推求地基承载力已积累了相当丰富的经验，经验公式很多。在使用这些经验公式时，应充分注意其使用的条件和地域性，并在实践中不断地积累经验。

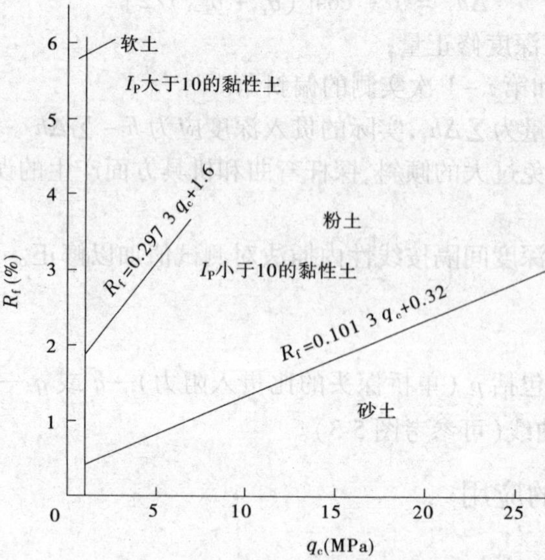

图 5-7　土的分类图(双桥探头法,YS 5223—2000)

2. 确定土的压缩模量

按照《静力触探试验规程》(YS 5223—2000),均质土层的压缩模量可按表 5-1 取值。

表 5-1　均质土层的压缩模量 E_s

土类	平均贯入阻力 p_s(kPa)						
	100	300	500	700	1 000	1 500	2 000
黏土、砂黏土(Q_4)	0.9	1.8	2.6	3.2	4.1	5.4	6.5
砂土	—	—	2.6 ~ 5.0	3.2 ~ 5.4	4.1 ~ 6.0	5.1 ~ 7.5	6.0 ~ 9.0
新黄土(Q_4、Q_3)	—	—	—	—	1.7	3.5	5.3
土类	平均贯入阻力 p_s(kPa)						
	2 500	3 000	4 000	5 000	6 000	7 000	8 000
黏土、砂黏土(Q_4)	7.5	8.6	10.7	12.9	15.0	17.2	19.3
砂土	7.5 ~ 10.2	9.0 ~ 11.5	11.5 ~ 13.0	13.0 ~ 15.0	15.0 ~ 16.5	16.5 ~ 18.5	18.5 ~ 20.0
新黄土(Q_4、Q_3)	7.2	9.0	12.6	16.3	20.0	23.6	—
土类	平均贯入阻力 p_s(kPa)						
	9 000	10 000	11 000	12 000	13 000	14 000	15 000
砂土	20.0 ~ 22.5	22.0 ~ 25.0	24.0 ~ 27.0	26.0 ~ 29.0	28.0 ~ 31.0	30.0 ~ 33.8	35.0

注:1. 软土、黏砂土可分别比照表列黏土、砂土的 E_s 取值。

2. Q_3 及其以前的黏性土及新近沉积土应根据当地实践经验取值,必要时应取样做压缩试验。

3. 表内数值可线性内插,不可外延。

(三)估算单桩的竖向承载力

《建筑桩基技术规范》(JGJ 94—2008)中根据双桥探头测试成果确定预制桩竖向承载力标准值。

该规范规定,当根据双桥探头静力触探资料确定预制桩竖向承载力标准值时,对于黏性土、粉土和砂土，如无当地经验，可按式(5-2)计算：

$$Q_{uk} = u\sum l_i\beta_i f_{si} + \alpha q_c A_p \tag{5-2}$$

式中 Q_{uk}——单桩极限承载力标准值；

l_i——桩周第 i 层土的厚度；

f_{si}——第 i 层土的探头平均侧阻力；

q_c——桩端平面上、下探头阻力，取桩端平面以上 $4d$（d 为桩的直径或边长）范围内按土层厚度的探头阻力加权平均值，然后和桩端平面以下 $1d$ 范围内的探头阻力进行平均；

α——桩端阻力修正系数，对黏性土、粉土取2/3，饱和砂土取1/2；

A_p——桩端面积；

β_i——第 i 层土桩侧阻力综合修正系数，按下式计算：

黏性土、粉土： $\beta_i = 10.04(f_{si})^{-0.55}$ (5-3)

砂土： $\beta_i = 5.05(f_{si})^{-0.45}$ (5-4)

注：双桥探头的圆锥底面积为15 cm^2，锥角60°，摩擦套筒高21.85 cm，侧面积300 cm^2。

（四）评价砂土和粉土的振动液化趋势

静力触探测试成果可对饱和砂土、黏砂土进行振动液化趋势判别。当实测计算的贯入阻力 p_s 或 q_c 小于液化贯入阻力临界值时，应判别为液化土。液化贯入阻力临界值可按如下公式计算：

$$p_{scr} = p_{s0}a_w a_u a_p \tag{5-5}$$

$$q_{ccr} = q_{c0}a_w a_u a_p \tag{5-6}$$

式中 p_{scr}、q_{ccr}——饱和土静力触探液化比贯入阻力临界值及锥尖阻力临界值，MPa；

p_{s0}、q_{c0}——地下水深度 $d_w = 2$ m，上覆非液化土层厚度 $d_u = 2$ m时，饱和土液化判别比贯入阻力基准值和液化判别锥尖阻力基准值，MPa，可根据抗震设防烈度确定，见表5-2；

a_w——地下水位埋深修正系数，地面常年有水且与地下水有水力联系时，取1.13，$a_w = 1 - 0.065(d_w - 2)$；

a_u——上覆非液化土层厚度修正系数，对深基础，取1.0，$a_u = 1 - 0.05(d_u - 2)$；

d_w——地下水位深度，m；

d_u——上覆非液化土层厚度，m，计算时应将淤泥和淤泥质土层扣除；

a_p——与静力触探摩阻比有关的土性修正系数，见表5-3。

表5-2 比贯入阻力和锥尖阻力基准值 p_{s0}、q_{c0}

抗震设防烈度	7度	8度	9度
p_{s0}(MPa)	5.0~6.0	11.5~13.0	18.0~20.0
q_{c0}(MPa)	4.6~5.5	10.5~11.8	16.4~18.2

表5-3 土性修正系数 a_p 值

土类	砂土	粉土	
静力触探摩阻比 R_f	$R_f \leqslant 0.4$	$0.4 < R_f \leqslant 0.9$	$R_f > 0.9$
a_p	1.00	0.60	0.45

【小贴士】

在《静力触探试验规程》(YS 5223—2000)中建议实测计算的 p_{scr} 或 q_{ccr} 按以下方法确定:

(1)当土层厚度大于1 m时,取该 p_s 或 q_c 层锥尖阻力的平均值。当土层厚度小于1 m,并且上下土层均为阻值较小的土层时,其较大值作为实测 p_{scr} 或 q_{ccr} 值。

(2)当土的厚度较大,力学性质和 p_s 或 q_c 可明显分层时,应分别计算分层的平均值进行判别。

(3)在应用该方法不能确定地基的具体液化等级时,判定地层有液化趋势,应采用标准贯入试验方法进行具体的液化等级判定。

(五)确定砂土的内摩擦角

利用静力触探试验资料可以确定砂土的内摩擦角,见表5-4。

表5-4　按比贯入阻力确定砂土的内摩擦角

p_s(MPa)	1	2	3	4	6	11	15	30
φ(°)	29	31	32	33	34	36	37	39

【小贴士】

使用单桥探头的方法和估算钻孔桩承载力的方法请见参考资料。

【知识链接】

除了在上述方面有着广泛的应用,静力触探技术还可用于推求土的物性参数(密度、密实度等)、力学参数(C、φ、E_0、E_s等),检验地基处理后的效果,测定滑坡的滑动面以及判断地基的液化可能性等。关于这些方面的内容请见参考资料。

【案例5-2】　静力触探测试成果报告

一、工程名称

××市××工程

二、静力触探试验说明

(一)试验遵循标准

(1)《岩土工程勘察规范》(GB 50021—2001)(2009年版)。

(2)《静力触探试验规程》(YS 5223—2000)。

(二)仪器设备

(1)贯入系统——主机(SYW-10手卡型静力触探设备)、探杆及反力设施。

(2)探测系统——双桥静力触探探头及传输信号的8芯屏蔽电缆线。

(3)记录系统——LMC-D310型静探微机。

(三)试验工作

(1)平整场地,下反力地锚。

(2)安装主机,调整水平,接好各路油路系统。

(3)连接好静探微机。

(4)开始贯入,贯入过程中微机自动记录孔深、锥尖阻力 q_c 和侧壁摩擦阻力 f_s 等指标。

(5)终孔结束,起拔探杆,存储资料,清洗探头。

(四)室内资料整理

(1)将LMC-D310型静探微机资料传输到台式计算机。

(2)在台式计算机上进行分层统计计算。

(3)计算各标准层地基土指标。

(4)计算单桩极限承载力。

(5)对粉土、砂类土进行液化判定。

(6)定性判定成桩难易程度。

(7)将静探资料存盘,以便于将静探曲线绘制在剖面图上。

(8)编写静力触探测试试验报告。

三、完成的工作量

(1)本次完成双桥静力触探测试孔 34 个。

(2)合计进尺 64.2 m。

四、场地工程地质标准层指标统计

场地工程地质标准层指标统计见表 5-5。

表 5-5 场地工程地质标准层指标统计

层代号	岩性	锥尖阻力加权平均值 q_c(MPa) 最小值~最大值 加权平均值	侧摩阻力加权平均值 f_s(kPa) 最小值~最大值 加权平均值	统计频数	地基土承载力特征值 f_{ak}(kPa)	长螺旋钻孔灌注桩 极限侧摩阻力值 q_{sia}(kPa)	长螺旋钻孔灌注桩 极限端阻力值 q_{pa}(kPa)	预制桩 极限侧摩阻力值 q_{sia}(kPa)	预制桩 极限端阻力值 q_{pa}(kPa)
②	黏土	0.61~2.09 1.21	16.8~111.4 68.74	34	145	64		66	
③	黏土	0.42~1.7 0.73	8.3~42.7 23.29	24	105	40		41	
④	粉质黏土	0.3~1.18 0.52	6.2~36.1 15.22	25	85	33		34	
⑤	粉土	1.2~15.54 5.69	17.3~103.3 60.38	34	205	46		48	
⑤$_1$	圆砾	3.02~21.09 11.5	51.8~130 79.65	11	270	54		56	
⑥	粉土	1.8~19.7 7.07	32.8~363.8 80.08	38	220	54	1 600	56	
⑥$_1$	粉质黏土	0.51~4.88 1.44	11.3~102 28.25	23	165	43		45	
⑦	黏土	0.77~3.36 1.45	16.5~115 30.86	21	165	45	900	48	1 000
⑦$_1$	粉土	4.83~26.19 10.59	50.2~210 150.6	13	250	80	1 800	78	2 000
⑦$_2$	钙质胶结层	5.55~38 19.71	51~430.6 107.4	8		64	3 800	66	4 200

【阅读与应用】

(1)《静力触探仪》。

(2)《土工仪器的基本参数及通用技术条件》第二篇原位测试仪器。

(3)《岩土工程勘察规范》(GB 50021—2001)(2009年版)静力触探试验。

(4)《静力触探试验规程》(YS 5223—2000)。

单元三　动力触探与标准贯入试验

一、试验原理和目的

动力触探试验简称动探,它是利用一定的锤击动能,将一定规格的圆锥形探头打入土中,根据每打入土中一定深度的锤击数来判定土的物理力学特性和相关参数的一种原位测试方法。

标准贯入试验简称标贯。它和动力触探在仪器上的差别仅在于探头形式不同,标贯的探头是一个空心贯入器,试验过程中还可以取土。因为和动力触探试验有许多共同之处,故将其放入同一单元中论述。

动力触探试验和标准贯入试验在国内外应用极为广泛,是一种重要的土工原位测试方法,具有独特的优点:

(1)设备简单,且坚固耐用。

(2)操作及测试方法容易掌握。

(3)适应性广,砂土、粉土、砾石土、软岩、强风化岩石及黏性土均可。

(4)快速、经济,能连续测试土层。

(5)标准贯入试验可同时取样,便于直接观察描述土层情况。

(6)应用历史悠久,积累的经验丰富。

二、试验设备

图5-8　现场动力触探试验

动力触探使用的设备如图5-8所示,包括动力设备和贯入系统两大部分。动力设备的作用是提供动力源,为便于野外施工,多采用柴油发动机;对于轻型动力触探,也有采用人力提升方式的。贯入部分是动力触探的核心,由穿心锤、探杆和探头组成。

根据所用穿心锤的质量将动力触探试验分为轻型、中型、重型和超重型等种类。动力触探类型及相应的探头和探杆规格见表5-6。

在各种类型的动力触探中,轻型适用于一般黏性土及素填土,特别适用于软土;重型适用于砂土及砂砾土;超重型适用于卵石、砾石类土。现场测试时应根据地基土的性质选择适宜的动探类型。

表 5-6 常用动力触探类型及规格

类型	锤质量（kg）	落距（cm）	探头规格		探杆外径（mm）	触探指标（贯入一定深度的锤击数）
			锥角（°）	底面积（cm^2）		
轻型	10	50	60	12.6	25	贯入 30 cm 锤击数 N_{10}
	10	30	45	4.9	12	贯入 10 cm 锤击数 N_{10}
中型	28	80	60	30	33.5	贯入 10 cm 锤击数 N_{28}
重型	63.5	76	60	43	42	贯入 10 cm 锤击数 $N_{63.5}$
超重型	120	100	60	43	60	贯入 10 cm 锤击数 N_{120}

图 5-9 为目前常用的机械式轻型动力触探仪，它包括了穿心锤、导向杆、锤垫、触探杆和探头五个部分。

标准贯入器除贯入器外，其他的与动力触探的仪器相同。我国使用的贯入器如图 5-10 所示。

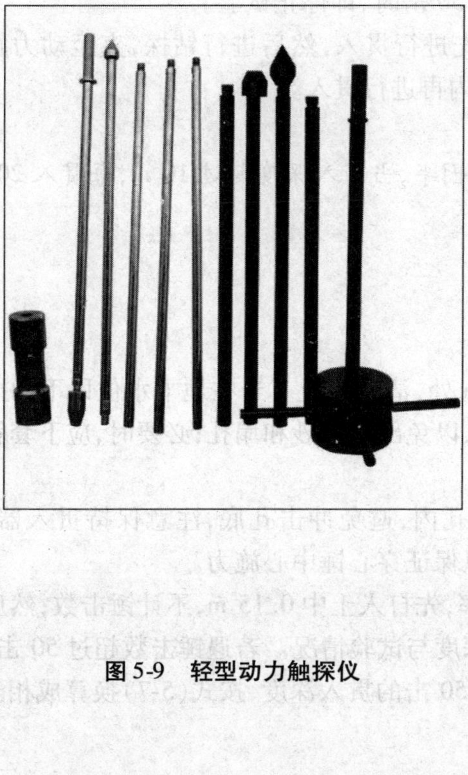

图 5-9 轻型动力触探仪

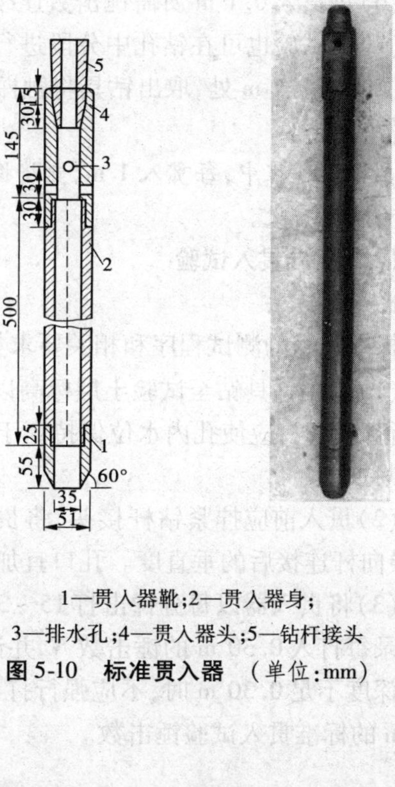

1—贯入器靴；2—贯入器身；
3—排水孔；4—贯入器头；5—钻杆接头

图 5-10 标准贯入器 （单位：mm）

三、现场试验实施

(一)轻型、重型动力触探的测试程序和要求

1. 轻型动力触探

本试验一般用于贯入深度小于4 m的土层。

(1)先用轻便钻具钻至试验土层标高以上0.3 m处,然后对试验土层连续进行触探。

(2)试验时,穿心锤落距为(0.50 ±0.02)m,使其自由下落。记录每打入土层中0.30 m时所需的锤击数(最初0.30 m可以不记)。

(3)如遇密实坚硬土层,当贯入0.30 m所需锤击数超过100击或贯入0.15 m超过50击时,即可停止试验。

2. 重型动力触探

(1)试验前将触探架安装平稳,使触探保持垂直地进行。

(2)贯入时,应使穿心锤自由落下,落锤高度为(0.76 ±0.02)m。

(3)锤击速率宜为每分钟15 ~30击。打入过程应尽可能连续,所有超过5 min的间断都应在记录中注明。

(4)及时记录每贯入0.10 m所需的锤击数。其方法可在触探杆上每0.1 m划出标记,然后直接(或用仪器)记录锤击数;也可以记录每一阵击的贯入度,然后换算为每贯入0.1 m所需的锤击数。

(5)对于一般砂、圆砾和卵石,触探深度不宜超过12 ~15 m;超过该深度时,需考虑触探杆的侧壁摩阻影响。

(6)每贯入0.1 m所需锤击数连续三次超过50击时,即停止试验。

(7)本试验也可在钻孔中分段进行,一般可先进行贯入,然后进行钻探,直至动力触探所测深度以上1 m处,取出钻具将触探器放入孔内再进行贯入。

【小贴士】

在贯入过程中,每贯入1 m,宜将探杆转动一圈半,当贯入深度超过10 m,每贯入20 cm宜转动探杆一次。

(二)标准贯入试验

1. 试验方法

标准贯入的测试程序和相关要求如下:

(1)先用钻具钻至试验土层标高以上0.15 m处,清除残土。当在地下水位以下的土层中进行试验时,应使孔内水位保持高于地下水位,以免出现涌砂和塌孔;必要时,应下套管或用泥浆护壁。

(2)贯入前应拧紧钻杆接头,将贯入器放入孔内,避免冲击孔底,注意保持贯入器、钻杆、导向杆连接后的垂直度。孔口宜加导向器,以保证穿心锤中心施力。

(3)将贯入器以每分钟击打15 ~30次的频率,先打入土中0.15 m,不计锤击数;然后开始记录每打入0.30 m的锤击数 N,并记录贯入深度与试验情况。若遇锤击数超过50击,而贯入深度不足0.30 m时,不应强行打入,应记录50击的贯入深度,按式(5-7)换算成相当于0.3 m的标准贯入试验锤击数。

$$N = 30 \times \frac{50}{\Delta S} \tag{5-7}$$

式中 N——实测锤击数；

ΔS——50 击时的贯入度，cm。

(4)旋转钻杆，然后提出贯入器，取贯入器中的土样进行鉴别、描述记录，并测量其长度。将需要保存的土样仔细包装、编号，以备试验之用。

(5)重复步骤(1)~(4)，进行下一深度的标贯测试，直至所需深度。一般每隔 1 m 进行一次标贯试验。

2. 注意事项

钻孔时应注意下列各项：

(1)须保持孔内水位高出地下水位一定高度，以免塌孔，保持孔底土处于平衡状态，不使孔底发生涌砂变松，影响 N 值。

(2)下套管不要超过试验标高。

(3)须缓慢地下放钻具，避免孔底土的扰动。

(4)细心清除孔底浮土，孔底浮土应尽量少，其厚度不得大于 10 cm。

(5)如钻进中需取样，则不应在锤击法取样后立刻做标贯，而应在继续钻进一定深度(可根据土层软硬程度而定)后再做标贯，以免人为增大 N 值。

(6)钻孔直径不宜过大，以免加大锤击时探杆的晃动；钻孔直径过大时，可减少 N 至 50%，建议钻孔直径上限为 100 mm，以免影响 N 值。

四、试验成果的整理分析

目前，使用较多的是机械式动力触探，数据采集使用人工读数记录的方式。其数据整理的一般过程和要求如下。

(一)检查核对现场记录

在每个动探孔完成后，应在现场及时核对所记录的击数、尺寸是否有错漏，项目是否齐全；核对完毕后，在记录表上签上记录者的名字和测试日期。

(二)实测击数校正

1. 轻型动力触探

(1)轻型动力触探不考虑杆长修正，根据每贯入 30 cm 的实测击数绘制 N_{10}—h 曲线图。

(2)根据每贯入 30 cm 的锤击数对地基土进行力学分层，然后计算每层实测击数的算术平均值。

2. 重型、超重型动力触探

当重型动力触探杆长超过 2 m，超重型动力触探杆长超过 1 m 时，实测击数应进行杆长校正。

重型动力触探的实测击数($N_{63.5}$)，按下式进行校正：

$$N'_{63.5} = \alpha_1 N_{63.5} \tag{5-8}$$

式中 $N'_{63.5}$——校正后的击数，击/10 cm；

α_1——杆长校正系数，查表 5-7；

$N_{63.5}$——实测击数，击/10 cm。

表 5-7　重型动力触探击数杆长校正系数 α

l (m)	$N_{63.5}$								
	5	10	15	20	25	30	35	40	≥50
≤2	1.0	1.0	1.0	1.0	1.0	1.0	1.0	1.0	—
4	0.96	0.95	0.93	0.92	0.90	0.89	0.87	0.86	0.84
6	0.93	0.90	0.88	0.85	0.83	0.81	0.79	0.78	0.75
8	0.90	0.86	0.83	0.80	0.77	0.75	0.73	0.71	0.67
10	0.88	0.83	0.79	0.75	0.72	0.69	0.67	0.64	0.61
12	0.85	0.79	0.75	0.70	0.67	0.64	0.61	0.59	0.55
14	0.82	0.76	0.71	0.66	0.62	0.58	0.56	0.53	0.50
16	0.79	0.73	0.67	0.62	0.57	0.54	0.51	0.48	0.45
18	0.77	0.70	0.63	0.57	0.53	0.49	0.46	0.43	0.40
20	0.75	0.67	0.59	0.53	0.48	0.44	0.41	0.39	0.36

注: l 为探杆总长度(m),本表可以内插取值。

超重型动力触探的实测击数(N_{120}),按下式进行杆长校正:

$$N'_{120} = \alpha_2 N_{120} \tag{5-9}$$

式中　N_{120}——超重型实测击数,击/10 cm;

α_2——杆长校正系数,查表 5-8;

N'_{120}——校正后的击数,击/10 cm。

表 5-8　超重型圆锥动力触探锤击数杆长校正系数

l (m)	N_{120}											
	1	3	5	7	9	10	15	20	25	30	35	40
1	1.00	1.00	1.00	1.00	1.00	1.00	1.00	1.00	1.00	1.00	1.00	1.00
2	0.96	0.92	0.91	0.90	0.90	0.90	0.90	0.89	0.89	0.88	0.88	0.88
3	0.94	0.88	0.86	0.85	0.84	0.84	0.84	0.85	0.82	0.82	0.81	0.81
5	0.92	0.82	0.79	0.78	0.77	0.77	0.76	0.75	0.74	0.73	0.72	0.72
7	0.90	0.78	0.75	0.74	0.73	0.72	0.71	0.70	0.68	0.68	0.67	0.66
9	0.88	0.75	0.72	0.70	0.69	0.68	0.67	0.66	0.64	0.63	0.62	0.62
11	0.87	0.73	0.69	0.67	0.66	0.66	0.64	0.62	0.61	0.60	0.59	0.58
13	0.86	0.71	0.67	0.65	0.64	0.63	0.61	0.60	0.58	0.57	0.56	0.55
15	0.86	0.69	0.65	0.63	0.62	0.61	0.59	0.58	0.56	0.55	0.54	0.53
17	0.85	0.68	0.63	0.61	0.60	0.60	0.57	0.56	0.54	0.53	0.52	0.50
19	0.84	0.66	0.62	0.60	0.58	0.58	0.56	0.54	0.52	0.51	0.50	0.48

【小贴士】

对于地下水位以下的中砂、粗砂和圆砾、砾石,重型圆锥动力触探锤击数可按式(5-10)修正:

$$N'_{63.5} = 1.1 N_{63.5} + 1.0 \tag{5-10}$$

式中 $N'_{63.5}$——经地下水影响校正后的击数；

$N_{63.5}$——未经地下水影响校正而经触探杆长度影响校正后的击数。

(三)绘制动力触探击数沿深度分布曲线

以校正后的击数为横坐标，以贯入深度为纵坐标绘制曲线图。曲线图一般绘制成沿深度方向的直方图。

《岩土工程勘察规范》(GB 50021—2001)(2009年版)对于动力触探的曲线绘制和试验成果做了如下规定：

(1)单孔动力触探应绘制动探击数与深度曲线或贯入阻力与深度曲线，进行力学分层。

(2)计算单孔分层动探指标，应剔除超前或滞后影响范围内的个别指标异常值。

(3)当土质均匀、动探数据离散性不大时，可取各孔分层平均动探值，用厚度加权平均法计算场地分层平均动探值。

(4)当动探数据离散性大时，宜采用多孔资料或与钻探资料综合分析。

(5)根据动探指标和地区经验，确定砂土孔隙比、相对密度，粉土、黏性土状态，土的强度、变形参数，地基土承载力和单桩承载力等设计参数；评定场地均匀性，查明土坡、滑动面、层面，检验地基加固与改良效果。

(四)标贯测试成果整理

(1)求锤击数 N。如土层不太硬，并能较容易地贯穿 0.30 m 的试验段，则取贯入 0.30 m 的锤击数 N。当土层很硬，不宜强行打入时，可用式(5-11)换算相应于贯入 0.30 m 的锤击数 N

$$N = \frac{0.3n}{\Delta S} \tag{5-11}$$

式中 n——所选取的贯入深度的锤击数；

ΔS——对应锤击数 n 的贯入深度，m。

(2)绘制 N—h 关系曲线。

五、试验成果的应用

动力触探的主要功能有以下几方面。

(一)划分土层

根据动力触探击数可粗略划分土层(见图5-11)。一般来说，锤击数越少，土的颗粒越细；锤击数越多，土的颗粒越粗。

(二)确定地基土的承载力

按照动力触探试验结果，结合地区经验，可以确定地基土的承载力。具体方法见项目十单元二的任务一。

(三)求单桩容许承载力

动力触探试验对桩基的设计和施工也具有指导意义。实践证明，动力触探不易打入时，桩也不易打入。这对确定桩基持力层及沉桩的可行性具有重要意义。由于动力触探无法实测地基土的极限侧壁摩阻力，因而用于桩基勘察时，主要是采用以桩端承载力为主的短桩。

(四)按动力触探和标准贯入击数确定粗粒土的密实度

动力触探主要用于粗粒土，用动力触探和标准贯入测定粗粒土的状态有其独特的优势。

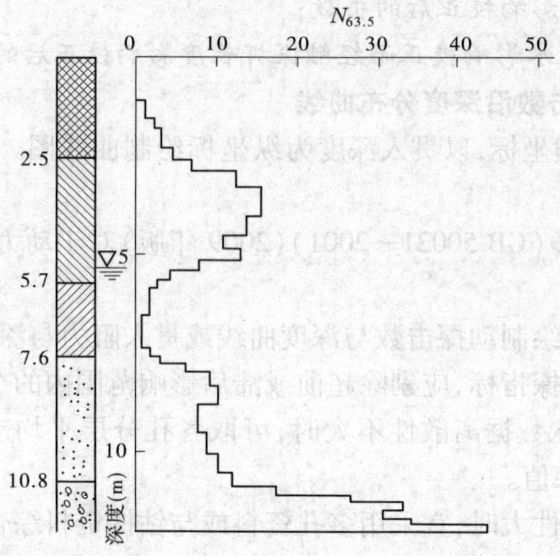

图 5-11　动力触探击数随深度分布的直方图及土层划分

标准贯入可用于砂土，动力触探可用于砂土和碎石土。可按项目二中表 2-9、表 2-11 计算。

利用动力触探和标准贯入的测试成果还可以判断砂土液化可能性、确定黏性土的黏聚力 C 及内摩擦角 φ、确定地基土的变形模量、检验碎石桩的施工质量等。

【小贴士】

标贯试验和圆锥动力触探测试方法的不同点，主要是不能连续贯入，每贯入 0.45 m 必须提钻一次，然后换上钻头进行回转钻进至下一试验深度，重新开始试验。另外，标贯试验不宜在含有碎石的土层中进行，只宜用于黏性土、粉土和砂土中，以免损坏标贯器的管靴刃口。

【知识链接】

(1)《建筑地基基础设计规范》(GB 50007—2011)。

(2)《岩土工程勘察规范》(GB 50021—2001)(2009 年版)。

(3)《湿陷性黄土地区建筑规范》(GB 50025—2004)。

【案例 5-3】

一、工程概况

××勘察测绘有限公司对某工程拟建场区的强夯地基进行了标准贯入确定人工挖孔桩桩身极限侧摩阻力标准值试验工作。本次试验布置 1 个标准贯入试验点，在场区勘察深度范围内，揭露地层为第四系填土、黏性土、碎石土，基岩为砾岩、闪长岩。

二、试验目的

确定各土层的人工挖孔桩桩身极限侧摩阻力标准值(见表 5-9)。

三、主要仪器设备

标准贯入仪器设备。

四、试验方法

本次试验采用标准贯入试验记录标贯锤击数 N，确定砂土的密实度，然后根据《建筑桩基技术规范》(JGJ 94—2008)经验参数法确定人工挖孔桩桩身极限侧摩阻力标准值。试验点 1 个。试验深度为 5 m。

表 5-9　桩的极限侧摩阻力标准值 q_{sik}　（单位：kPa）

土的名称	土的状态	标贯锤击数 N	混凝土预制桩	泥浆护壁钻（冲）孔桩	干作业钻（挖）孔桩
粉细砂	稍密	$10 < N \leqslant 15$	24～48	22～46	22～46
	中密	$15 < N \leqslant 30$	48～66	46～64	46～64
	密实	$N > 30$	66～88	64～86	64～86

五、试验依据

(1)《建筑桩基技术规范》(JGJ 94—2008)。

(2)《建筑地基基础设计规范》(GB 50007—2011)。

(3)《岩土工程勘察规范》(GB 50021—2001)(2009 年版)。

六、试验结果的整理与分析

(一)资料整理

试验成果见表 5-10。

表 5-10　分层标准贯入试验成果

试验编号	层号	标贯深度（m）	触探杆长（m）	杆长修正系数	实测击数（击）	修正击数（击）	土类名称
1－1	1	0～1.0	1.9	1.00	10	10.0	粉细砂
	2	1.0～2.0	1.9	1.00	10	10.0	粉细砂
	3	2.0～3.0	3.6	0.98	12	11.8	粉细砂
	4	3.0～4.0	3.6	0.96	14	13.4	粉细砂
	5	4.0～5.0	5.6	0.92	16	14.7	粉细砂

(二)桩身极限侧摩阻力标准值计算

由表 5-10 可知，修正后标贯锤击数 N 介于 10～15，结合表 5-9，土的状态为稍密状态。由表 5-9 可得稍密状态土层中桩的极限侧摩阻力标准值 q_{sik} (kPa) 内插计算公式如下：

$$q_{sik} = 22 + \frac{N - 10}{15 - 10} \times (46 - 22) \tag{5-12}$$

式中　q_{sik}——桩的极限侧摩阻力标准值，kPa；

N——修正后标贯锤击数。

将表 5-10 中各层号下土的修正后标贯锤击数 N 代入式(5-12)，得出各土层干作业人工挖孔桩桩身极限侧摩阻力标准值，结果汇总为表 5-11。

表 5-11　各土层干作业人工挖孔桩桩身极限侧摩阻力标准值

试验编号	层号	标贯深度（m）	修正后标贯锤击数 N（击）	人工挖孔桩桩身极限侧摩阻力标准值 q_{sik}（kPa）
1－1	1	0～1.0	10.0	22.0
	2	1.0～2.0	10.0	22.0
	3	2.0～3.0	12.0	31.6
	4	3.0～4.0	13.4	38.3
	5	4.0～5.0	14.7	44.6

七、试验结论

该地基各土层人工挖孔桩桩身极限侧摩阻力标准值 q_{sik} 如下：

(1)0～2.0 m 范围桩的极限侧摩阻力标准值为 22.0 kPa。

(2)2.0～3.0 m 范围桩的极限侧摩阻力标准值为 31.6 kPa。

(3)3.0～4.0 m 范围桩的极限侧摩阻力标准值为 38.3 kPa。

(4)4.0～5.0 m 范围桩的极限侧摩阻力标准值为 44.6 kPa

【阅读与应用】

(1)《岩土工程勘察规范》(GB 50021—2001)(2009 年版)。

(2)《建筑桩基技术规范》(JGJ 94—2008)。

(3)《建筑地基基础设计规范》(GB 50007—2011)。

单元四　波速测试

一、试验原理和目的

弹性波在地层介质中的传播可分为压缩波(P 波)和剪切波(S 波),在地层表面传播的面波可分为 Rayleigh 波(瑞利波,R 波)和 Love 波(L 波)。它们在介质中传播的特征和波速各不相同,P 波最先到达,速度最快,振幅最小;S 波次之;R 波最慢,但振幅较大。波速测试就是测定弹性波在土体内的传播速度,而依据弹性波理论间接测定岩土体在小应变(所谓小应变,即对土体激发的冲击、振动的动力小,多为锤击、小能量爆破等)条件下动弹性模量和泊松比。由于土中压缩波速受到含水量的影响,不能真实地反映土的动力特征,故通常以剪切波为主。波速试验的目的:场地地层分类,地基处理前、后的动参数(剪模、弹模、泊松比)及探测地质异常体(地下管道、洞穴等)。

试验方法分为跨孔法、单孔波速法(检层法)和面波法,见图 5-12,以下将分别介绍这三种不同的方法。

二、跨孔法

跨孔法以一孔为激发孔,布置一个或两个检波孔。钻孔应平行垂直,跨孔法可直接测定

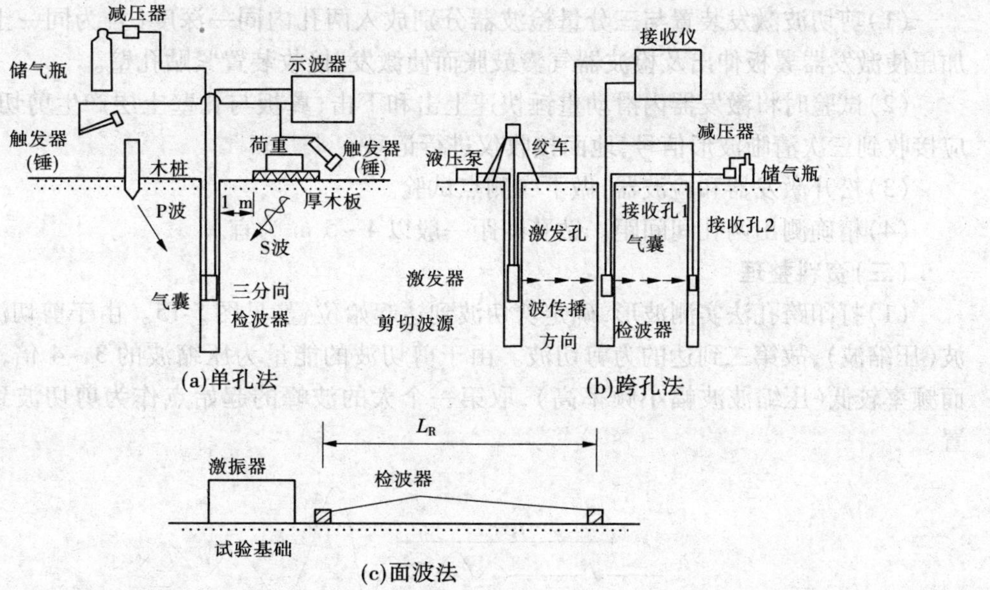

图 5-12 试验布置

不同深度处的土体波速，最适于成层状土层。

（一）试验设备

试验设备包括激发装置和接收装置两部分。

激发装置：孔内剪切锤，为人工机械激发装置，见图 5-13。圆筒体，两侧有翼板，可伸出伸进，可通过油压或气压使翼板伸出紧贴孔壁；中间为滑动重锤，被细钢绳拉动自由下落或快速上升，便上下敲击圆柱体顶、底板，从而使圆柱体上下运动，带动翼板与孔壁土层产生剪切力，于是土层产生剪切波，向检波孔传播。

接收装置：由孔内检波器（见图 5-14）和地面接收仪器（含示波器）组成，接收剪切波主要由三分量检波器的垂直检波器完成。

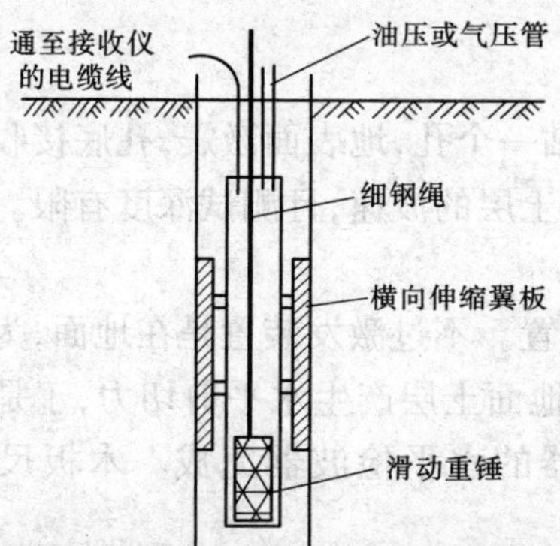

图 5-13 孔内激发装置结构

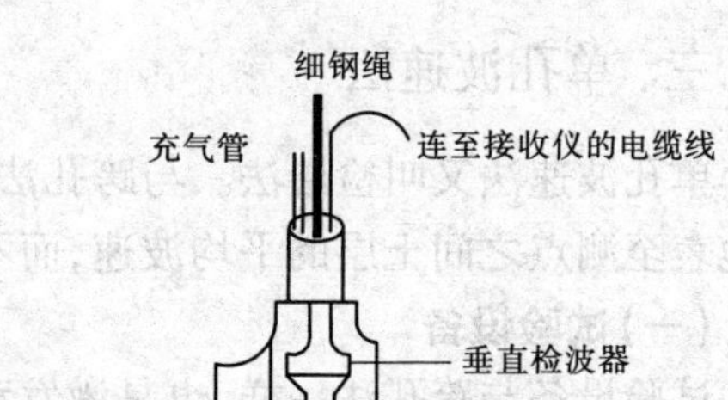

图 5-14 三分量检波器（三个检波器互相垂直）

(二)试验步骤

(1)剪切波激发装置与三分量检波器分别放入两孔内同一深度(且为同一土层),分别加压使激发器翼板伸出及检波器气囊鼓胀而使激发、接收装置紧贴孔壁。

(2)试验时将激发器内滑动重锤快速上击和下击,翼板与孔壁土层产生剪切波,检波器应接收到三次清晰波形信号,地面接收仪进行记录。

(3)松开激发器和检波器,做下一测点试验。

(4)精确测出两孔间间距。钻孔间距一般以 4 ~5 m 为宜。

(三)资料整理

(1)打印跨孔法实测波形,确定剪切波到达起始位置,见图 5-15。由于剪切波速慢于纵波(压缩波),故第二到达的为剪切波。由于剪切波的能量为压缩波的 3 ~4 倍,故波幅大,而频率较低(压缩波波幅小频率高),取第一个大的波峰的起始点作为剪切波到达起始位置。

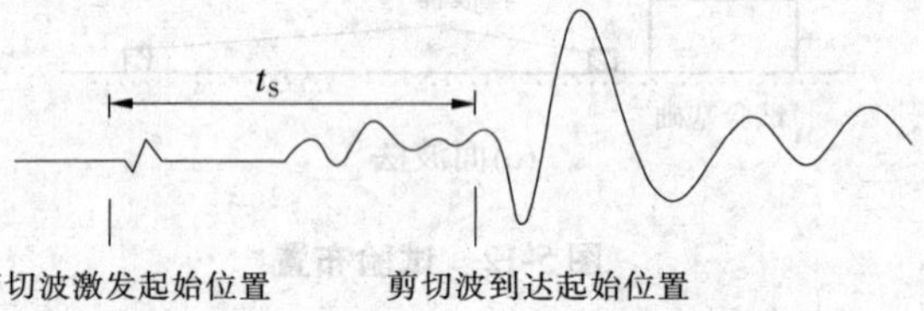

图 5-15 跨孔法实测波形

(2)量测出激发信号起始位置到剪切波到达起始位置之间的时间 t_S,计算 v_S。

$$v_S = \frac{l}{t_S} \tag{5-13}$$

式中 v_S——剪切波波速,m/s;

l——两平行钻孔间间距,m;

t_S——剪切波自激发点到达接收点用时,s。

三、单孔波速法

单孔波速法又叫检层法。与跨孔法不同的是只钻一个孔,地表面激震,孔底接收。波速为地表至测点之间土层的平均波速,而不能得到特定土层的波速,且测试深度有限。

(一)试验设备

试验设备与跨孔法一样,也是激发和接收两套装置。不过激发装置是在地面,为一块堆上 500 kg 重物的木板,用锤敲击木板端部,使木板与地面土层产生水平剪切力,于是产生水平剪切波,向孔内检波器传播,主要由三分量检波器的水平检波器完成。木板尺寸长为 2.5 ~3 m,宽 0.3 m,厚 0.05 m。

(二)试验步骤

(1)将三分量检波器放入孔预定深度,加压使气囊鼓胀而使检波器紧贴孔壁。

(2)安放激振木板,平面布置图如图 5-16 所示。木板中央距孔口距离一般为 1 m。

(3)求出激发源至孔内三分量检波器之间的距离。

(4)试验时,用铁锤水平敲击木板一端,地表土层产生的水平剪切波经地层传播,由孔内三分量检波器的水平检波器接收,输入接收仪,试验要求接收仪获得三次清晰的记录波形。然后反向从木板另一端敲击木板,以同样获得三次清晰的波形为止,该点试验结束。

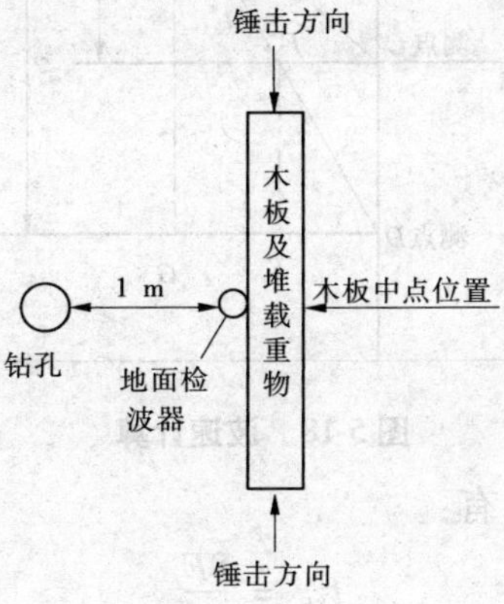

图 5-16 地面激发示意图

(三)资料整理

1. 波形鉴别

根据实测出的正、反向剪切波波形(如图 5-17 所示),进行波形鉴别。对于剪切波,敲击木板正反向两端时,剪切波波形相位差 180°,而压缩波相位不变。

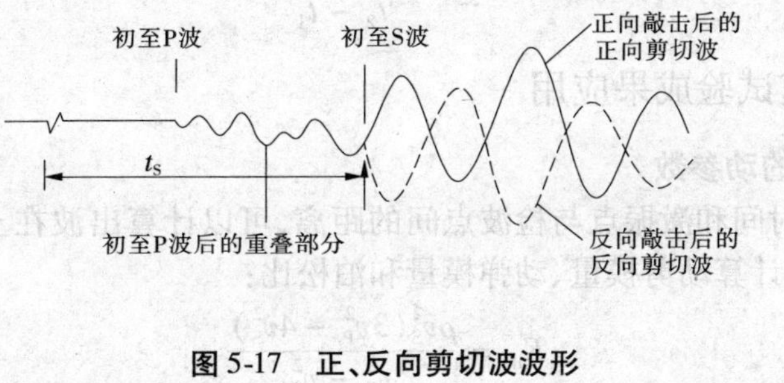

图 5-17 正、反向剪切波波形

2. 波速计算

(1)测点深度在 10 m 内时,计算前提是:同一土层为均质体,波速在同一土层内无论竖向、斜向、水平向的传播速度相同。测点 C 点布置在第一层与第二层分界面上,第二点 D 布置在第二层土内。实测 L_{SC}、L_{SD} 的用时为 t_1、t_2,现求 C、D 测点间第二层波速 v_{S2},将第一层波速(O、C 点间波速)定为 v_{S1}(见图 5-18)。

t_1 为激发点到测点 C 的用时,t_2 为激发点到测点 D 的用时。

在直角三角形 SDG 中:

$$DF : DS = EF : GS$$

$$DF = \frac{EF \cdot DS}{GS} = \frac{(H_2 - H_1) \times DS}{H_2} = \frac{(H_2 - H_1) \times \sqrt{OS^2 + OD^2}}{H_2} \tag{5-14}$$

由于同一土层均质,$v_{S1} = v_{SF}$,$v_{S2} = v_{FD}$。

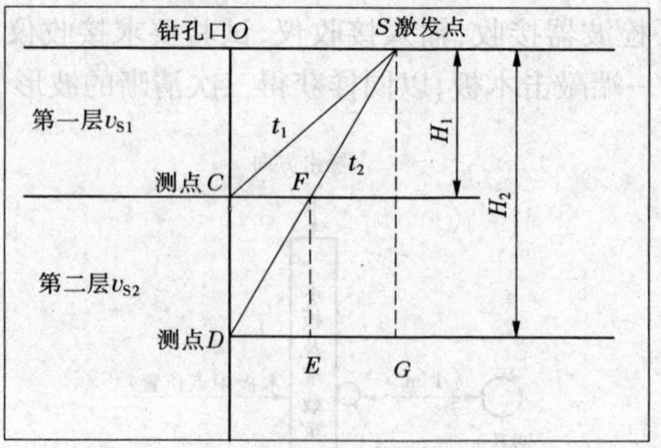

图 5-18　波速计算

根据路程、走时和波速关系，有：

$$t_{SF} = \frac{SF}{v_{S1}}$$

故

$$v_{S2} = \frac{DF}{t_2 - t_{SF}} \tag{5-15}$$

(2)测点深度大于 10 m 时，将激发点到 C 与 D 的走时 t_1、t_2 简化为孔口到 C 与 D 的走时。可按式(5-16)计算：

$$v_{S2} = \frac{H_2 - H_1}{t_2 - t_1} \tag{5-16}$$

四、土体波速试验成果应用

(一)计算土层的动参数

根据波的初至时间和激振点与检波点间的距离，可以计算出波在土体中的速度。根据波速，可按以下式子计算动剪模量、动弹模量和泊松比：

$$E_d = \frac{\rho v_S^2(3v_P^2 - 4v_S^2)}{v_P^2 - v_S^2} \tag{5-17}$$

$$G_d = \rho v_S^2 \tag{5-18}$$

$$\mu_d = \frac{v_P^2 - 2v_S^2}{2(v_P^2 - v_S^2)} \tag{5-19}$$

$$v_R = \left(\frac{0.87 + 1.12\mu_d}{1 + \mu_d}\right) v_S \tag{5-20}$$

式中　v_S、v_P、v_R——剪切波波速、压缩波波速和瑞利波波速；

G_d——土的动剪切模量；

E_d——土的动弹性模量；

μ_d——土的泊松比，通常黏土取 0.42，粉质黏土取 0.35，砂土取 0.30；

ρ——土的密度(重度除以重力加速度)。

(二)划分场地土类型

依据《建筑抗震设计规范》(GB 50011—2010)规定，场地土类别一般按场地覆盖层(当场地覆盖层厚度大于15 m时取15 m)范围内土层平均(按厚度加权)剪切波波速进行划分,见表5-12。

表5-12 场地土类别

类别	土层的平均剪切波波速 v_S(m/s)
坚硬场地土	$v_S > 500$
中硬场地土	$500 \geqslant v_S > 250$
中软场地土	$250 \geqslant v_S > 140$
软弱场地土	$v_S \leqslant 140$

(三)计算地基土物理力学参数

剪切波波速 v_S 与地基土物理力学性质之间可以经过数理统计方法建立一定的关系式,下边是中科院工程力学所提出的关系式和规律表。

(1)v_S 与标准贯入试验 N 值的关系式:

$$v_S = 85.34 \times N^{0.348} \tag{5-21}$$

(2)v_S 与土质类别的关系式:

$$v_S = 169.7 \times \begin{cases} 1.000(\text{黏土}) \\ 1.359(\text{细砂}) \\ 1.375(\text{中砂}) \\ 1.470(\text{粗砂}) \\ 1.949(\text{砾砂}) \\ 2.398(\text{砾石}) \end{cases} \tag{5-22}$$

(3)层状地基剪切波随深度变化规律见表5-13。

表5-13 层状地基剪切波随深度变化规律

土层名称	剪切波波速范围(m/s)
回填土、表土	90~220
淤泥、淤泥质土	100~170
软黏土	90~170
硬黏土	120~190
坚硬黏土	170~240
粉细砂	100~200
中粗砂	160~250
砾石、卵石、碎石	300~600
风化岩	350~500
岩石	>500

(4)土中压缩波、剪切波传播速度见表5-14。

表 5-14　土中压缩波、剪切波传播速度

土层名称	土的容重(kN/m³)	压缩波波速 v_P(m/s)	剪切波波速 v_S(m/s)
湿黏土	18.0	1 500	150
天然湿度的黄土	18.7	800	260
密实的砾石	17.0	480	250
细砂	16.5	300	110
中砂	16.5	550	160
圆砾	18.0	750	180

【案例 5-4】

一、工程概况

某水文地质工程地质勘察院于 2009 年 12 月 8 日在某项目场地进行了剪切波波速测试工作，以确定该场地各地层的剪切波波速值。

二、测试依据的规范

《地基动力特性测试规范》(GB/T 50269—97)。

三、完成的工作量

本次工作测试了 5 个钻孔，共完成 78 m 的剪切波波速测试工作。

四、测试仪器及测试方法简介

(1)测试仪器采用重庆奔腾数控技术研究所研制生产的 WZG－24A 工程地震仪，该仪器适用于钻孔原位波速测试、常时微动测试等。该仪器具有信号自动增益、采集、图形显示、数据存盘、数据分析、打印等功能。配有剪切波分析系统软件。

现场测试的仪器配接如图 5-19 所示。

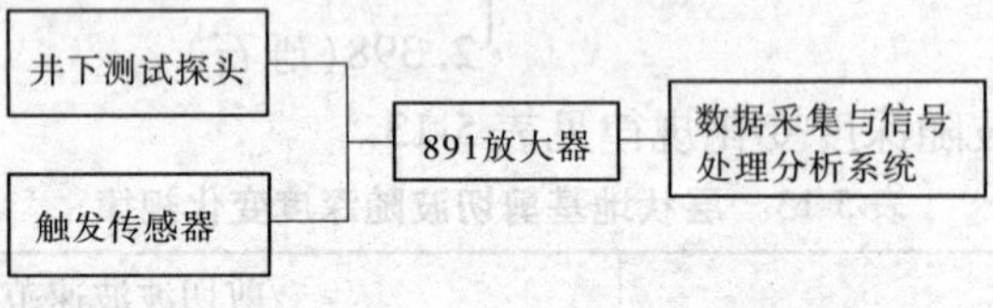

图 5-19　测试仪器配接

各孔利用水平锤击上压汽车两前轮的木板激发剪切波，木板下部铺砂垫平，以保证与地面紧密接触。木板的长向中垂线对准测试孔中心，孔口与木板的距离为 1 m，满足《地基动力特性测试规范》(GB/T 50269—97)的相关要求。

对每个钻孔，测点的划分合理地考虑了场地地质分层和《地基动力特性测试规范》(GB/T 50269—97)规定的每隔 1～3 m 布置一个测点的要求。测试时均采用自下而上按预定 1 m 的深度进行测量的方式。

(2)剪切波波速测试处理结果。利用剪切波测试系统软件进行分析，将板距、地层等参数输入，分析处理得到各孔的剪切波波速直方图(见图 5-20)，从该图上可以确定出不同深度地层的剪切波波速值。具体情况详见各孔的剪切波波速直方图。

五、结论

通过对 5 个钻孔的原位测试工作，得到该场地不同地层的剪切波波速值如下：杂填土 v_S = 135 m/s，碎石 v_S = 322 m/s，全风化板岩 v_S = 412 m/s，强风化板岩 v_S = 540 m/s，中风化板岩 v_S = 952 m/s。

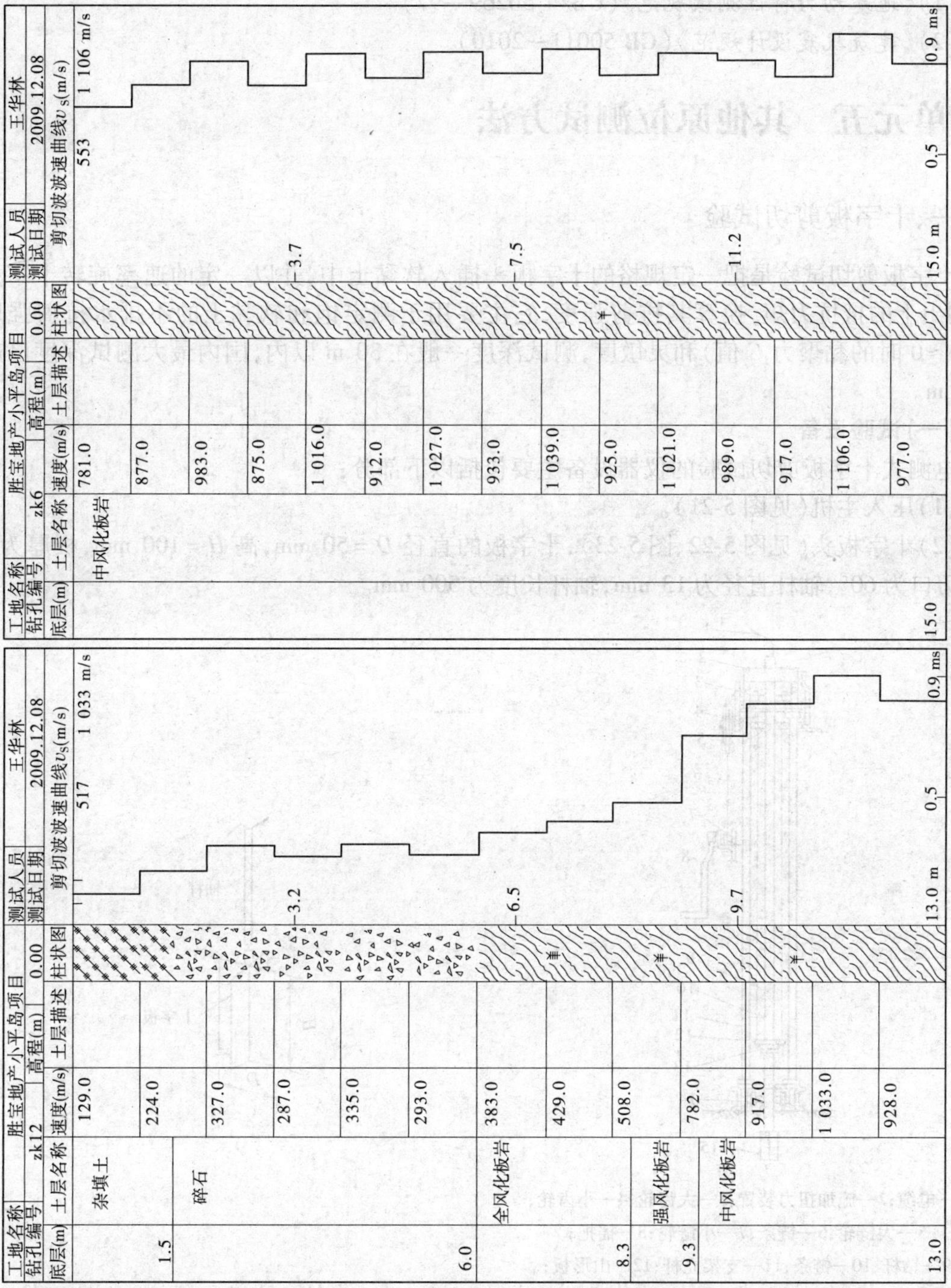

图5-20　剪切波波速直方图

【阅读与应用】

(1)《地基动力特性测试规范》(GB/T 50269—97)。

(2)《建筑抗震设计规范》(GB 50011—2010)。

单元五　其他原位测试方法

一、十字板剪切试验

十字板剪切试验是把一定规格的十字板头插入软黏土中,并以一定的速率旋转十字板头,测出土的抵抗力矩,换算其抗剪强度,它主要用于测定饱和软黏土的不排水抗剪强度(即 $\varphi \approx 0$ 时的黏聚力 C 值)和灵敏度,测试深度一般在 30 m 以内,国内最大测试深度已超过 50 m。

(一)试验设备

电测式十字板剪切试验的仪器设备主要包括以下部分:

(1)压入主机(见图 5-21)。

(2)十字板头(见图 5-22、图 5-23),十字板的直径 $D = 50$ mm,高 $H = 100$ mm,板厚为 2 mm,刃口为 60°,轴杆直径为 13 mm,轴杆长度为 500 mm。

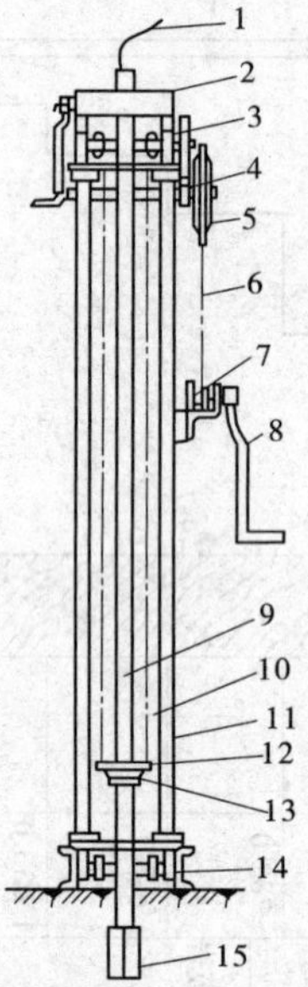

1—电缆;2—施加扭力装置;3—大齿轮;4—小齿轮;
5—大链轮;6—链条;7—小链轮;8—摇把;
9—钻杆;10—链条;11—支架立杆;12—山形板;
13—垫压块;14—槽钢;15—十字板头

图 5-21　电测式十字板剪切仪

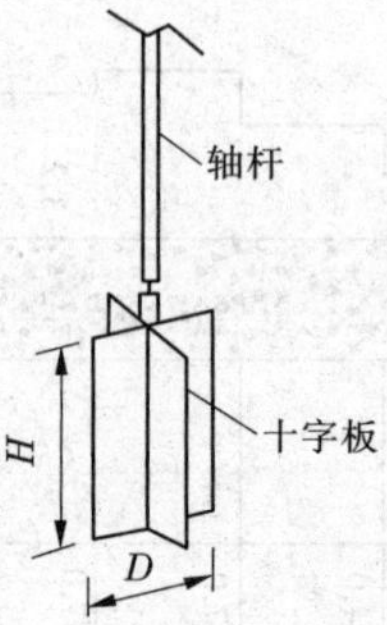

图 5-22　十字板头

(3)扭力量测仪表。

(4)扭力传感器(见图 5-24)。

(5)扭力装置:由蜗轮、蜗杆、变速齿轮、钻杆夹具和手柄组成,手摇柄转动一圈正好使钻杆转动1°。

(6)其他:钻杆、水平尺、管钳等。

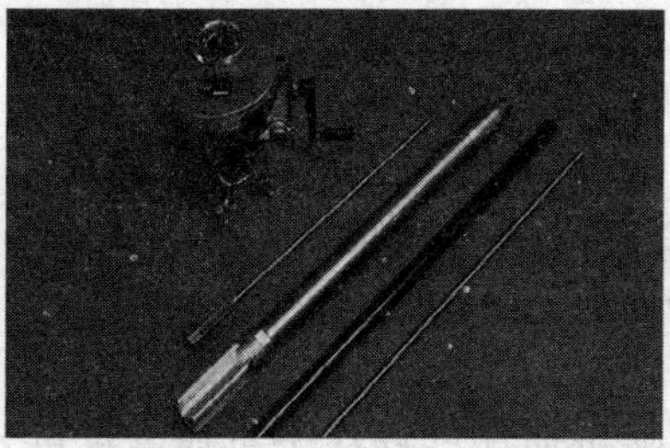

图5-23 十字板头实物图

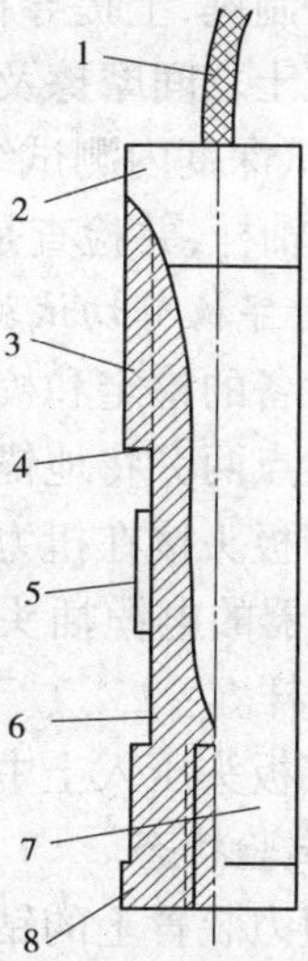

1—电缆;2—钻杆接头;3—固定护套螺丝;4—引线孔;5—电阻应变片;6—受扭力矩;7—护套;8—接十字板头丝扣

图5-24 电测式十字板扭力传感器

(二)试验步骤及技术要点

1.机械式十字板剪切试验主要操作步骤

(1)成孔钻至预定测试探度,清孔,随之下入ϕ127套管至预定测试深度75 cm或套管直径的3.5倍以上处,固定套管。

(2)连接十字板头、轴杆、钻杆,拧紧接头,要求其总长度等于(或略小于)套管口顶面至孔底距离,然后将其下入孔内,使十字板头到达孔底。

(3)接上导向杆,将底座穿过导向杆,固定在套管上,用制紧螺丝拧紧;然后把摇柄套在导向杆上,使导向杆按顺时针方向徐徐转动,让十字板头离合齿吻合;然后将十字板头压入至测试深度。测试深度应在钻孔底(或套管底)以下至少3~5倍孔径(或套管直径)处。

(4)逆时针徐徐摇动摇柄,上提杆2~3 cm,使离合齿脱离。合上支爪(阻止钻杆下沉),快速转动摇把十余圈,使轴杆与土间摩擦阻力减至最小。

(5)扳开支爪,顺时针方向转动摇柄,再使十字板头离合齿吻合,然后合上支爪。

(6)套上传动部件,转动底盘,使导杆镀槽与钢环固定键槽对正;用锁紧螺丝将固定套与底座锁紧,再转动摇柄使特制键自由落入键槽内;将刻度盘指针对准任一刻度,装上百分表,并调整零位。

(7)测试开始,开动秒表,同时以1°/10 s的均匀转速转动摇柄(顺时针方向),每转1°测记一次百分表读数。当读数出现峰值或稳定值后,再继续1 min。一般这个过程需3~10

min。峰值或稳定值的百分表读数，即为原状土剪切破坏时的 ε_y。

(8)拔出特制键，在导向杆上套上摇柄，顺时针方向转动6圈，使十字板头周边土充分扰动；然后插入特制键，重复步骤(7)，测定重塑土剪切破坏时百分表读数 ε_c。

(9)拔出特制键，上提导杆2~3 cm，使离合齿脱离，再插上特制键，转动摇柄，按步骤(7)测定轴杆与土之间摩擦及机械消耗阻力的百分表读数 ε_g。

(10)在测试深度内测试结束后，卸下传动部分和底座，将钻杆、轴杆和十字板头提出，清洗十字板头、轴杆，并检查是否弯曲。如是最后一次试验，应进行涂油、装箱和保管等。

2. 电测式十字板剪切试验主要操作步骤

(1)仪器设备的检定和校准，包括扭力传感器、扭力量测仪器的检定及标准。

(2)在试验点两旁将地锚旋入土中，安装和固定压入主机，安装施加扭力装置。

(3)将十字板头接在扭力传感器上并拧紧。把穿好电线的钻杆插入扭力装置的钻杆夹具孔内，将传感器的电缆插头与穿过钻杆的电缆插座连接，并进行防水处理。接通量测仪表，然后拧紧钻杆。

(4)将十字板头压入土中预定的试验深度后，调整机架使钻杆位于机架面板导孔中心，并调试到正常试验状态。

(5)拧紧扭力装置上的钻杆夹具，并将量测仪表调零或读取初读数。

(6)顺时针方向转动扭力装置上的摇柄，当量测仪表读数开始增大时，即开动秒表，以0.1°/m的速率旋转钻杆。每转1°测记读数1次。应在2 min内测得峰值。当读数出现峰值或稳定值后，再继续旋转测记1 min。峰值或稳定值作为原状土剪切破坏时的读数。

(7)松开钻杆夹具，快速将钻杆顺时针方向旋转6圈，使十字板头周围的土充分扰动后，再立即拧紧钻杆夹具，按步骤(6)测记重塑土剪切破坏时的读数。

3. 试验的技术要求

(1)为保证十字板头旋转时不发生摆动，试验所用探杆必须平直，前5 m的探杆要求更高些。对钢环式十字板试验，探杆上应装导轮，在上、下部各装一导轮，试验深度较大时，导轮间距不宜大于10 m。

(2)十字板头的尺寸：十字板形状宜为矩形，径高比(D/H)为1:2。

(3)在钻孔十字板剪切试验时，为保证试验在不扰动土中进行，十字板头插入深度应大于孔径的5倍。一般，试验间距应不小于0.75~1.0 m。

(4)十字板插入土中至少静止2~3 min开始扭剪。

(5)扭剪速率应力求均匀。一般剪切速率为(1°~2°)/10 s，当扭矩出现峰值或稳定值后，要继续测读1 min，以便确认峰值或稳定值。

(6)在峰值强度或稳定值测试完成后，顺时针快速连续转动6圈，使十字板头周围土体充分扰动，然后测重塑土的不排水抗剪强度。

(7)对机械式十字板剪切仪，应修正轴杆与土间摩阻力的影响。

(8)扭力传感器应定期标定，一般应3个月标定一次，如使用过程中出现异常，应重新标定。标定时所用的传感器、导线和测量仪器应与试验时相同。

(三)试验资料整理

(1)按下式计算土的抗剪强度 C_u、C'_u：

$$C_u = 10K\alpha\varepsilon_y \tag{5-23}$$

$$C'_u = 10K\alpha\varepsilon_c \tag{5-24}$$

$$K = \frac{2}{\pi D^2 H\left(\frac{D}{3H} + 1\right)} \tag{5-25}$$

式中　C_u——原状土的抗剪强度，kPa；

K——与十字板尺寸有关的常数，cm^{-3}；

α——传感器率定系数，N · cm/单位读数，相当于饱和土的不排水强度；

C'_u——重塑土的抗剪强度，kPa；

ε_y、ε_c——原状土、重塑土剪切破坏时的百分表度数，0.01 mm；

D——十字板头的直径，cm；

H——十字板头的高度，cm。

(2)按式(5-26)计算土的灵敏度 S_t：

$$S_t = \frac{C_u}{C'_u} \tag{5-26}$$

(3)绘制抗剪强度 C_u 随深度变化曲线，如图 5-25 所示。

(四)试验成果应用

十字板剪切试验成果可按地区经验来确定地基承载力、单桩承载力，计算边坡稳定，并判别软黏土的固结历史。

(1)计算软土地基承载力。根据中国建筑科学研究院、华东电力设计院的经验，地基容许承载力可按式(5-27)估算：

$$f_k = 2C_u + \gamma h \tag{5-27}$$

式中　f_k——地基承载力标准值，kPa；

C_u——修正后的不排水抗剪强度，kPa；

γ——基础底面以上土的重度，kN/m^3；

h——基础埋深，m。

(2)软土地基抗滑稳定性分析。

(3)估算桩的极限端阻力和侧摩阻力。

(4)检验软土地基的加固效果。

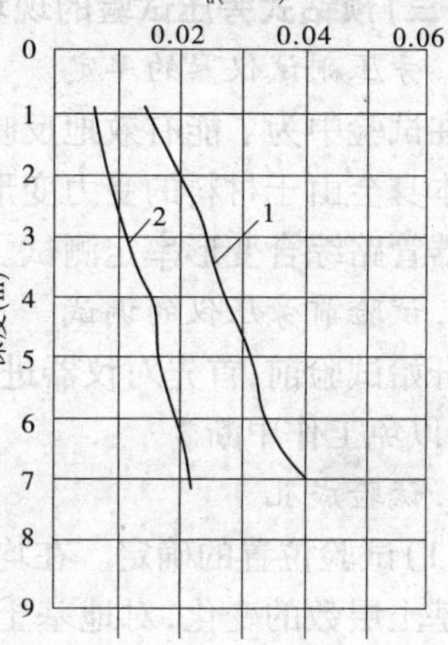

1—原状土；2—扰动土

图 5-25　抗剪强度与深度变化曲线

二、旁压试验

旁压试验是将圆柱形旁压器竖直地放入土中，通过旁压器在竖直的孔内加压，使旁压膜膨胀，并由旁压膜(或护套)将压力传给周围土体(或岩层)，使土体或岩层产生变形直至破坏，通过量测施加的压力和土变形之间的关系，可得到地基土在水平方向上的应力—应变关系。它是岩土工程勘察中的一种常用的原位测试技术，又称横压试验。实质上是一种利用钻孔做的原位横向载荷试验。

旁压试验适用于测定黏性土、粉土、砂土、碎石土、软质岩石和风化岩的承载力、旁压模量和应力—应变关系等。

(一)试验设备

旁压仪可以分为预钻式旁压仪和自钻式旁压仪。

旁压仪主要由旁压器(也称探头)、加压稳定装置、变形量测系统和管路四部分组成(见图 5-26)。

(二)旁压仪工作原理

当水箱中的水注满旁压仪的三腔并返回测管和辅管后,加压装置所加的气压通过高压调压阀控制预定压力,直接传到测管的辅管水面,使气压转变为水压,并将压力传递给放在钻孔中的旁压器,旁压器弹性膜受力后膨胀,从而对孔壁土体施加侧向压力,形成均匀的圆柱形应力区,导致土体变形并引起测管水位下降。根据试验压力和测管水位下降值之间的关系,可以得到应力大小与土体变形随着时间变化的规律。然后,绘制应力—应变关系曲线,通过曲线形态分析及利用有关公式,可求得土体力学性质的有关参数。

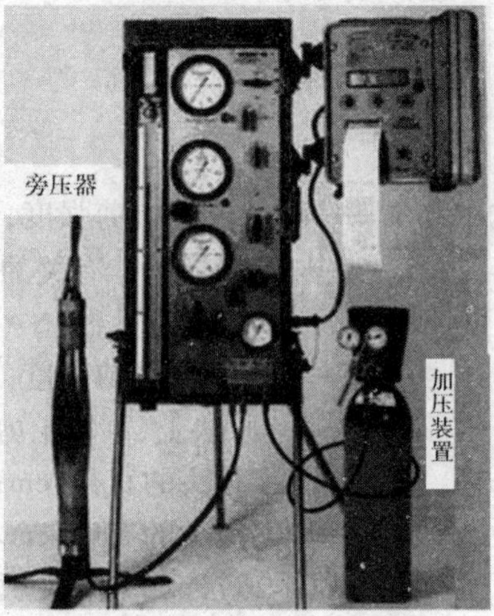

图 5-26 梅纳德型旁压器

(三)预钻式旁压试验的现场测试要点

1. 旁压测试仪器的率定

在试验中为了能有效地反映孔壁土体的压力与变形的关系,在进行旁压试验的测试时,仪器本身会由于材料的受力变形而引起误差,在进行试验前,必须进行弹性膜约束力的率定和仪器管路综合变形率定测试。

2. 试验前旁压仪的调试

开始试验前,首先对仪器进行调试,其目的是检查仪器是否正常;倘有异常现象应及时排除,以免工作中断。

3. 试验成孔

(1)试验位置的确定。在均质土中一般 1 m 安排一个试验点,这样可了解沿深度范围内地基土层数的变化,对地基土进行评价。对于成层的土层,要求试验位置安排在同一层中,每层土不应少于 1 个测点,厚度大于 3 m 的土层,不应少于 2 个测点。

(2)试验前,应平整试验场地,合理确定旁压孔的数目、布置方式及测试深度。

4. 试验前准备

(1)水箱注水。

(2)接通管路。

(3)向旁压器和变形测量系统注水。

(4)调零和放入旁压器。

(5)试验开始。

首先,打开测管阀和辅管阀,此时旁压器内产生静水压力,该压力即为第一级压力。稳定后,读出测管水位下降值。

然后,可采用氮气加压和高压打气筒两种方式加压,逐级加压,并测记各级压力下的测管水位下降值。

1）加压等级

通常分为10个（或7～14个）相等的压力等级。

2）加荷稳定标准

相关规范推荐采用1 min或2 min，按下列时间顺序测记测管水位下降值（或体积V）：

（1）观测时间为1 min时：15 s，30 s，60 s。

（2）观测时间为2 min时：15 s，30 s，60 s，120 s。

对黏性土来说，基本上相当于不排水快剪的情况。

3）静水压力的确定

当旁压器放到预定位置后，打开测管阀和辅管阀，这时旁压器内的压力为从测管零刻度算起的静水压力，可采用下式计算：

无地下水时： $$P_w=(h_0+z)\gamma_w \tag{5-28}$$

有地下水时： $$P_w=(h_0+h_w)\gamma_w \tag{5-29}$$

式中 h_0——测管水面离孔口的高度，m；

z——地面至旁压器中腔中点的距离，m；

h_w——地下水位离孔口的距离，m；

γ_w——水的容重，10 kN/m^3。

4）终止试验

压力达到仪器的最大额定值，或测管水位下降值接近最大允许值时终止试验。

5）试验记录

进行旁压试验，应在现场做好记录。其内容包括：所用旁压器型号、弹性膜编号及其率定结果、成孔工具、土层描述、地下水位、正式试验时的各级压力及相应的测管水位下降值（见表5-15）。

表5-15 旁压试验记录表

年 月 日

工程编号		委托单位		工程名称						
试验编号		孔口标高（m）		试验深度（m）		地下水位（m）				
测管水面离孔口的高度（m）				旁压器中腔受静水压力（kPa）						
试验土层描述				备注						
压力p（kPa）				测管水位下降值s（cm）（累计值）						
压力表读数	总压力	校正值	校正后	0分	1分	2分	3分		校正值	校正后

记录员： 计算： 核对：

(四)试验资料整理

旁压试验最后得到压力与变形的关系曲线(即 p—s、p—V 曲线),可从曲线上求出一些和土的性质有关的参数。

1. 数据校正

在绘制 p—s 曲线之前,需要对试验记录中的各级压力进行校正:

$$p = p_m + p_w - p_i \tag{5-30}$$

式中　p——校正后的压力,kPa;

p_m——压力表读数,kPa;

p_w——静水压力,kPa,有地下水时,$p_w=(h_0+h_w)\gamma_w$,无地下水时,$p_w=(h_0+z)\gamma_w$,其中 h_0 为量管水面离孔口的高度(m),z 为地面至旁压器中腔中点的距离(m),h_w 为地下水位离孔口的距离(m),γ 为水的容重(10 kN/m^3);

p_i——弹性膜约束力,曲线上与测管水位下降值或所对应的体积相对应的弹性膜约束力,kPa;

2. 作图

绘制旁压压力 p 与测管水位下降值 s 之间的曲线。一般以校正后 p(压力)为纵坐标,水位下降值 s 为横坐标作图,绘制 p—s 曲线时,先用直尺连直线段,再用曲线板连接首曲线段和尾曲线段,连接处要圆滑。

3. 特征值的确定和计算

利用旁压试验确定土体的工程地质性质指标,首先要从旁压试验的曲线上几个特征段落上确定其特征值。典型的预钻式旁压曲线有三个变形阶段(见图 5-27)。

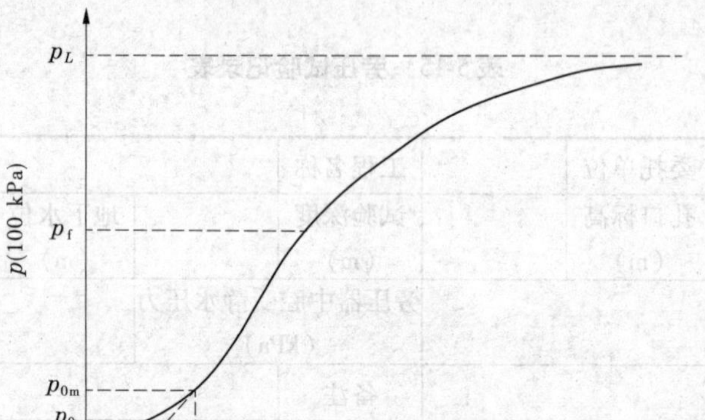

图 5-27　预钻式旁压曲线及特征值

按下式计算地基承载力特征值 f_{ak}:

$$f_{ak} = p_f - p_0 \tag{5-31}$$

式中　p_f——p—s 曲线上直线段终点所对应的压力值;

p_0——岩土体原位水平应力值,也可由 p—s 曲线上按一定规则求得。

4. 试验成果应用

旁压测试在实质上是一种横向载荷试验,主要用来确定地基承载力。

我国目前基本上采用临塑荷载和极限荷载两种方法来确定地基土体的容许承载力。

1)水利部行业标准《土工试验规程》(SL 237—1999)规定的方法

(1)临塑荷载法。在应用旁压测试确定地基承载力特征值f_{ak}时,采用下式:

$$f_{ak} = p_f - p_0 \tag{5-32}$$

式中 f_{ak}——地基承载力,kPa。

(2)极限荷载法。对于红黏土、淤泥等,其旁压曲线经过临塑压力后,急剧拐弯;破坏时的极限压力与临塑压力之比(p_L/p_f)小于1.7。为安全起见,采用极限荷载法为宜:

$$f_0 = \frac{p_L - p_0}{F} \tag{5-33}$$

式中 F——安全系数,一般取2~3。

对于一般土体,宜采用临塑荷载法,对旁压曲线过临塑压力后急剧变陡的土,宜采用极限荷载法来确定地基土承载力。

2)《高层建筑岩土工程勘察规程》(JGJ 72—2004)规定的方法

该规范推荐地基承载力特征值f_{ak},按下式计算:

$$\begin{aligned} f_{ak} &= \lambda_1(p_f - p_0) \\ f_{ak} &= \lambda_2(p_L - p_0) \end{aligned} \tag{5-34}$$

式中 λ_1、λ_2——修正系数。

λ_1对于一般黏性土,可结合各地区工程经验取值;具体取值可参照《高层建筑岩土工程勘察规程》(JGJ 72—2004);λ_2对于黏性土取0.42~0.50,粉土取0.30~0.43,砂土取0.25~0.37。也可根据经验取值,但λ_1不应大于1.0,λ_2不应大于0.5。

此外,还可以确定地基土变形模量E_0,预估浅基础的沉降变形量、检验地基加固效果、估算桩的承载力等。

三、扁铲侧胀试验

扁铲侧胀试验(简称扁胀试验)是用静力(有时也用锤击动力)把一扁铲形探头贯入土中,达到试验深度后,利用气压使扁铲侧面的圆形钢膜向外扩张进行试验,它可以作为一种特殊的旁压试验。它的优点在于简单、快速、重复性好、便宜。

扁胀试验适用于一般黏性土、粉土、中密以下砂土、黄土等,不适用于含碎石的土、风化岩等。

(一)扁铲试验的基本原理

绝缘体将基座与扁铲体隔离,基座与测控箱电源正极相连,而钢膜片通过地线与测控箱的负极相连,在自然状态下彼此之间被绝缘体分开,电路处于断开状态,膜片受土压力作用向内收缩与基座接触,或是受气压作用使膜向外膨胀,钢柱在弹簧作用下与基座接触时,电路形成回路,使测控箱上的蜂鸣器响起。

(二)扁胀试验设备

扁铲形探头(长230~240 mm、宽94~96 mm、厚14~16 mm)(见图5-28),测控箱,气压源,贯入设备。

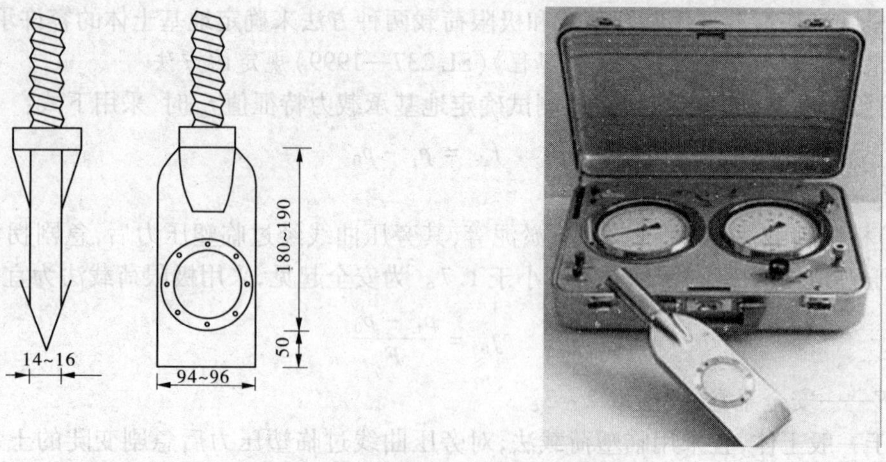

图 5-28　扁铲形探头　（单位：mm）

（三）扁胀试验技术要求

（1）试验时，测定三个读数 A、B、C。读数 A 为当膜片中心向外扩张，距离基座 0.05（+0.02，−0.00）mm时的气压值。读数 B 为膜片中心距离基座（1.10 ±0.03）mm时的气压值。读数 C 为释放气压，使膜片内缩到距离基座 0.05 mm 时的气压值。

（2）膜片的标定。通过在大气压下标定膜片中心外移 0.05 mm 和 1.10 mm 所需的压力 ΔA 和 ΔB，标定应重复多次，取 ΔA、ΔB 的平均值。

（3）连接气、电管路，钻机开孔锤击贯入探头，贯入过程中排气阀始终打开。

（4）关闭排气阀，缓慢打开微调阀，蜂鸣的瞬间记下 A 读数气压值。

（5）继续缓慢加压，直到蜂鸣器响时，记下 B 读数气压值。

（6）立即打开排气阀，并关闭微调阀，蜂鸣器响时，记下 C 读数气压值。

（7）贯入下一点指定深度，重复下一次试验。

（8）若要估算原位的水平固结系数 C_h，可进行扁胀消散试验，从卸除推力开始，记录压力 C 随时间 t 的变化，记录时间可按 1 min、2 min、4 min、8 min、15 min、30 min、…安排，直至 C 压力的消散超过 50%。

注意以下几点：

（1）加压速率应控制在一定范围，压力从 0 到 A 值应控制在 15 s 之内测得，B 值应在 A 读数后的 15 ~ 20 s 获得，C 值应在 B 值读数后 1 min 获得。

（2）试验过程中应注意校核差值 $B - A$ 是否出现 $(B - A) < (\Delta A + \Delta B)$，如果出现，应停止试验，检查原因，是否需要更换膜片。

（3）试验后应对扁铲形探头进行率定，获得试验后的 ΔA 和 ΔB，试验前后 ΔA 和 ΔB 相差不应超过 25 kPa，否则试验数据不能使用。

（四）扁胀试验的资料整理

（1）根据 A、B、C 压力及 ΔA、ΔB 计算 p_0、p_1 和 p_2，并绘制 p_0、p_1、p_2 与深度的变化曲线。

$$p_0 = 1.05(A - Z_M + \Delta A) - 0.05(B - Z_M - \Delta B) \tag{5-35}$$

$$p_1 = B - Z_M - \Delta B \tag{5-36}$$

$$p_2 = C - Z_M + \Delta A \tag{5-37}$$

式中 p_0——扁铲感应盘面"零位置"处的接触土压力；

p_1——膜片位移为1.10 mm时即B位置处的土压力；

p_2——膜片回复至A位置时的终止土压力；

Z_M——压力表在大气压力下的零读数。

(2)绘制E_D、I_D、K_D和U_D与深度的变化曲线。

扁胀指数I_D为

$$I_D = \frac{p_1 - p_0}{p_0 - u_0} \tag{5-38}$$

水平应力指数K_D为

$$K_D = \frac{p_0 - u_0}{\sigma'_{v0}} \tag{5-39}$$

式中 p_0——水平有效应力；

σ'_{v0}——竖向有效应力。

扁胀模量E_D为 $$E_D = 34.7\Delta p = 34.7(p_1 - p_0) \tag{5-40}$$

扁胀孔压指数U_D为 $$U_D = \frac{p_2 - u_0}{p_0 - u_0} \tag{5-41}$$

(五)扁胀试验的应用

1.划分土类

根据扁胀指数I_D划分土类，见表5-16。

表5-16 扁胀脂数与土类划分

I_D	<0.1	0.1~0.3	0.3~0.6	0.6~1.8	>1.8
土类	泥炭及灵敏性黏土	黏土	粉质黏土	粉土	砂土

2.超固结比OCR

黏性土的OCR根据水平应力指数K_D来确定，正常固结黏性土中$K_D \approx 2$。

对于无胶结的黏性土，$I_D \leqslant 1.2$，可用K_D评定土的超固结比：

$$OCR = 0.5K_D^{1.56} \tag{5-42}$$

砂土的OCR比较复杂，可用M_{DMT}/q_c近似估计OCR，正常固结土的比值为5~10，超固结土的比值为12~24。

3.静止侧压力系数K_0

通过经验可建立静止侧压力系数K_0与水平应力指数K_D的关系式。

Marchetti(1980)根据意大利黏土的试验经验得出：

$$K_0 = \left(\frac{K_D}{1.5}\right)^{0.47} - 0.6 \quad (I_D \leqslant 1.2) \tag{5-43}$$

4.不排水抗剪强度C_u

Marchetti(1980)提出：

$$\frac{C_u}{\sigma'_{v0}} = 0.22(0.5K_D)^{1.25} \tag{5-44}$$

小 结

原位测试技术是岩土工程勘察中的一项极其重要的技术手段，它是在保持岩土体原来状态不变的条件下测定岩土体的工程力学性质指标。本项目主要介绍了载荷试验、静力触探试验、圆锥动力触探试验、标准贯入试验、十字板剪切试验、旁压试验和扁铲侧胀试验。就其试验原理、试验方法、数据处理和成果应用做了简要阐述。需要强调的是，各种原位测试有其适用条件，有些理论往往建立在统计经验的关系上等。影响原位测试成果的因素较为复杂，原位测试成果的使用应考虑地区性和经验性。

技能训练

某建筑场地的地基土为较均匀的硬塑状粉质黏土，现采用面积为0.5 m^2的刚性圆形压板进行测试，所得3个试验点在各级荷载作用下的沉降观测数据如表5-17所示。试绘出3个点的p—s曲线，并计算该场地的地基承载力特征值f_{ak}。

表5-17 沉降观测数据

荷载(kPa)	试验点沉降值(mm)		
	1#	2#	3#
0	0	0	0
50	1.27	1.15	1.32
100	2.61	2.42	2.66
150	3.84	3.78	3.91
200	5.12	5.09	5.42
250	6.58	6.31	7.03
300	11.78	9.27	12.11
350	19.25	15.33	21.75
400	28.42	25.10	40.44
450	45.31	41.87	—

项目六　地下水勘察与评价

学习目标

一、知识目标

1. 了解地下水勘察的基本要求。
2. 掌握水文地质参数的测定方法。
3. 掌握地下水对岩土工程的影响及对地下水的勘察评价要求。

二、能力目标

1. 能初步进行岩土工程勘察工作中地下水勘察。
2. 能进行水文地质参数的测定。
3. 具备地下水对岩土工程的影响评价能力。

【导入】

在工程建设中,地下水的存在与否对建筑工程的安全和稳定有很大的影响。地下水在岩土工程勘察、设计和施工过程中始终是一个极为重要的问题。地下水既作为岩土体的组成部分直接影响岩土性状与力学性能,又作为工程建筑物的环境,影响工程建筑物的稳定性和耐久性。由于地下水会对岩土体及建筑物(或构筑物)产生作用以及给工程施工带来各种问题,所以在岩土工程勘察时,应着眼于建筑工程的设计和施工需要,提供地下水的完整资料,评价地下水的作用和影响,预测地下水可能带来的后果并提出工程措施。

【预备知识】　地下水对岩土工程的影响及作用原理

1. 地下水的静水压力及浮托作用

地下水对水位以下的岩土体有静水压力的作用,并产生浮托力。

当建筑物位于粉土、砂土、碎石土和节理裂隙发育的岩石地基上时,按设计水位100%计算浮托力;当建筑物位于节理裂隙不发育的岩石地基上时,按设计水位的50%计算浮托力。当建筑位于黏性土地基上时,其浮托力较难确切地确定,应结合地区的实际经验考虑。《建筑地基基础设计规范》(GB 50007—2011)规定,确定地基承载力设计值时,无论是基础底面以下的天然容重还是基础底面以上土的加权平均容重的确定,地下水位以下均取有效容重。一般来说,土体的有效容重是饱和容重的1/2。由此可知,有地下水存在时,由于地下水对土体的浮托力的作用,土体的有效重量将减轻50%。

2. 地下水的潜蚀作用

潜蚀作用通常产生于粉细砂、粉土地层中,即在施工降水等活动过程中产生水头差,在动水压力作用下,土颗粒受到冲刷,将细颗粒冲走,使土的结构遭到破坏。

3. 流砂现象

流砂现象通常也是在粉细砂和粉土地层中产生,即粉细砂和粉土被水饱和产生流动的现象。

4. 基坑突涌

当基坑下部有承压水层时,应评价基坑开挖所引起的承压水头压力。冲毁基坑底板造成突涌的可能性,通常是按压力平衡进行验算的。

5. 地面沉降

在进行基坑降水或工程排水时,在地下水位下降的影响范围内,应考虑由于排水是否能够造成地面沉降及其对工程以及邻近建筑物的危害。特别是对于欠固结饱和土体以及部分正常固结的饱和土体影响很大,随着水位的降低,孔隙水压力逐渐减小,从而引起土层压缩,导致地面沉降。

此外,在验算边坡稳定性以及挡土墙压力时,应考虑地下水及其动水压力的不利影响。在基坑疏干排水时应对土的渗透性、涌水量进行计算与评价。

6. 水和土对建筑材料的腐蚀性

建筑工程的基础通常都埋于地下,周围的土和地下水中的有害离子成分会对建筑物的混凝土和钢筋产生腐蚀作用。这种腐蚀作用对建筑材料的危害很大,尽管在建筑设计时,考虑到水和土对建筑物的腐蚀作用,采取了相应的防护措施,但仍然会对建筑物造成破坏,严重时会影响建筑物的安全与稳定。

《建筑地基基础设计规范》(GB 50007—2011)规定,当基础处于侵蚀性环境或受温度影响时,尚应符合国家现行的有关强制性规范的规定,采取相应的防护措施。因而在勘察中,除对有足够经验和充分资料的地区可以不进行水、土腐蚀性评价外,其他地区均应采取水、土试样,进行腐蚀性分析。

单元一 地下水勘察与取样

在建筑物的设计中,需要考虑地下水对建筑物的作用和影响,重视对地下水的勘测,并采取相应的措施,以减少地下水对建筑物的不利影响。

一、明确地下水的勘察要求

岩土工程勘察应根据工程要求,通过收集资料和勘察工作,掌握下列水文地质条件:

(1)地下水的类型和赋存状态。查清地下水的埋藏条件和类型,判断地下水是潜水还是承压水,根据含水介质的类型,确定地下水是孔隙水、裂隙水还是岩溶水。

(2)主要含水层的分布规律。查清含水层和隔水层的厚度、空间变化情况等。

(3)区域性气候资料,如年降水量、蒸发量及其变化和对地下水位的影响。

(4)地下水的补给排泄条件、地表水与地下水的补排关系及其对地下水位的影响。

(5)勘察时的地下水位、历史最高地下水位、近 3 ~5 年最高地下水位、水位变化趋势和主要影响因素。

(6)是否存在对地下水和地表水的污染源及其可能的污染程度。

对常年缺乏地下水位监测资料的地区,在高层建筑或重大工程的初步勘察时,宜设置长期观测孔,对有关层位的地下水进行长期观测。

二、水试样的采取和试验

水试样的采取和试验应符合下列规定:

(1)水试样应能代表天然条件下的客观水质情况,采集钻孔、观测孔、民井和观测井、探井(坑)中刚从含水层进来的新鲜水。

(2)泉水应在泉口处取样。

(3)水试样应及时试验,清洁水放置时间不宜超过 72 h,稍受污染的水不宜超过 48 h,受污染的水不宜超过 12 h。

【知识链接】

对高层建筑或重大工程的岩土工程,例如大型滑坡、边坡、水利工程、深基坑工程等,当水文地质条件对地基、基础、岩土工程稳定、工程降水有重大影响时,宜进行专门的水文地质勘察工作。

专门的水文地质勘察应符合下列要求:

(1)查明含水层和隔水层的埋藏条件,地下水类型、流向、水位及其动态变化。

(2)当场地有多层对工程有影响的地下水时,应分层量测地下水位,并查明隔水层、含水层之间的水力联系及其补给关系。

(3)查明场地地质条件对地下水赋存和渗流状态的影响;必要时应设置观测孔,或在不同深度处埋设孔隙水压力计,量测压力水头随深度的变化。

(4)通过现场试验和室内试验,测定地层渗透系数等水文地质参数。

(5)在冻土地区,应评价地下水对土的冻胀和融陷的影响。

三、现场水文地质勘察

(一)地下水位测定

地下水位测定所应用的水位计类型可按测试精度和要求选用测钟、电池水位计或自动水位记录仪。初见水位和稳定水位可在钻孔、探井或测压管内直接量测,稳定水位的间隔时间按地层的渗透性确定,对砂土和碎石土不得少于 0.5 h,对粉土和黏性土不得少于 8 h,并宜在勘察结束后统一量测稳定水位。量测读数至厘米,精度不得低于 ±2 cm。

(二)地下水流向、流速测定

测定地下水流向宜采用几何法,即沿等边三角形顶点布置三个钻孔,孔距 50 ~ 100 m(水力坡降越小,钻孔间距应越大),同时量测各钻孔内水位,用等水位线的垂线确定流向(如图 6-1 所示)。

地下水流速的测定宜采用指示剂法。当地下水流向确定后,沿流向线布置两个钻孔,上游钻孔投放指示剂,下游钻孔进行观测,指示剂投放孔与观测孔的距离由含水层的透水条件确定,见表 6-1。为避免指示剂绕观测孔流过,可在观测孔两侧 0.5 ~ 1.0 m 处各布置一辅助观测孔，见图 6-2。按下式计算流速：

$$u = l/t \tag{6-1}$$

式中　u——地下水实际流速，m/h；

l——指示剂投放孔与观测孔距，m；

t——观测孔内指示剂出现所需时间，h。

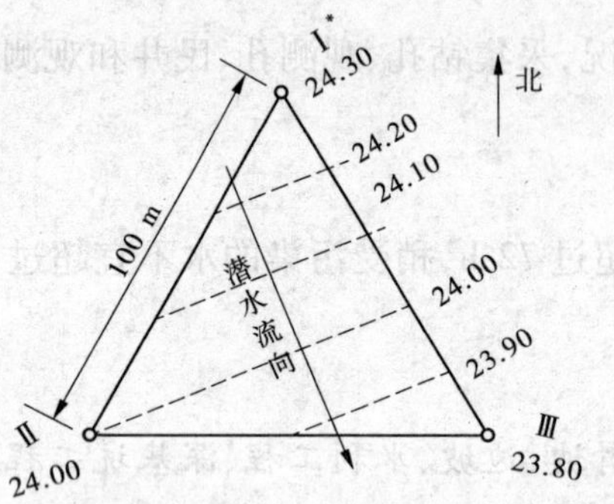

图 6-1　确定水流流向示意图

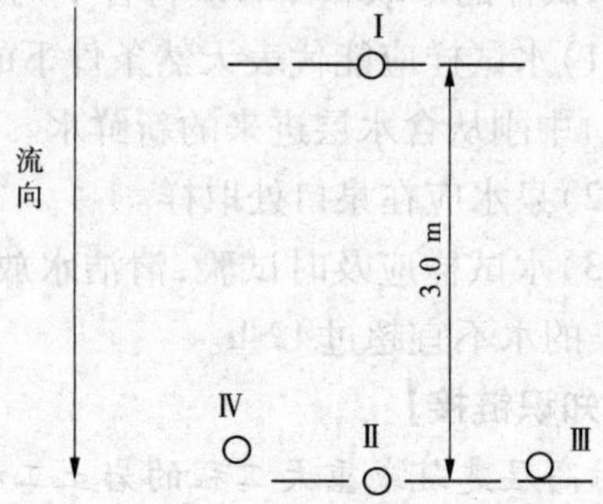

Ⅰ—投剂孔；Ⅱ—主要观测孔；Ⅲ、Ⅳ—辅助观测孔

图 6-2　测定地下水流速钻孔分布示意图

表 6-1　指示剂投放孔与观测孔间距

含水层条件	距离(m)
粉土	1~2
细粒砂	2~5
含砾粗砂	5~15
裂隙发育的岩石	10~15
岩溶发育的石灰岩	>50

(三)渗透系数的测定

根据场地水文地质条件以及岩土工程设计施工的需要，渗透系数的测定可选择抽水试验、注水试验或压水试验等方法。

1. 抽水试验

抽水试验是岩土工程勘察中查明建筑场地的地层渗透性和富水性，测定有关水文地质参数常用的方法之一。抽水试验方法可按表 6-2 的规定选用。抽水试验分稳定流抽水试验和非稳定流抽水试验两种类型。

表 6-2 抽水试验方法和应用范围

试验方法	应用范围
钻孔或探井简易抽水	粗略估算弱透水层的渗透系数
不带观测孔抽水	初步测定含水层的渗透系数
带观测孔抽水	较准确测定含水层的各种参数

1）稳定流抽水试验

抽水量与水位降深在规定的稳定延续时间内不随时间而变化，同时相对稳定，宜进行三次降深，最大降深应接近工程设计所需的地下水位。按裘布依的基本公式或推导公式计算渗透系数，具体可查阅有关水文地质手册。

2）非稳定流抽水试验

抽水量与水位降深随抽水时间的延续而变化。抽水降深应接近工程设计所需的地下水位。按泰斯基本公式或推导的公式计算渗透系数。具体请查阅有关水文地质手册。

抽水孔位置应根据试验的目的，结合场地水文地质条件、地形地貌条件等，布置在有代表性的地段。

观测孔的布置应围绕抽水孔，可布置 1 ~ 2 排，首先应布置在与地下水流向相垂直的方向上，当布置两排时，另一排应布置在平行于地下水流向的方向上。与抽水孔的距离以 1 ~ 2 个含水层厚度为宜，并掌握近抽水孔处较密，远抽水孔处较稀，透水性强的岩土较透水性弱的岩土距离较稀的原则。观测孔深度一般要求进入抽水试验段厚度之中，若为非均质含水层，观测孔的深度应与抽水孔相一致。

2. 注水试验

注水试验可在试坑或钻孔中进行。对于毛细管力作用不大的砂土和粉土，宜采用试坑法或试坑单环法；对于黏性土，宜采用试坑双环法；当地下水位埋藏较深时，宜采用钻孔注水试验法。

3. 压水试验

在坚硬及半坚硬岩土层中，当地下水距地表很深时，常用压水试验测定岩层的透水性，多用于水库工程。

压水试验孔位，应根据工程地质测绘和钻探资料，结合工程类型、特点确定。并按照岩层的不同特性划分试验段，试验段的长度宜为 5 ~ 10 m。

压入水量是在某一个确定压力作用下，压入水量呈稳定状态的流量。当控制某一设计压力值呈现稳定后，每隔 10 mm 测读压入水量，连续 4 次读数的最大差值小于最终值 5% 时为本级压力的最终压入水量。

根据压水试验成果可计算渗透系数 K。

当试验段底板距离隔水层顶板的厚度大于试验段长度时，按式(6-2)计算：

$$K = 0.527 \frac{Q}{LP} \lg \frac{0.66L}{r} \tag{6-2}$$

式中 K——渗透系数，m/d；

Q——钻孔压水的稳定流量，L/min；

L——试验段长度，m；

P——该试验段压水时所加的总压力，N/cm^2；

r——钻孔半径，m。

当试验段底板距离隔水层顶板之间厚度小于试验段长度时，按式(6-3)计算：

$$K = 0.527 \frac{Q}{LP} \lg \frac{1.32L}{r} \tag{6-3}$$

式中各符号意义同式(6-2)。

(四)毛细水上升高度测定

由毛细力支持充填在岩土微细孔隙中的水称为毛细水；地下水面以上被毛细水饱和的部分称为毛细水带；微细间隙和孔隙中的水在毛细力的吸引下自然上升的高度即为毛细水上升高度。毛细水能做垂直运动，传递静水压力，对土的工程性质有一定影响。毛细水上升高度的测定可按以下方法确定。

1. 试坑直接观测法

试坑直接观测法适用于毛细水上升高度较大的粉土、黏性土。其方法是在试坑中观察坑壁潮湿变化情况，在干湿明显交界处为毛细水上升带的分界点，该点至地下水静止水面的距离即为毛细水上升高度。

2. 塑限含水量法

塑限含水量法适用于粉土、黏性土。自地面至地下水面每隔 15 ~ 20 cm 取土样测定天然含水量与塑限含水量，并分别绘出其随深度的变化曲线，两线的交点到地下水面的高度，即为毛细水上升高度。

3. 最大分子吸水量法

最大分子吸水量法适用于砂土，对中、粗砂用高柱法测定，对粉、细砂用吸水介质法测定。以最大分子吸水量与天然含水量曲线的交点至地下水面的距离为毛细水上升高度。

(五)孔隙水压力的测定

在饱和的地基土层中进行地基处理和基础施工过程中，往往产生孔隙水压力的变化，而孔隙水压力对土体的变形和稳定性有很大影响，因此在工程施工中对土体中孔隙水压力的量测非常重要。

孔隙水压力测试点应根据地层岩性、渗透性能的变化、工程性质以及基础形式等进行布置。孔隙水压力的测定方法可按表 6-3 确定。

测压计的安装埋设要符合有关安装技术规定，并按照各压力计使用说明给出的计算公式计算土中孔隙水压力，经数据分析整理计算后，出现异常时应找出原因，并采取相应措施。

(六)水样采集

水试样采集的一般要求如下：

(1)取水容器一般为塑料瓶或带磨口玻璃塞的玻璃瓶，且取样前必须用蒸馏水清洗干净。取样时先用所取的水冲洗瓶塞和容器三次，然后将水试样缓慢注入容器，其顶部应留出 10 ~ 20 mm 空间。瓶口应采用石蜡封口，并做好采样记录，贴好水试样标签，填写送样清单，尽快送实验室进行检验。

表 6-3 孔隙水压力测定方法和适用条件

仪器类型		适用条件	测定方法
测压计式	立管式测压计	渗透系数大于 10^{-4} cm/s 的均匀孔隙含水层	将带有过滤器的测压管打入土层，直接在管内测量
	水压式测压计	渗透系数低的土层，量测由潮汐涨落、挖方引起的压力变化	用装在孔壁的小型测压计探头，地下水压力通过塑料管传至水银压力计测定
	电测式测压计（电阻应变式、钢弦应变式）	各种土层	孔压通过透水石传导至膜片，引起挠度变化，用接收仪测定
	气动测压计	各种土层	利用两根排气管使压力为常数，传来的孔压在透水元件中的水压阀产生压差测定
孔压静力触探仪		各种土层	在探头上装有多孔透水过滤器、压力传感器，在贯入过程中测定

（2）取不稳定成分的水试样时，例如，当水中含有游离 CO_2 时，应及时加入稳定剂，并严防杂物混入，具体见表 6-4。

表 6-4 含有某些不稳定成分水试样的采集方法

须专门测定的不稳定成分	取样数量（L）	处置方法及加入稳定剂数量	注意事项
侵蚀性 CO_2	0.25～0.3	加 2～3 g 大理石粉	同时取简（全）分析试样
总硫化物	0.3～0.5	加 10 mL 1∶3 醋酸镉溶液或加 2～3 mL 25% 的醋酸锌溶液和 1 mL 4% 的氢氧化钠溶液	称水样（带瓶子）的重量
铁	0.5	淡水加 15～20 mL 醋酸—醋酸盐缓冲溶液（pH＝4）；矾水及酸性水加 5 mL 1∶1 硫酸溶液及 0.5～1.0 g 硫酸铵	所用盐酸不应含有欲测的金属离子，严格防止砂土颗粒混入
溶解氧	0.3	加 13 mL 碱性碘化钾溶液，然后加 3 mL 氯化锰，摇匀密封。当水样含有大量有机物及还原物质时，首先加入 0.5 mL 溴水（或高锰酸钾溶液）摇匀放置 24 h，然后放入 0.5 mL 水杨酸溶液，再按上述步骤进行	事先称取样瓶的容量，取样时注意瓶内不应留有空气并记录加入试剂总体积和水温
氮	1.0	加 0.7 mL 浓硫酸酸化	保持冷凉，尽快运送进行试验

（3）水试样送检过程中，应采取防冻及防暴晒措施，且存放期限不得超过水试样最大保

存期限。

(4)水试样采集数量：简分析一般取水量为 500～1 000 mL，全分析一般取水量为 2 000～3 000 mL。

【小贴士】

在勘察过程中，与地下水相关的工作主要有以下几点：

(1)确定场区有无地下水。

(2)量测真实的地下水位。

(3)查清含水层分层情况。

(4)如果需要做抽水试验，需要确定试验孔位置、孔径、孔深、水泵等。

(5)如何采取代表性的水样。

(6)勘察报告中需绘制等水位线图。

(7)查清地下水腐蚀性，做出相应的评价。

(8)在勘察报告中评价地下水对工程的影响。

【知识链接】

(1)自然界中岩土体的孔隙中赋存着各种形式的水，按物理性质的不同，可分为气态水、结合水、重力水、毛细水和固态水等。

气态水，水呈气体状态，和气体一起充填在非饱和土的孔隙中，气态水可从湿度相对较大的地方向较小的地方移动。

重力水，存在于地下水位以下透水层中的地下水，在重力或压力差的作用下在岩土层中流动。对土颗粒有浮力作用，能传递静水压力和动水压力，当重力水在土体孔隙中流动时，对所流经的土体施加渗透力，重力水的存在直接影响土体中的应力状态的分布。

结合水，是土颗粒表面分子吸附于土粒表面的一层水，分为强结合水和弱结合水，强结合水性质接近固体，可以抗剪切，但不能传递静水压力，黏性土仅含强结合水时呈固态。弱结合水不能在孔隙中自由流动，但会使土具有塑性、黏性，影响土的压缩性和强度，并使土的透水性变小。

毛细水是填充在岩土细小孔隙中的水，它能垂直上下运动，传递静水压力，在工程中，毛细水对建筑物地下部分的防潮措施及地基土的浸湿和冻胀等都有重要影响。

固态水即地面温度降至零度以下时，形成的冻土里的水，某些细粒土在冻结时会发生体积膨胀，即冻胀现象。土体冻胀后，土的孔隙增大，结构变松，解冻后土的压缩性增大，强度降低。

(2)根据地下水的埋藏条件可将地下水区分为包气带水、潜水和承压水。包气带水是指埋藏在包气带中，没有充满岩石空隙的水。潜水是指饱水带中第一个具有自由表面的含水层中的水。承压水是充满于两个隔水层之间的承受一定压力的水。

(3)根据含水层孔隙性质的不同，又可划分为孔隙水、裂隙水和岩溶水。

【案例 6-1】 某工程主要由 6 栋(20～32 层不等)公寓和三栋商业楼及两层地下室组成，某勘察设计院对其进行了详勘，关于地下水方面主要工作有：查明建筑物范围内地下水类型、埋藏情况、渗透性及对混凝土的腐蚀性，提出降水方案及抗浮设计水位等建议。

在勘探深度内所揭露的地层自上而下为：第四系全新统人工填土层和第四系上更新统冲洪积层，对其中的两个勘察孔进行了地下水勘察，并取水样 3 个，分析表明场地地下水为埋藏于第四系砂、卵石层中的孔隙水，微具承压。大气降水和区域地下水为其主要补给源。砂、卵石层为主要含水层，具较强渗透性，渗透系数可取22 m/d。

受周边场地降水影响，场地地下水埋藏较深，勘探结束后，测得孔隙水稳定水位埋深为6.7～8.4 m，相应标高为488.77～486.9 m。

本次勘察为平水期。根据区域水文地质资料，本地区丰水期正常地下水位埋深为5.5 m左右，最高历史水位埋深在5.0 m左右（相应标高491.50 m）。

单元二　地下水作用评价

一、地下水力学作用和物理化学作用评价

根据《岩土工程勘察规范》（GB 50021—2001）（2009年版），地下水对岩土体及建筑物的作用，按其机制可以划分为两类，即力学作用和物理化学作用。

（一）地下水力学作用的评价

地下水力学作用的评价应包括下列内容：

（1）对基础、地下结构物和挡土墙，应考虑在最不利组合情况下，地下水对结构物的上浮作用，原则上应按设计水位计算浮力；对节理不发育的岩石和黏土且有地方经验或实测数据时，可根据经验确定。

（2）验算边坡稳定时，应考虑地下水及其动水压力对边坡稳定的不利影响。

（3）在地下水位下降的影响范围内，应考虑地面沉降及其对工程的影响（见图6-3）；当地下水位回升时，应考虑可能引起的回弹和附加的浮托力。

图6-3　地下水位下降导致的地面沉降

（4）当墙背填土为粉砂、粉土或黏性土，验算支挡结构物的稳定时，应根据不同排水条件评价静水压力、动水压力对支挡结构物的作用。

（5）在有水头压差的粉细砂、粉土地层中，应评价产生潜蚀、流砂、涌土、管涌（见图6-4）的可能性。

（6）在地下水位下开挖基坑或地下工程时，应根据岩土的渗透性、地下水补给条件，分析评价降水或隔水措施的可行性及其对基坑稳定和邻近工程的影响。

图 6-4　管涌导致的渗透破坏

(二)地下水的物理化学作用的评价

地下水的物理化学作用的评价应包括下列内容：

(1)对地下水位以下的工程结构,应评价地下水对混凝土、金属材料的腐蚀性,评价方法应按规范执行。

(2)对软质岩石、强风化岩石、残积土、湿陷性土、膨胀岩土和盐渍岩土,应评价地下水的聚集和散失所产生的软化、崩解、湿陷、胀缩和潜蚀等有害作用。

(3)在冻土地区,应评价地下水对土的冻胀和融陷的影响。

(三)工程降水评价要求

对地下水采取降低水位措施时,应符合下列规定：

(1)施工中地下水位应保持在基坑底面以下 0.5 ~ 1.5 m。

(2)降水过程中应采取有效措施,防止土颗粒的流失。

(3)防止深层承压水引起的突涌,必要时应采取措施降低基坑下的承压水头。

(4)当需要进行工程降水时,应根据含水层渗透性和降深要求,选用适当的降低水位方法。

几种方法有互补性时,亦可组合使用。

(四)水和土的腐蚀性评价

岩土工程勘察时,除按含水层埋藏条件划分地下水类型、测定初见水位和稳定水位、评价地下水的动力作用和物理化学作用外,由于地下水中所含的侵蚀性 CO_2、SO_4^{2-}、Cl^-、H^+ 等介质对混凝土结构和钢结构及设备的腐蚀破坏也是比较明显的(见图 6-5),故在工程上要对地下水和土的腐蚀性进行评价。

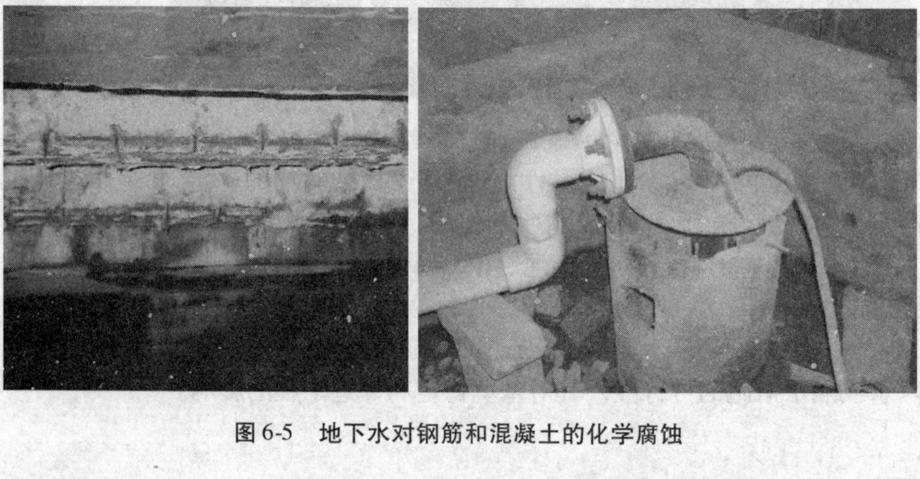

图 6-5　地下水对钢筋和混凝土的化学腐蚀

【小贴士】

地下水对工程的影响主要有：

(1)潜水上升，引起盐渍化，增大腐蚀性。

(2)河谷阶地、斜坡及岸边，潜水上升，增大浸湿范围，破坏岩土体的结构和强度。

(3)粉土、粉细砂层中，潜水上升，会产生液化。

(4)水位上升，可能使基础上浮从而使建筑物失稳。

(5)膨胀土区，水位上升或土体水分增减，使膨胀土产生不均匀胀缩变形。

(6)寒冷地区，潜水上升，冻结，地面隆起。解冻降低抗压强度和抗剪强度，导致建筑物开裂、失稳。

(7)地下水位在压缩层范围内突然下降，增加自重应力，使基础产生附加沉降，导致变形破坏。

(8)基坑支护中的地表塌陷、地面沉降都可能与地下水有关。

【案例6-2】 详情同【案例6-1】。

基坑工程分析评价：

受周边场地降水影响，场地地下水位较深，勘探结束后，测得孔隙水稳定水位埋深为6.7~8.4 m，相应标高为488.77~486.9 m。根据区域水文地质资料，本地区丰水期正常地下水位埋深为5.5 m左右，最高历史水位埋深在5.0 m左右(相应标高491.50 m)。本工程基础施工应考虑降水措施。卵石土的渗透系数可按经验系数 $K=22$ m/d 取值，由于基坑埋深相对较浅，本工程宜采用管井法结合明排法进行基坑降水，且应进行降水专项设计和施工。

基坑开挖对场地周边存在一定影响，应做好基坑支护。同时，施工降水应严格控制出砂量，以免造成卵石地基土中充填物(砂)流失，进而影响地基土的力学性质。

上无高层建筑物的二层地下室部分，应进行抗浮设计计算，当不能满足抗浮设计要求时，应采取抗浮措施(建议采用抗浮锚杆)。抗浮设计水位建议为491.50 m。

对所有地下室均应采取防水措施。考虑地下水毛细上升高度、地表水入渗等因素影响，地下室防水结构应至自然地坪以上50 cm。

二、地下水腐蚀性评价

地下水腐蚀性是指对混凝土的侵蚀破坏能力。水中含 CO_2 和 SO_4^{2-} 多，或 H^+ 浓度较高时，水就具有侵蚀性。含 CO_2 的侵蚀性水能溶解混凝土中的钙质而使混凝土崩解。SO_4^{2-} 与混凝土作用时能生成硫铝酸钙，这种化合物形成时体积要膨胀而使混凝土胀裂。

(一)地下水取样要求

地下水和土的取样及测试方法对水和土的检测结果影响很大，对工程项目的地下部分来说，更是必要的评价内容。取样必须依照规范严格把关，防止取样过程中污染试样。

根据相关规范要求，水和土试样的采取和试验应符合下列规定：

(1)当有足够经验或充分资料，认定工程场地的土或水(地下水或地表水)对建筑材料不具腐蚀性时，可不取样进行腐蚀性评价。否则，应取水试样或土试样进行试验，并按要求评定其对建筑材料的腐蚀性。

(2)混凝土或钢结构处于地下水位以下时，应采取地下水试样和地下水位以上的土试样,并分别做腐蚀性试验。

(3)混凝土或钢结构处于地下水位以上时,应采取土试样做土的腐蚀性试验。

(4)混凝土或钢结构处于地表水中时,应采取地表水试样做水的腐蚀性试验。

(5)水和土的取样数量每个场地不应少于各2件,对建筑群不宜少于各3件。

(二)地下水腐蚀性测试

地下水腐蚀性测试项目应按表6-5的规定执行。

表6-5 地下水腐蚀性试验项目

序号	测试项目	测试方法
1	pH	电位法或锥形电极法
2	Ca^{2+}	EDTA容量法
3	Mg^{2+}	EDTA容量法
4	Cl^-	摩尔法
5	SO_4^{2-}	EDTA容量法
6	HCO_3^-	酸滴定法
7	CO_3^{2-}	酸滴定法
8	侵蚀性CO_2	盖耶尔法
9	游离CO_2	纳氏试剂比色法
10	NH_4^+	水杨酸比色法
11	OH^-	酸滴定法
12	总矿化度	质量法
13	氧化还原电位	铂电极法
14	极化曲线	两电极恒电流法
15	电阻率	四极法
16	质量损失	管罐法

注:1.序号1~7为判定土腐蚀性需试验的项目,序号1~9为判定水腐蚀性需试验的项目。

2.序号10~12为水质受严重污染时需试验的项目,序号13~16为判定土对钢结构腐蚀性需试验的项目。

3.序号1对水试样为电极法,对土试样为锥形电极法(原位测试);序号2~12为室内试验项目;序号13~15为原位测试项目;序号16为室内扰动土的试验项目。

4.土的易溶盐分析土水比为1:5。

(三)腐蚀性评价

根据《岩土工程勘测规范》(GB 50021—2001)(2009年版)规定,地下水腐蚀性评价主要包括以下几项。

1.水对混凝土结构的腐蚀性评价

根据场地环境类型和地层渗透性评价的腐蚀性等级,按规范进行综合评价,评价详细内容见表6-6~表6-8。

表 6-6 按环境类型水对混凝土结构的腐蚀性评价

腐蚀等级	腐蚀介质	环境类型		
		Ⅰ	Ⅱ	Ⅲ
微	硫酸盐含量 SO_4^{2-} (mg/L)	<200	<500	<1 500
弱		200 ~ 500	500 ~ 1 500	1 500 ~ 3 000
中		1 500 ~ 1 500	1 500 ~ 3 000	3 000 ~ 6 000
强		>1 500	>3 000	>6 000
微	镁盐含量 Mg^{2+} (mg/L)	<1 000	<2 000	<3 000
弱		1 000 ~ 2 000	2 000 ~ 3 000	3 000 ~ 4 000
中		2 000 ~ 3 000	3 000 ~ 4 000	4 000 ~ 5 000
强		>3 000	>4 000	>5 000
微	铵盐含量 NH_4^+ (mg/L)	<100	<500	<800
弱		100 ~ 500	500 ~ 800	800 ~ 1 000
中		500 ~ 800	800 ~ 1 000	1 000 ~ 1 500
强		>800	>1 000	>1 500
微	苛性碱含量 OH^- (mg/L)	<35 000	<43 000	<57 000
弱		35 000 ~ 43 000	43 000 ~ 57 000	57 000 ~ 70 000
中		43 000 ~ 57 000	57 000 ~ 70 000	70 000 ~ 100 000
强		>57 000	>70 000	>100 000
微	总矿化度 (mg/L)	<10 000	<20 000	<50 000
弱		10 000 ~ 20 000	20 000 ~ 50 000	50 000 ~ 60 000
中		20 000 ~ 50 000	50 000 ~ 60 000	60 000 ~ 70 000
强		>50 000	>60 000	>70 000

注：1. 表中数据适用于有干湿交替作用的情况，无干湿交替作用时，表中数值应乘以 1.3 的系数。

2. 表中的数据适用于不冻区（段）的情况；对冰冻区（段），表中数值应乘以 0.8 的系数；对微冰冻区（段），表中数值应乘以 0.9 的系数。

3. 表中数值适用于水的腐蚀性评价，对土的腐蚀性评价，表中数值应乘以 1.5 的系数，单位以 mg/kg 土表示。

4. 表中苛性碱（OH^-）含量（mg/L）应为 NaOH 和 KOH 中的 OH^- 含量。

表 6-7 环境类型分类

环境类型	场地环境地质条件
Ⅰ	高寒区、干旱区直接临水；高寒区、干旱区含水量 $\omega \geq 10\%$ 的强透水土层或含水量 $\omega \geq 20\%$ 的弱透水土层
Ⅱ	湿润区直接临水；湿润区含水量 $\omega \geq 20\%$ 的强透水土层或含水量 $\omega \geq 30\%$ 的弱透水土层
Ⅲ	高寒区、干旱区含水量 $\omega < 20\%$ 的弱透水土层或含水量 $\omega < 10\%$ 的强透水土层；湿润区含水量 $\omega \leq 30\%$ 的弱透水土层或含水量 $\omega < 20\%$ 的强透水土层

注：1. 高寒区是指海拔高度 ≥3 000 m 的地区；干旱区是指海拔高度 <3 000 m，干燥系数 $K \geq 1.5$ 的地区；湿润区是指干燥系数 $K < 1.5$ 的地区。

2. 强透水层是指碎石土、砾砂、粗砂、中砂、细砂，弱透水层是指粉砂、粉土和黏性土。

3. 含水量 $\omega < 3\%$ 的土层，可视为干燥土层，不具有腐蚀环境条件。

4. 当有地区经验时，环境类型可根据地区经验划分；但同一场地出现两种环境类型时，应根据具体情况选定。

表 6-8　按地层渗透性水和土对混凝土结构的腐蚀性评价

腐蚀等级	pH		侵蚀性 CO_2(mg/L)		HCO_3^-(mmol/L)	
	A	B	A	B	A	B
微	>6.5	>5.0	<15	<30	>1.0	—
弱	5.0~6.5	4.0~5.0	15~30	30~60	1.0~0.5	—
中	4.0~5.0	3.5~4.0	30~60	60~100	<0.5	—
强	<4.0	<3.5	>60	—	—	—

注:1. 表中 A 是指直接临水或强透水土层的地下水,B 是指弱透水土层中的地下水。
2. HCO_3^- 含量是指水的矿化度低于 0.1 g/L 的软水,该类水质 HCO_3^- 离子的腐蚀性。
3. 土的腐蚀性评价只考虑 pH 指标,评价其腐蚀性时,A 是指含水量 $\omega \geq 20\%$ 的强透水性土层,B 是指含水量 $\omega \geq 30\%$ 的弱透水土层。

当按表 6-6 和表 6-8 评价的腐蚀等级不同时,应按下列规定综合评定:

(1)腐蚀等级中,只出现弱腐蚀,无中等腐蚀或强腐蚀时,应综合评价为弱腐蚀。

(2)腐蚀等级中,无强腐蚀,最高为中等腐蚀时,应综合评价为中等腐蚀。

(3)腐蚀等级中,有一个或一个以上为强腐蚀,应综合评价为强腐蚀。

2. 水对钢筋混凝土结构中钢筋的腐蚀性评价

水对钢筋混凝土结构中钢筋的腐蚀性评价方法和步骤主要是首先判断钢筋混凝土结构是否处于地下水(包括地表水)的干湿交替作用中或是处于长期浸水状态,然后根据水中的 Cl^-(mg/L)含量按规范进行腐蚀性评价(见表 6-9)。

表 6-9　地下水对钢筋混凝土结构中钢筋的腐蚀性评价

腐蚀等级	水中的 Cl^- 含量(mg/L)	
	长期浸水	干湿交替
微	<5 000	<100
弱	≥5 000	100~500
中	—	500~5 000
强	—	>5 000

注:当水或土中同时存在氯化物和硫酸盐时,表中的 Cl^- 含量是指氯化物中的 Cl^- 与硫酸盐折算成的 Cl^- 之和,即 Cl^- 的含量 $= Cl^- + SO_4^{2-} \times 0.25$,单位分别为 mg/L 和 mg/kg。

3. 水对钢结构的腐蚀性评价

水对钢结构的腐蚀性评价可直接根据环境水(包括地下水和地表水)的 pH 和水中($Cl^- + SO_4^{2-}$)含量(mg/L)按规范进行腐蚀性评价(见表 6-10)。

表 6-10　水对钢结构的腐蚀性评价

腐蚀等级	pH	($Cl^- + SO_4^{2-}$)含量(mg/L)
弱	3~11	<500
中	3~11	>500
强	<3	任何浓度

注:1. 表中是指氧能自由溶入的水以及地下水。
2. 本表亦适合于钢管道。
3. 如水的沉淀物中有褐色絮状沉淀(铁)、悬浮物中有褐色生物膜和绿色丛块,或有硫化氢臭,应当进行铁细菌、硫酸盐还原细菌的检查,查明有无细菌腐蚀。

4. 土对钢结构的腐蚀性评价

埋于地下的钢结构除了易受水的腐蚀外，有时还受土的影响，土对钢结构的腐蚀性评价应符合表6-11 的规定。

表 6-11 土对钢结构的腐蚀性评价

腐蚀等级	pH	氧化还原电位（mV）	电阻率（Ω·m）	极化电流密度（mA/cm^2）	质量损失（g）
弱	5.5～4.5	>200	>100	<0.05	<1
中	4.5～3.5	200～100	100～50	0.05～0.20	1～2
强	3.5	<100	<50	>0.20	>2

由以上评价标准可以得出：地下水的腐蚀作用，主要反映在它对混凝土与金属材料和设备的破坏上。当地下水中含有某些成分时，对建筑材料中的混凝土、金属等有侵蚀性和腐蚀性，它破坏混凝土基础，危害建筑物和构筑物的稳定性，当建筑物的混凝土基础及其他混凝土构件经常处于地下水的作用时，在工程地质勘察中，必须采取水样，进行水化学腐蚀性分析，评价地下水的侵蚀性，为工程设计提供依据。例如，长春市地下水 pH=6.5，一般对混凝土没有腐蚀性，因此水质评价问题不突出。但随着工农业发展，尤其工业废渣的堆放和废液的排放，局部腐蚀性十分严重。1992 年扩建某工厂时，场地为粉煤灰堆积厚 0.5～5.0 m，并为废硫酸排放区，地下水中 SO_4^{2-} 含量超过允许值100 倍，并且场地 2/3 区域均为强烈腐蚀性区域。如不研究地下水水质的腐蚀性并采用相应措施，其后果将不堪设想。

【小贴士】

水、土对建筑材料腐蚀的防护，应符合现行国家标准《工业建筑防腐蚀设计规范》(GB 50046—2008)的规定。

【知识链接】

一、地下水腐蚀的原理

腐蚀其实就是材料与环境间物理化学作用而引起材料本身性质的变化。

(1)当地下水中的某些化学成分含量过高时，水对混凝土、可溶性石材、管道及钢铁构件和器材都有腐蚀作用。地下水中氯离子、硫酸根离子含量高，被埋入混凝土的钢筋表面产生一层钝化保护层，这一保护层在水泥开始水化反应后很快自行生成。然而，氯离子能够破坏这层氧化膜，钢筋在水和氧的存在下发生锈蚀。

钢筋锈蚀有两种后果：①锈蚀物的体积增加几倍，以至于它们的生成导致了混凝土的破裂、剥落和分层，这就使腐蚀剂更容易进入到钢筋表面，必然加速钢筋的锈蚀。②阳极上的锈蚀过程减小了钢筋的横截面面积，也就减小了它承受荷载的能力。氯盐的作用，引起钢筋的锈蚀，是使钢筋混凝土破坏的主要原因。

(2)地下水或潮湿的土中的某些盐类，通过毛细水上升，浸入混凝土的毛细孔中，经过干湿交替作用，盐溶液在毛细孔中被浓缩至饱和状态，当温度下降时，析出盐的结晶，晶体膨胀使混凝土遭受腐蚀破坏。温度回升，水汽增加时，结晶会潮解，当温度再次下降时，再次结晶，腐蚀进一步加深。这种环境气候条件加快了混凝土在腐蚀介质(水、土)中的腐蚀速度，缩短了建筑物的使用寿命。

因而，根据地下水的腐蚀性指标，以及其对混凝土的腐蚀特征，分为以下三类。

(1)结晶性腐蚀,地下水中的硫酸盐类与混凝土中的固态游离石灰质或水泥结石起化合作用,产生含水结晶体,由于结晶体的形成使混凝土体积增大,产生膨胀压力,导致混凝土胀裂破坏。

(2)分解性腐蚀,地下水中的氢离子、侵蚀性二氧化碳和游离碳酸超过一定储量时,导致水泥结石水解,引起混凝土强度降低。

(3)结晶分解复合性腐蚀,地下水中的阳离子($Mg^{2+}+NH_4^+$)产生分解性腐蚀;阴离子($Cl^-+SO_4^{2-}+NO_3^-$)产生结晶性腐蚀,将此类复合性腐蚀作用归为结晶分解复合性腐蚀。

二、预防腐蚀的措施

(一)原材料的选择

(1)水泥。混凝土的强度和性能,主要取决于水泥,一旦遭受腐蚀,强度及性能将不复存在。由于各种水泥的矿物组分不同,因而对各种腐蚀性介质的耐蚀性就有差异,正确选用水泥品种,对保证工程的耐久性有重要意义。

(2)粗、细骨料的耐蚀性和表面性能对混凝土的耐蚀性能具有很大影响。混凝土中所采用粗细骨料,应保证致密,同时控制材料的吸水率以及其他杂质的含量,确保材质状况。

(3)搅拌及养护用水。考虑其对混凝土及砂浆强度的耐久性影响,应正确选择混凝土搅拌及养护用水,检查其杂质情况。目前主要采用自来水,严禁采用海水和井水。

(4)外加剂。在拌制混凝土过程中掺入外加剂(如阻锈剂、密实剂、早强剂等),可以改善混凝土性质,如提高混凝土密实性或对钢筋的阻锈能力,从而提高混凝土结构的耐久性。由于外加剂的化学组成中的氯盐可能使混凝土结构中的钢筋脱钝,给结构物带来隐患,因此在选择外加剂时需对其中氯盐的含量进行检测,并做相关试验。

(二)混凝土配合比的设计

提高混凝土自身的防腐性能,主要是提高其密实性和抗中性化能力。一般混凝土的强度等级宜≥C25,对于预应力混凝土结构,其强度等级≥C35。为合理减少水泥和混凝土中碱的含量,应尽量采用低碱水泥。同时,合理使用粉煤灰、矿渣等矿物掺合料,也是提高混凝土抗裂和耐久性能的重要途径。

(三)加大混凝土保护层的厚度

(略)

(四)对基础、基础梁的表面采取防护措施

例如,对处在强、中等腐蚀性环境中的基础,应设碎石灌沥青或沥青混凝土的耐腐蚀垫层。基础梁的表面贴环氧沥青玻璃布两层或贴沥青玻璃布两层或涂环氧沥青厚浆型涂料两遍。

(五)其他

加强混凝土养护,控制混凝土表面裂缝,确保施工质量,对防腐蚀也起到加强作用。此外,防止、降低地下水污染也是降低地下水腐蚀的一个重要方面。对于个别严重腐蚀的区域采用桩基础时,除对桩身采用防腐蚀措施,如表面用沥青类、高分子树脂等涂膜防护外,也可采用场地降水、排水换土等。

随着人类对环境的改变,对地下水腐蚀的防治将越来越趋向于环保、高效的科学方式,改善水环境、减少水污染应该受到更多的重视。

【案例6-3】 详情同【案例6-1】。

地下水的腐蚀性：

根据水质分析检验报告，按舒卡列夫分类法，场地地下水（孔隙水）属 SO_4^{2-} · HCO_3^- · Cl^-—Ca^{2+} 型水。pH 为 7.38～7.45。根据《岩土工程勘察规范》（GB 50021—2001）（2009 年版）第 12.2.1 条至第 12.2.5 条，拟建建筑物场地环境类别按Ⅱ类判定：场地地下水对混凝土结构具微腐蚀性，对钢筋混凝土结构中的钢筋具弱腐蚀性。评价见表 6-12～表 6-14。

表 6-12 按地层渗透性水对混凝土结构的腐蚀性评价

腐蚀等级	pH		侵蚀性 CO_2（mg/L）		HCO_3^-（mmol/L）	
	A	B	A	B	A	B
微	>6.5	>5.0	<15	<30	>1.0	—
弱	5.0～6.5	4.0～5.0	15～30	30～60	1.0～0.5	—
中	4.0～5.0	3.5～4.0	30～60	60～100	<0.5	—
强	<4.0	<3.5	>60	—	—	—
实测值	7.38～7.45		0.0～4.4		4.55～5.10	
评价结果	微腐蚀性		微腐蚀性		微腐蚀性	

注：该场地地下水为 A（强透水层中的地下水）。

表 6-13 按环境类型水对混凝土结构的腐蚀性评价

腐蚀等级	腐蚀介质	环境类型 Ⅰ	环境类型 Ⅱ	环境类型 Ⅲ	实测值（mg/L）	评价结果
微	硫酸盐含量 SO_4^{2-}（mg/L）	<200	<500	<1 500	262.0～269.6	微腐蚀性
弱		200～500	500～1 500	1 500～3 000		
中		500～1 500	1 500～3 000	3 000～6 000		
强		>1 500	>3 000	>6 000		
微	镁盐含量 Mg^{2+}（mg/L）	<1 000	<2 000	<3 000	35.24～40.10	微腐蚀性
弱		1 000～2 000	2 000～3 000	3 000～4 000		
中		2 000～3 000	3 000～4 000	4 000～5 000		
强		>3 000	>4 000	>5 000		
微	铵盐含量 NH_4^+（mg/L）	<100	<500	<800	0	微腐蚀性
弱		100～500	500～800	800～1 000		
中		500～800	800～1 000	1 000～1 500		
强		>800	>1 000	>1 500		
微	苛性碱含量 OH^-（mg/L）	<35 000	<43 000	<57 000	0	微腐蚀性
弱		35 000～43 000	43 000～57 000	57 000～70 000		
中		43 000～57 000	57 000～70 000	70 000～100 000		
强		>57 000	>70 000	>100 000		
微	总矿化度（mg/L）	<10 000	<20 000	<50 000	961.2～1 019.3	微腐蚀性
弱		10 000～20 000	20 000～50 000	50 000～60 000		
中		20 000～50 000	50 000～60 000	60 000～70 000		
强		>50 000	>60 000	>70 000		

注：场地环境类型为Ⅱ类。

表 6-14　水对钢筋混凝土结构中钢筋的腐蚀性评价

腐蚀等级	水中的 Cl^- 含量(mg/L)		实测值(mg/L)	评价结果
	长期浸水	干湿交替		
微	<5 000	<100	143.94~151.03	弱腐蚀性
弱	≥5 000	100~500		
中	—	500~5 000		
强	—	>5 000		

注:场地属"干湿交替"环境。

结论:场地地下水对混凝土结构具微腐蚀性,对钢筋混凝土结构中的钢筋具弱腐蚀性。

【阅读与应用】

(1)《岩土工程勘察规范》(GB 50021—2001)(2009 年版)。

(2)《工业建筑防腐蚀设计规范》(GB 50046—2008)。

小　结

地下水的勘察工作在岩土工程勘察中具有十分重要的地位和作用。在岩土工程勘察中,需要针对不同的工程要求对地下水进行勘察,通过对应的水文地质试验测得地下水位、渗流方向、渗透系数、孔隙水压力等水文地质参数,依据这些参数评价地下水对工程的影响;采取地下水水样进行化学成分分析,评价其对钢筋混凝土、地基的影响,并提出相应的处理措施。

技能训练

某场地属湿润区,钻孔取水进行分析,其结果见表 6-15,基础埋深 1.5 m,地下水位 2.0 m,地下水位年变动幅度为 1.0 m,试评价该场地地下水对建筑物混凝土的腐蚀性。

表 6-15　水质分析成果

离子	Cl^-	SO_4^{2-}	pH	游离 CO_2	侵蚀性 CO_2	Mg^{2+}	NH_4^+
含量(mg/L)	80	116.89	7.6	18.7	0.00	0	30

项目七　现场检验与监测

学习目标

一、知识目标

1. 掌握现场检验的目的、意义及监测的基本要点。
2. 掌握天然地基的基坑(槽)检验和监测的常用技术方法。
3. 了解桩基工程、地基处理的检验与监测技术方法。
4. 了解地下水监测的有关规定和技术方法。

二、能力目标

1. 具有野外岩土鉴别的基本能力。
2. 能根据地质勘察报告进行基坑验槽、验桩。

【导入】

现场检验与监测是工程地质勘察后期的服务工作,也是工程地质勘察过程中的一个重要环节。现场检验是指在施工阶段根据施工直接或间接揭露的地质情况,对工程勘察成果与评价建议进行检查校核。一方面检查施工揭露的情况是否与勘察成果相符,另一方面校核结论和建议是否符合实际。当发现与勘察成果有出入时,应进行补充修正。对施工中出现的问题,应提出处理意见和措施建议,必要时需进行施工勘察。而现场监测是对自然或人为作用引起的岩土性状、周围环境条件(包括工程地质条件和水文地质条件)及相邻结构、设施等发生变化进行的各种观测工作。所以,通过现场检验与监测可以确保工程质量和安全,提高工程效益。本项目重点介绍地基基础检验与监测的内容和常用技术方法。

单元一　地基基础的检验与监测

地基基础的检验主要包括基坑(槽)开挖后基坑(槽)的检验,地基处理过程中以及处理后对处理质量、效果的检验,桩基础持力层以及桩身完整性及承载力的检验。本单元为本项目的重点内容。

任务一　天然地基基坑(槽)的检验与监测

一、天然地基基坑(槽)的检验

天然地基基坑(槽)的检验,简称验槽,验槽是工程地质勘察工作中必不可少的环节。

天然地基的基坑(槽)开挖到设计要求后,应由总监理工程师或建设单位项目负责人组织建设、监理、勘察、设计及施工单位的项目负责人、技术质量负责人共同到现场按设计要求和有关规定进行验槽。

【小贴士】

为了确保验槽这一环节的实施,在基础施工图纸上常常注明:“待基槽挖至设计标高后,请及时通知勘察和设计部门,经会同验槽后,方可再进行基础工程施工。”

(一)基槽检验的任务

天然地基的基坑(槽)开挖后,经验槽通过后方能进行基础工程施工,以防止基底下隐藏与勘察成果不相符的异常地质情况,给建筑物留下不安全隐患。基槽检验的任务是:

(1)检验开挖揭露的地基条件是否与勘察报告中所提各项地质条件及结论一致。

(2)根据开挖后的异常地质情况,应提出处理措施或修改设计的建议。

(3)解决勘察报告中未能解决的遗留问题。

(二)基槽检验的主要内容

(1)首先检查基槽开挖的平面位置和尺寸与设计图纸是否相符,其次检查开挖深度、标高是否符合设计要求。

(2)观察槽壁、槽底的土质类型、均匀程度,是否存在疑问土层,是否与勘察报告一致。①槽壁土层:主要观察土层分布及走向;②槽底土质:主要判断是否挖至老土层(地基持力层);③槽底土色:主要检查颜色是否均匀一致,有无异常过干或过湿;④槽底土软硬:主要检查土是否软硬一致;⑤槽底土虚实:主要检查土是否有震颤现象,有无空穴声音。

(3)检查基槽中有无旧房基、古井、洞穴、古墓及其他地下掩埋物。

(4)检查基槽边坡外缘与附近建筑物的距离对建筑物稳定有无影响。

(三)基槽检验的方法

验槽方法以肉眼细致观察或使用简便贯入仪等简易方法为主,以夯、拍或轻便勘探为辅。

1. 观察验槽

首先根据基槽侧壁土层分布情况及走向,初步判明全部基底是否已挖至设计要求的土层,如图 7-1 所示。其次,检验槽底,检查时应观察刚开挖且结构没有受到破坏的原状土,观察它的结构、空隙、湿度、含有物等,确定是否为设计的持力层土质,必要时还应往下继续挖掘,以确定基底设计标高距持力层的深度。重点注意柱基、墙角、承重墙下或受力较大的部位,如图 7-2 所示。

【小贴士】

观察验槽虽能比较直观地对槽底进行详细检查,但只能观察槽底表土,而对槽底以下主要受力层深度范围内土的变化和分布情况,以及是否有墓穴、空洞、软弱土层等无法探明,为此还需要以其他方法检查。

图 7-1 观察基槽四周侧壁土质变化

图 7-2 重点查看独立基础下土质情况

2. 夯、拍验槽

夯、拍验槽是用木夯、蛙式打夯机或其他施工工具对干燥的基坑进行夯、拍(对潮湿和软土地基不宜夯、拍,以免破坏基底土层),从夯、拍声音判断土中是否存在土洞或墓穴。对可疑迹象,应用轻便勘探仪进一步调查。

3. 轻便勘探验槽

轻便勘探验槽是用钎探(见图 7-3)、轻型动力触探(见图 7-4)、手摇小螺纹钻、洛阳铲等对地基主要受力层范围的土层进行勘探,或对上述观察、夯或拍发现的异常情况进行探查。

图 7-3 钎探验槽

图 7-4 轻型动力触探验槽

(1)钎探。采用 4 ~ 5 kg 的手锤将钢钎打入坑底以下土层一定深度,记录每打入 30 cm 的锤击数,根据锤击次数和入土难易程度来判断土的软硬程度及有无古井、古墓、洞穴、地下掩埋物等。钢钎由直径 22 ~ 25 mm 的钢筋制成,钢钎尖部成 60°圆锥形,长度 1.8 ~ 2.0 m,每 30 cm 做一刻度。钎探孔平面布置可采用行列式或梅花式,孔距 1 ~ 2 m,钎探完毕后,对钎探孔应砂灌处理,并应全面分析钎探记录,并进行总结分析。

(2)轻型动力触探。轻型动力触探设备简单,操作方便,适用于黏性土和黏性素填土地基的勘探。根据轻型动力触探锤击数 N_{10},可确定黏性土和素填土的地基承载力,也可按照不同位置 N_{10} 值的变化情况判断地基持力层的均匀程度。轻型动力触探检验深度及间距见表 7-1。

表 7-1　轻型动力触探检验深度及间距　（单位：m）

排列方式	基槽宽度	检验深度	检验间距
中心一排	<0.8	1.2	1.0~1.5
两排错开	0.8~2.0	1.5	
梅花形	>2.0	2.1	

【小贴士】

钎探所用钢钎直径、手锤规格、落距和用力大小等因素，都将影响钎探结果。目前，国内大多数施工单位已采用轻便动力触探进行钎探，此法不仅可以准确探明基槽土质的均匀性，而且可以检验勘察报告中所提供的地基承载力特征值f_{ak}是否准确。

【知识链接】

轻型动力触探具体技术要求参考项目五及《岩土工程勘察规范》（GB 50021—2001）（2009 年版）10.4 中相关内容。

（3）手持螺旋钻（见图 7-5）。它是小型的螺旋钻具，钻头呈螺旋形，上接一 T 形把手，由人力旋入土中，钻杆可接长，钻探深度一般为 6 m，软土中可达 10 m，孔径约 70 mm。每钻入土中 300 mm 后将钻竖直拔出，根据附在钻头上的土了解土层情况。

（4）洛阳铲（见图 7-6）。洛阳铲下端为半圆形的钢铲头，底部为刀刃，上部接探杆，在均匀稍湿的黏性土与粉土中，一人操作，每次进深 20 cm，提出轻轻磕碰，铲头土即脱落，竖直向下钻进，若铲头大幅下落，即为洞穴等软弱土层。

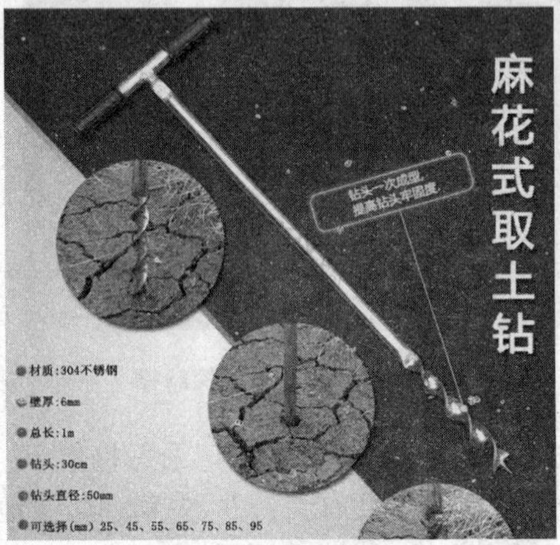

图 7-5　手持螺旋钻

图 7-6　洛阳铲取土

【小贴士】

洛阳铲据传为我国河南洛阳附近农村的李姓农民于 20 世纪初发明。最早被不法分子广泛用于盗墓，后经逐渐改进成为考古学工具。随着时代的发展，一般的洛阳铲已经被淘汰，在洛阳铲的基础上改进形成了完整的洛阳铲系列产品，如新型电动洛阳铲被广泛应用于工程领域。

（四）基槽检验注意事项

（1）天然地基验槽前必须完成钎探，并有详细的钎探记录。不合格的钎探不能作为验槽的依据。必要时对钎探孔深及间距进行抽样检查,核实其真实性。

(2)基(坑)槽土方开挖完后,应立即组织验槽。

(3)在特殊情况下,如雨期,要做好排水措施,避免基(坑)槽被雨水浸泡;冬季要防止基底土受冻,要及时用保温材料覆盖。

(4)验槽时要认真仔细查看土质及其分布情况,看是否有杂物、杂填土等,是否已挖到老土层,从而判断是否需要做地基局部处理。

(5)验槽过程中应仔细做好记录,结束后及时根据验槽过程记录做出检查验收意见。

【案例7-1】 表7-2为实际工程地基验槽检查记录表,供参考。

表7-2 工程地基验槽检查记录实例

一、地基验槽检查记录			
工程名称	××花园D1楼	验槽日期	2015年1月16日
验槽部位	1~19轴/A~K轴 基槽		
依据:施工图纸(施工图纸号 结施-03 D1基础布置图)、设计变更、洽商及地基勘察报告(编号______)及有关规范、规程。			
验槽内容: 1.基坑位置、平面尺寸。 2.基槽开挖至勘探报告第 2-1 层,持力层为 强风化片麻岩 层。 3.基底绝对高程和相对标高 +47.65 m/-5.35 m 。 4.土质情况基底大部分为强风化片麻岩,和地质勘探报告相一致;少部分为软卧层,需处理。 5.地下水位情况 无 。 6.桩位置 / 桩类型 / 数量 / ,承载力满足设计要求。 7.其他 1.基底为强风化片麻岩的部分,其地基承载力满足 $f_{ak}=300$ kPa的要求;对于达不到持力层的软弱部分(详见附图),由设计出具处理方案。2.基底按要求设置集水、排水措施。3.基坑周边按方案要求进行防护、警示和采取挡水措施。4.基坑周边环境安全,无异常现象。 注:若建筑工程无桩基或人工支护,则相应在第6条填写处画"/",并在第6条上打×。 申报人:________			
检查意见: 基槽的开挖尺寸(含作业面)、开挖深度、坡率系数、标高与图纸一致。大部分土质和地质勘探报告相一致。但基底局部存在软弱处,应进行处理,处理方案详见设计文件,处理部位详见附图。 检查结论(相应的框内画√):□无异常,可进行下道工序 □需要地基处理			

续表 7-2

<table>
<tr><td colspan="8">一、地基验槽检查记录</td></tr>
<tr><td>施工单位</td><td>质量检查员：
项目技术（专业）负责人：

项目经理：

年　月　日</td><td>监理（建设）单位</td><td>总监理工程师：
（建设单位项目专业负责人）

年　月　日</td><td>设计单位</td><td>项目（专业）负责人：

年　月　日</td><td>勘察单位</td><td>项目负责人：

年　月　日</td></tr>
<tr><td colspan="8">二、附图（表）
附图 1：开挖后的平面尺寸示意图及其基壁剖面图。
附图 2：基底软弱土处理部位阴影图及其编号。
附图 3：普通土钎探点平面布置图和编号。
附表 1：普通土钎探记录表以及钎探器具型号。</td></tr>
</table>

验槽工作，尤其是工程地质勘察专业的技术人员验槽细致与否，关系到整个建筑的安全。总之，每一位工程技术人员，对每一个基槽，都应做到慎之又慎，决不能出现任何疏忽，不能放过任何蛛丝马迹。

二、基坑的现场监测

当基坑开挖较深，或地基土较软弱时，可根据工程需要布置监测工作。实施监测工作之前，应编制基坑工程监测方案。基坑工程监测方案，应根据场地条件和开挖支护的施工设计确定，并应包括以下内容：①支护结构的变形；②基坑周边的地面变形；③邻近工程和地下设施的变形；④地下水位；⑤渗漏、冒水、冲刷、管涌等情况。

现场监测的内容有：基坑底部回弹监测、建筑物沉降监测、地下水控制措施的效果及影响的监测、基坑支护系统工作状态的监测等。具体监测内容及方法见表 7-3。

表 7-3　基坑监测项目内容及方法

序号	监测项目	测试方法	基坑工程等级		
			一级	二级	三级
1	墙顶水平位移、沉降	水准仪和经纬仪	☆	☆	☆
2	墙体水平位移	测斜仪	☆	○	⊙
3	土体深层竖向位移、侧向位移	分层沉降标、测斜仪	☆	○	⊙
4	孔隙水压力、地下水位	孔隙水压力计/地下水位观察孔	☆	☆	○
5	墙体内力	钢筋应力计	☆	○	⊙
6	土压力	土压力计	○	⊙	⊙

续表 7-3

序号	监测项目	测试方法	基坑工程等级		
			一级	二级	三级
7	支撑轴力	钢筋应力计、混凝土应变计或轴力计	☆	○	⊙
8	坑底隆起(回弹)	水准仪	☆	○	⊙
9	锚杆拉力	钢筋应力计和轴力计	☆	○	⊙
10	立柱沉降	水准仪	☆	○	⊙
11	邻近建筑物沉降和倾斜	水准仪和经纬仪	☆	☆	☆
12	地下管线沉降和水平位移	水准仪和经纬仪	☆	☆	☆

注:☆为应测项目,○为宜测项目,⊙为可测项目。

【知识链接】

基坑工程监测内容及具体的检测过程、监测方法可参考《岩土工程测试与监测技术》、《建筑基坑工程监测技术规范》(GB 50497—2009)等相关资料。

任务二　桩基工程的检测

一、桩基工程检测的意义

桩基础是高层建筑、桥梁、重型厂房等大型工程的主要基础形式,属深基础类型。它的主要功能是将荷载传递至地下深处的密实土层或岩层上,以满足承载力和变形的要求。桩基工程除因受岩土工程条件、基础与结构设计、桩土体系相互作用、施工以及专业技术水平和经验等关联因素的影响而具有复杂性外,基桩施工还具有高度的隐蔽性,发现质量问题难,事故发生后处理更难,因此基桩检测工作是整个桩基工程中必不可少的重要环节,只有确实抓好基桩检测工作,才能确保桩基工程质量与安全。

二、桩基工程检测的内容

桩基工程检测的内容,除核对桩的位置、尺寸、距离、数量、类型,核查选用的施工机械、置桩能量与场地条件和工程要求,核查桩基持力层的岩土性质、埋深和起伏变化,以及桩尖进入持力层的深度等外,还需检测基桩单桩承载力和桩身完整性。

(一)桩基持力层检验

桩基工程按施工方法,可分为预制桩和灌注桩两种。对于大直径人工挖孔桩,待终孔后可由工程地质人员下入各桩桩底对桩端持力层进行检验,如图 7-7 所示。用肉眼察看桩端持力层全断面,用地质锤敲击岩土体,确认桩端是否已经全部达到与勘察报告要求相符的土层,桩底沉渣是否清理干净,同时可以使用卷尺复核桩径大小、扩大头尺寸等。

对于泥浆护壁钻冲孔灌注桩是否已经到达持力层,可将勘察报告中的持力层所在的深度与桩孔成孔深度(测绳测量,见图 7-8)进行比较,从而初步判断桩是否已经到了持力层。同时,可在钻头上焊接捞渣盒获取桩底部碎渣岩样或者在泥浆槽、孔口返流泥浆中捞取钻渣样品,仔细观察岩样,看是否和勘察报告中所描述桩底持力层岩性一致。当与勘察报告差异较大时,应分析、查明原因,必要时建议施工勘察。

图 7-7　地质工程师验桩

图 7-8　测绳量测孔深

对于预制桩而言,承受轴向荷载的摩擦桩的入土深度控制,以标高为主,贯入度为辅;按标高控制的桩,桩顶标高的允许误差为 ±50 mm。端承桩的入土深度以最后贯入度控制为主,标高作为参考。最后结合岩土勘察报告、桩基检测报告,分析桩端是否达到要求持力层。

(二)承载力、完整性检验

桩基的承载力检测,传统而有效的方法是静力载荷试验。此法为我国法定确定单桩承载力的方法,其试验要点在《建筑地基基础设计规范》(GB 50007—2011)、《建筑基桩检测技术规范》(JGJ 106—2014)等有关规范、手册中均有明确规定。尽管此法检测耗时长、费用高,但在工程实践中仍普遍采用。桩身完整性检测主要用于大直径灌注桩,检测方法有钻孔取芯法、声波透射法和动测法。钻孔取芯法可以检查桩身混凝土质量和孔底沉渣。但是因芯样小,灌注桩的局部缺陷往往难以被发现,而声波透射法检测灌注桩桩身完整性具有轻便、可靠、直观的优点,现已得到广泛应用。具体检测方法见表 7-4。

表 7-4　基桩检测主要方法

检测内容	检测方法	说明
单桩承载力	静载试验	适用于所有形式的建筑地基、基桩
	高应变试验	适用于基桩、刚性桩
桩身完整性(均匀性)	低应变法(反射波法)	适用于基桩
	声波透射法	适用于成孔灌注桩、地下连续墙
	钻芯法	可测定桩长、沉渣厚度、桩身混凝土强度
	高应变法	适用于基桩

【小贴士】

桩身结构完整性是指桩是否存在断桩、缩颈、离析、夹泥、孔洞、沉渣过厚等施工缺陷。

【知识链接】

桩基工程单桩承载力、桩身完整性检测的检测原理、检测方法、有关注意事项可参考《建筑基桩检测技术规范》(JGJ 106—2014)等相关规范、《桩基工程检测手册》(第 3 版)等参考书中相关知识。

任务三　地基处理的检验与监测

在工程建设活动中，当天然地基不能满足建筑物、构筑物对地基的要求时，需对天然地基进行加固改良，形成人工地基，以满足建筑物、构筑物对地基的要求，保证其安全与正常使用。这种地基加固改良称为地基处理。目前，各种地基处理方法在工程实践中得到了广泛应用，取得了显著的技术效果和经济效益。但是由于地基处理问题的复杂性，一般还难以对每种方法进行严密的理论分析，还不能在设计时做精确的计算和设计，往往只能通过施工过程中的监测和施工后的质量检验来保证工程质量。因此，地基处理现场监测和质量检验是地基处理工作的重要环节。

一、现场监测与质量检验的意义

(1)为工程设计提供依据。

(2)作为大面积施工的控制和指导。

(3)为地基处理工程验收提供依据。

(4)为理论研究提供试验依据。

二、现场监测与质量检验的内容和方法

地基处理施工过程中的现场监测对某些地基处理方法来说很重要，有时甚至必不可少。而对地基处理的效果检验，应在地基处理结束后，经过一定时间休止恢复后再进行。地基处理效果检验方法很多，有时需要采用多种手段进行，以便综合评价地基处理效果。现场监测与处理效果检验的内容及方法见表 7-5、表 7-6。

表 7-5　现场监测的内容及方法

序号	现场监测内容		监测方法
1	沉降	地表沉降 地基深层沉降 地基分层沉降	地表型沉降仪(沉降板) 深层沉降标 深层分层沉降标
2	水平位移	地面水平位移 地基土体水平位移	水平位移边桩 地下水平位移标
3	应力	地基土孔隙水压力 土压力 承载力	孔隙水压力计 土压力计(盒) 静力载荷试验
4	其他	地下水位 出水量	地下水位观测仪 单孔出水量计

表 7-6　地基处理效果检验内容与方法

序号	处理效果检验	检验方法
1	地基与增强体强度	单桩和复合地基静载荷试验、标准贯入试验、静力触探试验、动力触探试验、高应变法、钻芯法等
2	桩身完整性	低应变法、声波透射法
3	动力特性	波速测试、地基刚度测试

【小贴士】

现场测试一般具有直观、代表性强、工效高、避免取样运输过程中扰动的优点，但也有不能测定土的基本参数和不易控制应力状态等不足之处，因此有时仍需辅以一定的室内试验。

【知识链接】

地基处理的检验与监测原理、方法、相关技术要点可参考《建筑地基处理技术规范》(JGJ 79—2012)及《地基处理》等参考书中相关知识。

单元二　地下水监测

地下水的存在，对工程建设有着不可忽视的影响，尤其是地下水位的变化，水的侵蚀和流砂、潜蚀等不良地质作用都将给工程设施的稳定性、施工及正常使用带来很大的影响。本单元简单介绍地下水监测条件、监测内容及监测方法。

一、地下水监测的意义

地下水对工程岩土体的强度和变形以及对建筑物稳定性的影响，都是极为重要的。例如，地下水位在建筑物基础底面以下压缩层范围内上升时，水浸湿和软化岩土，从而使地基土的强度降低，压缩性增大。尤其是对结构不稳定的岩土，这种现象更为严重，能导致建筑物的严重变形与破坏。若地下水位在压缩层范围内下降，则增加地基土的自重应力，引起基础的附加沉降。

在建筑工程施工中遇到地下水时，会增加施工难度。如需处理地下水，或降低地下水位，工期将会延迟，工程造价也势必大幅增长。如在高层建筑深基坑开挖和支护中，地下水的作用可能会导致坑底上鼓溃决、流砂突涌、支护结构移位倾倒、降水引起周围地面沉降而导致建筑物破坏。因此，在深基坑施工过程中要加强地下水的监测。

地下水也是各种不良地质现象产生的重要因素。例如，作用于滑坡上的孔隙水压力、浮托力和动水压力，直接影响滑坡的稳定性；饱水砂土的管涌和液化、岩溶区的地面塌陷等，无不与地下水的作用息息相关。因此，要对地下水压力、孔隙水压力准确控制，以保证工程顺利、安全施工和正常运行。

地下水监测不同于水文地质学中的"长期观测"，因观测是针对地下水的天然水位、水质和水量的时间变化规律的观测，一般仅提供动态观测资料。而监测则不仅仅是观测，还要根据观测资料提出问题，制订处理方案和措施。

二、对地下水实施监测的情况

在下列条件下应进行地下水的监测：

(1)地下水位升降影响岩土稳定时。

(2)地下水位上升产生浮托力对地下室或地下构筑物的防潮、防水或稳定性产生较大影响时。

(3)施工降水对拟建工程或相邻工程有较大影响时。

(4)施工或环境条件改变，造成的孔隙水压力、地下水压力变化，对工程设计或施工有较大影响时。

(5)地下水位的下降造成区域性地面下沉时。

(6)地下水位的升降可能使岩土产生软化、湿陷、胀缩时。

(7)需要进行污染物运移对环境影响的评价时。

三、地下水监测方法规定

监测工作的布置，应根据监测目的、场地条件、工程要求和水位地质条件确定。地下水监测方法应符合下列规定：

(1)地下水位的监测，可设置专门的地下水位观测孔，或利用水井、泉等进行。

(2)孔隙水压力、地下水压力的监测，可采用孔隙水压力计、测压计进行。

(3)用化学分析法监测水质时，采样次数每年不应少于4次，进行相关项目的分析。

(4)动态监测时间不应少于一个水文年。

(5)当孔隙水压力变化影响工程安全时，应在孔隙水压力降至安全值后方可停止监测。

(6)受地下水浮托力的工程，地下水压力监测应进行至工程荷载大于浮托力后方可停止。

四、地下水的监测布置及内容

根据岩土体的性状和工程类型，对于地下水压力(水位)和水质的监测，一般顺延地下水流向布置观测线。在水位变化较大的地段、上层滞水或裂隙水变化聚集地带，都应布置观测孔。基坑开挖工程降水的监测孔应垂直基坑长边布置观测线，其深度应达到基础施工的最大降水深度以下1 m处。地下水监测的内容包括：地下水位的升降、变化幅度及其与地表水、大气降水的关系；工程降水对地质环境及建筑物的影响；深基础、地下硐室、斜坡、岸边工程施工对软土地基孔隙水压力和地下水压力的观测监控；管涌和流土现象对动水压力的监测；评价地下水对建筑工程侵蚀性和腐蚀性而对地下水水质的监测等。

【知识链接】

地下水监测内容、有关规定以及具体监测方法参考《岩土工程勘察规范》(GB 50021—2001)(2009年版)、《工程地质手册》(第4版)、《岩土工程测试与监测技术》等书中相关知识。

小　结

本项目介绍了工程地质勘察的现场检验与现场监测的基本概念，并分两个单元介绍了地基基础的检验与监测、地下水监测等内容。单元一重点介绍了天然地基基坑(槽)检验的任务、内容及方法，桩基工程持力层的检验方法；一般性介绍基坑现场监测的内容、方法，桩基工程承载力、完整性，地基处理的检验与监测内容、方法等。单元二一般性地介绍了进行地下水监测时应掌握的现场监测的规定、内容、方法与要求。

技能训练

1. 某集团公司投资兴建一写字楼项目，建筑面积152 427 m^2，地下3层，地上30层，裙楼5层，基坑采用地下连续墙支护，塔楼结构为内筒外框。基坑挖到基底设计标高并经人工清底后，施工单位会同建设、设计、施工、监理等单位现场验槽，检验过程中有完整的记录资料，验槽结束后给出了检验意见。参与单位一致认为验槽合格，可以进行下一步基础工程施工。

问题：(1)该基坑(槽)验收程序是否合理？

(2)基坑(槽)检验包括哪些内容？有哪些方法？检验过程中应重点注意哪些问题？

2. 泥浆护壁钻冲孔灌注桩应如何确认桩端已到达设计的持力层？

项目八 不良地质作用和地质灾害勘察与评价

学习目标

一、知识目标

1. 掌握岩溶地区不同勘察阶段的勘察评价方法。
2. 掌握滑坡的判别标志和方法及稳定性的验算方法。
3. 掌握滑坡与崩塌的勘察要点。
4. 掌握泥石流的勘察方法。
5. 掌握采空区的勘察评价原则。
6. 掌握地面沉降的估算和预测方法及勘察评价方法。

二、能力目标

1. 具有岩溶、采空区及地面沉降区的勘察评价能力。
2. 具有滑坡与崩塌场地的勘察评价能力。
3. 具有泥石流场地的勘察评价能力。

【导入】

自然因素产生的不良地质作用和人为因素产生的一些环境工程地质问题，是影响工程建设场地稳定性的主要原因。因此，对工程建设场地及其周围进行不良地质作用和地质灾害的勘察评价是岩土工程勘察的重要内容。

单元一 岩溶场地勘察与评价

【知识链接】

岩溶是地壳中可溶性岩石（如石灰岩、白云岩等）在具有侵蚀性和腐蚀性的水体作用下，以化学溶蚀作用为特征的综合地质作用以及由此产生的现象的统称。覆盖在岩溶形态之上的土层经过岩溶水体的潜蚀等作用则形成洞隙、土洞直至地面塌陷。各种岩溶形态及其土洞、地面塌陷会危及地面建筑物的稳定和人类生命财产的安全。目前，在岩溶地区主要存在的岩土工程问题有：

（1）溶蚀岩石的强度大为降低。岩溶水在可溶岩体中溶蚀，可使岩体发生孔洞，岩体结构松散，从而降低岩石强度和增大透水性能。

（2）造成基岩面不均匀起伏。石芽、溶沟、溶槽的存在，使地表基岩参差不整、起伏不均匀，造成地基的不均匀性以及交通困难。

（3）漏斗对地面稳定性的影响。漏斗塌落的突然性，使地表建（构）筑物面临遭到破坏的威胁。

(4)对地基稳定性的影响。岩溶与土洞地区的地基稳定分析应考虑三个问题:第一,溶洞和土洞分布密度和发育情况;第二,溶洞和土洞的埋深对地基稳定性的影响;第三,抽水对土洞和溶洞顶板稳定的影响。

在岩溶地区建设场地的主要岩土工程问题有以下几种:

(1)由于地下岩溶水的活动,或因地面水的消失洞穴被阻塞,导致基底冒水、水淹地基、水冲地基以及隧道涌水等。

(2)地下洞穴顶板的坍塌,引起位于其上建筑物及其附属构造物发生塌陷、下沉或开裂。

(3)如何正确地利用天生桥以跨越地表河流,利用暗河、溶洞以扩道等岩溶形态的改造利用问题。

任务一　岩溶场地岩土工程勘察

当拟建工程场地或其附近存在对工程安全有影响的岩溶时,应进行岩溶勘察,并对建筑场地的适宜性和地基的稳定性做出确切的评价。

一、明确不同勘察阶段的任务与要求

岩溶勘察宜采用工程地质测绘和调查、物探、钻探等多种手段结合的方法进行,并应符合下列要求:

(1)可行性研究勘察应查明岩溶洞隙、土洞的发育条件,并对其危害程度和发展趋势做出判断,对场地的稳定性和工程建设的适宜性做出初步评价。

(2)初步勘察应查明岩溶洞隙及其伴生土洞、塌陷的分布、发育程度和发育规律,并按场地的稳定性和适宜性进行分区。

(3)详细勘察应查明拟建工程范围及有影响地段的各种岩溶洞隙和土洞的位置、规模、埋深、岩溶堆填物性状和地下水特征,对地基基础的设计和岩溶的治理提出建议。

(4)施工勘察应针对某一地段或尚待查明的专门问题进行补充勘察。当采用大直径嵌岩桩时,尚应进行专门的桩基勘察。

根据已有勘察经验,在岩溶场地勘察过程中,应查明与场地选择和地基稳定评价有关的基本问题,包括:

(1)各类岩溶的位置、高程、尺寸、形状、延伸方向、顶板与底部状况、围岩(土)及洞内堆填物性状、塌落的形成时间与因素等。

(2)岩溶发育与地层的岩性、结构、厚度及不同岩性组合的关系,结合各层位上岩溶形态与分布数量的调查统计,划分出不同的岩溶岩组。

(3)岩溶形态分布、发育强度与所处的地质构造部位、褶皱形式、地层产状、断裂等结构面及其属性的关系。

(4)岩溶发育与当地地貌发展史、所处的地貌部位、水文网及相对高程的关系。划分出岩溶微地貌类型及水平与垂向分带。阐明不同地貌单元上岩溶发育特征及强度差异性。

(5)岩溶水出水点的类型、位置、标高、所在的岩溶岩组、季节动态、连通条件及其与地面水体的关系。阐明岩溶水环境、动力条件、消水与涌水状况、水质与污染。

(6)土洞及各类地面变形的成因、形态规律、分布密度与土层厚度、下伏基岩岩溶特征、地表水和地下水动态及人为因素的关系。结合已有资料,划分出土洞与地面变形的类型及发育程度区段。

(7)在场地及其附近有已(拟)建人工降水工程,应着重了解降水的各项水文地质参数及空间与时间的动态。据此预测地表塌陷的位置与水位降深、地下水流向以及塌陷区在降落漏斗中的位置及其间的关系。

(8)土洞史的调查访问、已有建筑使用情况、设计施工经验、地基处理的技术经济指标与效果等。勘察阶段应与设计相应的阶段一致。各勘察阶段的要求和方法见表8-1。

表8-1 岩溶地区建筑岩土工程各阶段勘察的要求和方法

勘察阶段	勘察要求	勘察方法和工作量
可行性研究	应查明岩溶洞隙、土洞的发育条件,并对其危害程度和发展趋势做出判断,对场地的稳定性和建筑适宜性做出初步评价	宜采用工程地质测绘及综合物探方法。发现有异常地段时,应选择有代表性部位布置钻孔进行验证核实,并在初划的岩溶分区及规模较大的地下洞隙地段适当增加勘探孔。控制孔应穿过表层岩溶发育带,但深度不宜超过30 m
初步勘察	应查明岩溶洞隙及其伴生土洞、地表塌陷的分布、发育程度和发育规律,并按场地的稳定性和建筑适宜性进行分区	
详细勘察	应查明建筑物范围或对建筑有影响地段的各种岩溶洞隙及土洞的状态、位置、规模、埋深、围岩和岩溶堆填物性状,地下水埋藏特征;评价地基的稳定性。 在岩溶发育区的下列部位应查明土洞和土洞群的位置: (1)土层较薄、土中裂隙及其下岩体岩溶发育部位。 (2)岩面张开裂隙发育,石芽或外露的岩体交接部位。 (3)两组构造裂隙交会或宽大裂隙带。 (4)隐伏溶沟、溶槽、漏斗等,其上有软弱土层分布覆盖地段。 (5)降水漏斗中心部位。当岩溶导水性相当均匀时,宜选择漏斗中地下水流向的上游部位;当岩溶水呈集中渗流时,宜选择地下水流向的下游部位。 (6)地势低洼和地面水体近旁	宜按建筑物轴线布置物探线,并宜采用多种方法判定异常地段及其性质。对基础下和邻近地段的物探异常点或基础点顶面荷载大于2 000 kN的独立基础,均匀布置验证性钻孔。当发现有危及工程安全的洞体时,应采取加密钻孔或物探等措施。必要时可采取顶板及洞内堆填物的岩土试样,其勘探应符合下列规定: (1)当基底下土层厚度不足时,应将勘探孔全部或部分钻入基岩。当在预定深度内遇见洞体时,应将部分勘探孔钻入洞底以下;当遇有中等风化基岩时,其深度不应小于洞底以下2 m。 (2)当需查明浅埋岩溶的岩组分界、断裂及岩溶土洞的形态或验证其他勘探手段的成果时,应采取岩土试样或进行原位测试,并应布置适量的探槽或探井。 (3)在土洞发育地段,应沿基础轴线或在每个单独基础位置上以较大密度布置静力触探或小口径钎探,查明土洞、地表塌陷的分布

续表 8-1

勘察阶段	勘察要求	勘察方法和工作量
施工勘察	应针对某一地段或尚待查明的专门事项进行补充勘察和评价。当基础采用大直径嵌岩桩或墩基时,尚应进行专门的桩基勘察	应根据岩溶地基处理设计和施工要求布置。在土洞、地表塌陷地段,可在已开挖的基槽内布置触探和钎探。对大直径嵌岩桩或墩基,勘探点应按桩或墩布置,勘探深度应为其底面以下桩径的3倍且不小于5 m,当相邻桩底的基岩面起伏较大时应适当加深。对重要或荷载较大的工程,应在墩底加设小口径钻孔,并应进行检测工作

为了评价洞穴稳定性,可采取洞体顶板岩样及充填物土样做物理力学性能试验。必要时可进行现场顶板岩体的载荷试验。当需查明土的性状与土洞形成的关系时,可进行覆盖层土样的物理力学性质试验。

二、野外勘察要求与方法

岩溶的野外勘察要求与方法随着勘察阶段的不同而不同,主要要求与方法见表8-1。

任务二 岩溶场地稳定性评价

岩溶场地的野外勘察结束后,应该根据勘察结果对岩溶场地进行评价,并编写勘察报告。

一、进行岩溶场地稳定性判定

(1)当场地存在下列情况之一时,可判定为未经处理不宜作为地基的不利地段:

①浅层洞体或溶洞群,洞径大、顶板破碎且可见变形迹象,洞底有新近塌落物的不稳定地段。

②埋藏的漏斗、槽谷等,并覆盖有软弱土体的地段。

③土洞或塌陷成群发育地段。

④岩溶水排泄不畅,可能暂时淹没的地段。

(2)当地基属于下列条件之一时,对安全等级为二级和三级工程可不考虑岩溶稳定性的不利影响。

①基础底面以下土层厚度大于独立基础宽度的3倍或条形基础宽度的6倍,且不具备形成土洞或其他地面变形的条件。

②基础底面与洞体顶板间岩土厚度虽小于独立基础宽度的3倍或条形基础宽度的6倍,但符合下列条件之一时:洞隙或岩溶漏斗被密实的沉积物填满且无被水冲蚀的可能;洞体的基本质量等级为Ⅰ级或Ⅱ级岩体,顶板岩石厚度大于或等于洞跨;洞体较小,基础底面大于洞的平面尺寸,并有足够的支承长度;宽度或直径小于1.0 m的竖向洞隙、落水洞近旁地段。

(3)当不符合前述(1)、(2)条件时,应进行洞体地基稳定性分析,并应符合下列规定:

①顶板不稳定,但洞内为密实堆积物充填且无流水活动时,可认为堆积物受力,按不均匀地基进行评价。

②当能取得计算参数时,可将洞体顶板视为结构自承重体系进行力学分析。

③有工程经验的地区,可按类比法进行稳定评价。

④在基础近旁有裂隙及临空面时,应验算向临空面倾覆或沿裂面滑移的可能。

⑤当地基为石膏、岩盐等易溶岩时,应考虑溶蚀继续作用的不利影响。

⑥对不稳定的岩溶洞隙可建议采用地基处理或桩基础。

目前,岩溶地基稳定性的定量评价较难实现。在工程实践中,大多采用半定量评价方法。

二、编写岩溶勘察报告

岩溶勘察报告除应符合岩土工程勘察报告的一般规定外,尚应包括下列内容:

(1)岩溶发育的地质背景和形成条件。

(2)洞隙、土洞、塌陷的形态、平面位置和顶底标高。

(3)岩溶稳定性分析。

(4)岩溶治理和监测的建议。

单元二　斜坡场地勘察与评价

【知识链接】

1. 基本概念

斜坡是指地壳表层一切具有侧向临空面的地质体,是地壳表层广泛分布的一种地貌形式。它一般分为天然斜坡(沟谷、岸坡、山坡、海岸等)和人工边坡(渠道边坡、基坑边坡、路堑边坡、露天矿边坡等)。斜坡内应力的变化导致斜坡变形和破坏。

2. 斜坡变形、破坏类型

斜坡变形按其机制可分为以下三种形式:拉裂、蠕滑、弯折倾倒。

斜坡破坏的形式主要为崩塌和滑坡。

3. 滑坡的分类

滑坡有多种分类:通常按照岩土体性质分为土层和岩石两种;滑坡按地貌特征和发育过程可分为堆积层滑坡和基岩滑坡;根据物质可分为黄土、黏土、碎屑和基岩滑坡等;根据岩性和构造可分为顺层面、构造面和不整合面滑坡等;按滑动面特征可分为均匀滑坡、顺层滑坡、切层滑坡;根据触发原因可分为人工切滑、冲刷、超载、饱水、潜蚀和地震滑坡等;按年代可分为新、老、古滑坡;根据滑动力学特征可分为牵引式、推移式、平推式与混合式几种;按照滑体厚度可分为浅层(小于10 m)、中层(10~30 m)、深层(大于30 m)三类;按照滑体体积又可分为小型(小于30万 m^3)、中型(30万~100万 m^3)、大型(100万~1 000万 m^3)及巨型(大于1 000万 m^3)四类。

任务一　斜坡变形与破坏的勘察

一、危岩与崩塌的岩土工程勘察

(一)危岩与崩塌的勘察要点

拟建工程场地或其附近存在对工程安全有影响的危岩或崩塌时,应进行危岩和崩塌勘察。

(1)崩塌勘察宜在可行性研究或初步勘察阶段进行,应查明产生崩塌的条件及其规模、类型、范围,并对崩塌区做出建筑场地适宜性评价以及提出防治方案的建议。

(2)崩塌勘察以工程地质测绘为主,测绘的比例尺宜采用1∶500～1∶1 000;崩塌方向主剖面的比例尺宜采用1∶200。

(3)测绘时应查明的内容是:

①崩塌区的地形地貌及崩塌类型、规模、范围,崩塌体的尺寸和崩落方向。

②塌区的岩性特征、风化程度和地下水的活动情况。

③崩塌区的地质构造、岩体结构面(断裂、节理、裂隙等)发育情况。

④气象、水文和地震活动情况。

⑤历史上崩塌危害及当地防治崩塌的经验等。绘制崩塌区工程地质图,并附主剖面地质断面图。

(4)当崩塌区下方有工程设施和居民点时,应对岩体张裂缝进行监测。对有较大危害的大型崩塌,应结合监测结果对可能发生崩塌的时间、规模、滚落方向、危害范围等做出预报。

(二)危岩和崩塌的岩土工程评价要求

(1)各类危岩和崩塌的岩土工程评价应符合下列规定:

①规模大,Ⅰ类——落石方量大于5 000 m^3,破坏力强,破坏后果很严重,难以治理的,不宜作为工程场地,线路应绕避。

②规模较大,Ⅱ类——介于Ⅰ类与Ⅲ类之间,破坏后果严重,应对可能产生崩塌的危岩进行加固处理,线路应采取防护措施。

③规模小,Ⅲ类——落石方量小于500 m^3,破坏力小,破坏后果不严重,易于处理,可作为工程场地,但应对不稳定危岩采取治理措施。

(2)崩塌区的岩土工程勘察报告除应遵守岩土工程勘察报告的一般规定外,尚应阐明崩塌区的范围、类型、作为工程场地的适宜性,并提出防治方案的建议。

二、滑坡的岩土工程勘察

拟建工程场地或其附近存在对工程安全有影响的滑坡或有滑坡可能时,应进行专门的滑坡勘察。

(一)滑坡勘察的任务和目的

(1)查明滑坡的现状。包括:滑坡周界范围、地层结构、主滑方向;平面上的分块、分条,纵剖面上的分级;滑动带的部位、倾角、可能形状;滑带岩土特性等滑坡的诸形态要素;查明各层地下水的位置、流向和性质;在滑坡体、滑坡面(带)和稳定地层中采取土试样进行试验。

(2)查明引起滑动的主要原因。在调查分析滑坡的现状和滑坡历史的基础上,找出引起滑坡的主导因素;判断是首次滑动的新生滑坡还是再次滑动的古老滑坡的复活。

(3)获得合理的计算参数。通过勘探、原位测试、室内试验、反算和经验比拟等综合分析,获得各区段(牵引段、主滑段和抗滑段)合理的抗剪强度指标。

(4)综合测绘调查、工程地质比拟、勘探及室内外测试结果,对滑坡当前和工程使用期内的稳定性做出合理评价。

(5)提出整治滑坡的工程措施或整治方案。对规模较大的滑坡以及滑坡群,宜加以避让;防治滑坡宜采用排水(地面水和地下水)、减载、支挡、防止冲刷和切割坡脚、改善滑带岩土性质等综合性措施,且注意每种措施的多功能效果,并以控制和消除引起滑动的主导因素为主,辅以消除次要因素的其他措施。

(6)提出是否要进行监测和监测方案。

(二)滑坡的野外岩土工程勘察

1.工程地质测绘

(1)工程地质测绘与调查的范围应包括滑坡区及其邻近稳定地段,一般包括滑坡后壁外一定距离,滑坡体两侧自然沟谷和滑坡舌前缘一定距离或江、河、湖水边;测绘比例尺1:200~1:1 000,可根据滑坡规模选用;用于整治设计的测绘比例尺为1:200或1:500。

(2)收集地质、水文、气象、地震和人类活动等相关资料。

(3)注意查明滑坡的发生与地层结构、岩性、断裂构造(岩体滑坡尤为重要)、地貌及其演变、水文地质条件、地震和人为活动因素的关系,找出引起滑坡复活的主导因素。

(4)测绘、调查滑坡体上各种裂缝的分布,发生的先后顺序、切割关系;滑坡的形态要素和演化过程,圈定滑坡周界;分清裂缝的力学属性,作为滑坡体平面上的分块或纵剖面分段的依据。

(5)通过裂缝的调查、测绘,藉以分析判断滑动面的深度和倾角大小,并指导勘探工作。

(6)对岩体滑坡应注意缓倾角的层理面、层间错动面、不整合面、断层面、节理面和片理面等的调查,若这些结构面的倾向与坡向一致,且其倾角小于斜坡前缘临空面倾角,则很可能发展成为滑动面。对土体滑坡,则首先应注意土层与岩层的接触面,其次应注意土体内部的岩性差异界面。

(7)应注意测绘调查树木的异态、工程设施的变形等;滑动体上或其邻近的建筑物(包括支挡物和排水构筑物)的裂缝,但应注意区分滑坡引起裂缝与施工裂缝、不均匀沉降裂缝、自重与非自重黄土湿陷裂缝、膨胀土裂缝、温度裂缝和冻胀裂缝的差异,避免误判。

(8)调查、测绘地下水特征,泉水出露地点及流量,地表水自然排泄沟渠的分布和断面,湿地的分布和变迁情况等。

(9)围绕判断是首次滑动的新生滑坡还是再次滑动的古老滑坡进行调查。

(10)当地整治滑坡的经验。对滑坡的重点部位应摄影或录像。

2.野外勘探工作要点

(1)勘探工作的主要任务是查明滑坡体的地质结构、滑动面的位置、展布形状、数目和滑带岩土性质,查明地下水情况,采取岩土试样进行试验等。

(2)勘探线应在测绘、调查基础上,沿滑动主轴方向布设。根据滑坡规模和分块、分条情况,在主轴线两侧亦应布设勘探线或勘探点;在各勘探线上勘探点的间距,一般不宜大于40 m。在预计设置排水和支挡构筑物的地段,应有一定数量的勘探点。勘探方法除钻探和触探外,应有一定数量的探井。

(3)为直接观察地层结构和滑动面,或为做原位大型剪切试验,宜布设一定数量的探井或探槽。为准确查明滑动面的位置,对于土体滑坡,可布设适量静力探点;对于岩体滑坡,可采用合适的物探手段。

(4)一般性勘探点的深度,应穿过最下一层滑动面;少量控制性勘探点的深度,应超过滑坡体前缘最低剪出口标高以下的稳定地层内一定深度,以满足滑坡治理的需要。

(5)在滑坡体内、滑动面(带)和稳定地层内,均应采取足够数量的岩土试样进行试验。

(6)为查明地下水的类型,各层地下水位,含水层厚度,地下水流向、流速、流量及其承压性质,应布设专门性钻孔,或利用其他钻孔进行上述水文地质测试,必要时应设置地下水长期观测孔。

(7)滑坡勘探宜采用管式钻头、全取芯钻进,土质滑坡宜采用干钻,钻进过程中应细致地观察、描述和注意钻进难易的记录。以下迹象可能是滑动面(带)位置:

①通过小间距取样(0.5 m或更小),测定和绘制含水量随深度的变化曲线,含水量最大处,可能是滑动面(带)。

②所采取岩芯经自然风干,岩芯自然脱开处可能是滑动面;破碎地层与完整地层的界面也可能是滑动面位置;大型、超大型滑坡可能出现地层重复现象,结合测绘调查分析判断是否属滑动面(带)。

③孔壁坍塌、卡钻、漏水、涌水,甚至套管变形、民用水井井圈错位等都可能是滑动面位置,但应结合其他情况进行综合分析判断。

(三)测试和监测工作

1.测试工作

为了验算滑坡的稳定性,必须对滑带土进行抗剪强度试验,以求取C、φ指标。土的强度试验宜符合下列要求:

(1)采用室内、野外滑面重合剪,滑带宜做重塑土或原状土多次剪试验,并求出多次剪和残余剪的抗剪强度。

(2)采用与滑动受力条件相似的方法。

(3)采用反分析方法检验滑动面的抗剪强度指标。大型和重要的滑坡,则除采样进行室内试验外,还需做滑带土的原位测试。

2.监测工作

规模较大以及对工程有重要影响的滑坡,应进行监测。滑坡监测的内容包括:滑动带(面)的孔隙水压力;滑体内外地下水位、水质、水温和流量;支挡结构承受的压力及位移;滑体上工程设施的位移等。滑坡监测资料,结合降雨、地震活动和人类活动等因素综合分析,可作为滑坡时间预报的依据。

(四)滑坡的稳定性评价要求

1.计算要求

滑坡的稳定性计算应符合下列要求:

(1)正确选择有代表性的分析断面,正确划分牵引段、主滑段和抗滑段。

(2)正确选用强度指标,宜根据测试成果、反分析和当地经验综合确定。

(3)有地下水时,应计入浮托力和水压力。

(4)根据滑动面(滑动带)条件,按平面、圆弧或折线,选用正确的计算模型。

(5)当有局部滑动可能时,除验算整体稳定外,尚应验算局部稳定。

(6)当有地震、冲刷、人类活动等影响因素时,应计算这些因素对稳定的影响。

2. 综合评价

滑坡稳定性的综合评价,应根据滑坡的规模、主导因素、滑坡前兆、滑坡区的工程地质和水文地质条件,以及稳定性验算结果进行,并应分析发展趋势和危害程度,提出治理方案的建议。

3. 报告内容

滑坡勘察报告除应符合岩土工程勘察报告的一般规定外,尚应包括下列内容:

(1)滑坡的地质背景和形成条件。

(2)滑坡的形态要素、性质和演化。

(3)提供滑坡的平面图、剖面图和岩土工程特性指标。

(4)滑坡稳定分析。

(5)滑坡防治和监测的建议,整治方案的建议。

任务二　斜坡场地稳定性评价

斜坡稳定性评价的目的是:合理设计人工边坡,使之既稳定安全,又不浪费开挖工作量;评定、核算与工程有关的天然斜坡稳定性现状及受工程影响后的稳定性状况;对已建成的人工边坡检查其稳定性状况;为整治斜坡提供设计依据。

边坡稳定性计算方法,根据边坡类型和可能的破坏形式,按下列原则确定:

(1)土质边坡和规模较大的碎裂结构的岩质边坡宜采用圆弧滑动法计算。

(2)对可能产生平面滑动的边坡宜采用平面滑动法进行计算。

(3)对可能产生折线滑动的边坡宜采用折线滑动法进行计算。

(4)对结构复杂的岩质边坡,可配合采用赤平极射投影法和实体比例投影法分析。

(5)当边坡破坏机制复杂时,宜结合数值分析法进行分析。

斜坡稳定性评价方法有多种,常用的有自然历史分析法、力学计算法、图解法和工程地质类比法。大体上属定性评价和定量评价两大类。

一、自然历史分析法

自然历史分析法是一种定性评价的方法。主要通过研究斜坡形成的地质历史和所处的自然地理及地质环境、斜坡的地貌和地质结构、发展演化阶段及变形破坏形迹,来分析主要的和次要的影响因素,从而对斜坡稳定性做出初步评价。所以,这种方法实际上是通过追溯斜坡发生、发展演化的全过程,来进行稳定性评价的。它对研究斜坡稳定性的区域性规律尤为适用。

自然历史分析法主要包括三方面研究内容:

(1)区域地质背景的研究,包括区域构造、地层岩性分布和地形地貌特点以及近期地壳运动强烈程度(如地壳运动形式、地应力状态、有否有活断层分布及其特征等),并结合斜坡变形破坏的分布和特征,就可以建立起斜坡变形破坏现象与区域地质背景间的相关关系。可由点到面来研究斜坡变形破坏的某些规律。这是一项基础性且带有全局意义的研究工作。

(2)分析促使斜坡演变的主导因素及触发因素。尤其是一些周期性因素(气候、水文、地震)与斜坡变形破坏间的相关性。

(3)预测斜坡所处的演化阶段和发展趋势、可能的破坏方式。可通过斜坡地质结构、外形及变形破坏形迹来进行,也可通过必要的监测手段来研究。

【小贴士】

自然历史分析法虽属初步的、定性的评价方法,但是它是其他各种评价方法的基础。

二、力学计算法

力学计算法主要适用于滑坡类破坏形式,是一种定量评价的方法。常用的是刚体极限平衡法。在实际工作中,常根据斜坡或边坡工程的重要性及具体情况,用一个稳定安全系数 K 来保证计算的安全度。一般规定 $K=1.1\sim1.5$。

根据岩土体的不同及边界条件的不同,计算公式较多,这里仅介绍《建筑边坡工程技术规范》(GB 50330—2002)里应用的几种方法。

(一)圆弧滑动法

当滑动面为圆弧或单一平面时,可按式(8-1)计算稳定安全系数:

$$K_s=\frac{\sum_{i=1}^{n}R_i}{\sum_{i=1}^{n}T_i}=\frac{\sum_{i=1}^{n}N_i\tan\varphi_i+\sum_{i=1}^{n}C_il_i}{\sum_{i=1}^{n}T_i}=\frac{\sum_{i=1}^{n}W_i\cos\alpha_i\tan\varphi_i+\sum_{i=1}^{n}C_il_i}{\sum_{i=1}^{n}W_i\sin\alpha_i} \tag{8-1}$$

式中　l_i——第 i 块土条滑动弧的长度,m;

W_i——第 i 块土条重量,kN/m;

N_i——第 i 块土条重量的法向分力,kN/m;

T_i——第 i 块土条重量的滑动分力,kN/m;

α_i——第 i 块土条中点圆弧切线与水平面的夹角,(°);

C_i、φ_i——第 i 块土条土体抗剪强度黏聚力(kPa)和内摩擦角,(°);

n——土条数。

(二)折线条分法

当滑动面为折线时,可采用式(8-2)计算稳定安全系数:

$$K_s=\frac{\sum_{i=1}^{n}\left(R_i\prod_{i}^{n-1}\psi_j\right)+R_n}{\sum_{i=1}^{n}\left(T_i\prod_{i}^{n-1}\psi_j\right)+T_n} \tag{8-2}$$

式中　ψ_j——第 i 块段剩余下滑力传递至第 $i+1$ 块段时传递系数,$\psi_j=\cos(\alpha_i-\alpha_{i+1})-$

$\sin(\alpha_i - \alpha_{i+1})\tan\varphi_{i+1}$，$\prod_{i}^{n-1}\psi_j = \psi_i \cdot \psi_{i+1} \cdot \psi_{i+2} \cdots \psi_{n-1}$

R_i——作用于第 i 块段的抗滑力，$R_i = N_i\tan\varphi_i + C_i l_i$，kN/m；

N_i——第 i 块段的滑动体 W_i 的法向分力，kN/m；

T_i——作用于第 i 块段的滑动面上的滑动分力，当 $T_i < 0$ 时取负值，kN/m；

其他参数意义同前。

滑坡推力计算应符合下列规定：

(1)当滑体有多层滑面时，应取推力最大的滑动面进行计算，确定滑坡推力。

(2)选择平行于滑动方向的几个具有代表性的断面进行计算，计算断面不少于两个，其中一个是主滑断面。

(3)滑坡推力作用点，可取滑坡厚度的1/2处。

(4)滑坡推力稳定安全系数应该根据现状及对工程的影响等因素，对地基基础设计等级为甲级的建筑物宜取1.25，设计等级为乙级的建筑物宜取1.15，设计等级为丙级的建筑物宜取1.05。

(5)根据岩土的性质和当地的经验，可采取试验和滑坡反分析相结合的手段，合理确定滑动面上的抗剪强度指标。

(三)平面滑动法

采用平面滑动法时，稳定安全系数可按式(8-3)确定：

$$K_s = \frac{\gamma V\cos\theta\tan\varphi + AC}{\gamma V\sin\theta} \tag{8-3}$$

式中 γ——岩土体的容重，kN/m^3；

C——结构面的黏聚力，kPa；

φ——结构面的内摩擦角，(°)；

A——结构面的面积，m^2；

V——岩体的体积，m^3；

θ——结构面的倾角，(°)。

边坡工程稳定性验算时，各种方法的稳定性应不小于表8-2规定的稳定安全系数要求，否则应对边坡进行处理。

表8-2 边坡稳定安全系数

计算方法	边坡工程安全等级		
	一级边坡	二级边坡	三级边坡
平面滑动法 折线条分法	1.35	1.30	1.25
圆弧滑动法	1.30	1.25	1.20

注：对地质条件很复杂或破坏结果很严重的边坡工程，其稳定安全系数宜适当提高。

边坡工程应按其损坏后可能造成的破坏后果(危及人的生命，造成经济损失，产生社会不良影响)的严重性、边坡类型和坡高等因素，根据表8-3确定安全等级。

表 8-3　边坡工程安全等级

边坡类型		边坡高度(m)	破坏后果	安全等级
岩质边坡	岩体类型为Ⅰ类和Ⅱ类	$H \leqslant 30$	很严重	一级
			严重	二级
			不严重	三级
	岩体类型为Ⅲ类和Ⅳ类	$15 < H \leqslant 30$	很严重	一级
			严重	二级
		$H \leqslant 15$	很严重	一级
			严重	二级
			不严重	三级
土质边坡		$10 < H \leqslant 15$	很严重	一级
			严重	二级
		$H \leqslant 10$	很严重	一级
			严重	二级
			不严重	三级

注:1. 一个边坡工程的各段,可根据实际情况采用不同的安全等级。

2. 对危害性极严重、环境和地质条件复杂的特殊边坡工程,其安全等级应根据工程情况适当提高。

三、图解法

图解法是一种定性或半定量的评价方法。在斜坡稳定性评价中,一般采用两种图解法,即图表计算法和图解分析法。

图表计算法种类较多,其基本原理一般都是根据斜坡所处的条件,先确定某一无因次量,并绘制不同坡角情况下无因次量与稳定系数关系曲线图,或不同稳定系数情况下的无因次量与坡角关系曲线图。借助于曲线图,在已知 C、$\tan\varphi$、ρ、α、β,H 等参数后,即可直接从关系曲线上查得稳定系数。

图表计算法与力学计算法相比较,其结果精度差些。但是,在进行边坡初步设计时是可以满足要求的。

四、工程地质类比法

工程地质类比法就是将所要研究的斜坡或拟设计的人工边坡与已研究过的斜坡或人工边坡进行类比,以评价其稳定性或确定其坡角和坡高。类比时必须全面分析研究工程地质条件和影响斜坡稳定性的各项因素,比较其相似性和差异性。相似性愈高,则类比依据愈充分,所得结果愈可靠。类比的基础是相似,只有相似程度较高才可进行类比。所以,类比法一定要充分做好工程地质调查研究工作,而且要有丰富的实践经验。

【阅读与应用】

我国铁道、矿山、水电部门已有不少类比的实例,并提出不同条件下坡高和坡角的经验数据，被称为“坡率法”，见《建筑边坡工程技术规范》(GB 50330—2002)。

单元三　泥石流场地勘察与评价

【知识链接】

一、基本概念

泥石流是发生在山区的一种自然地质灾害，是洪水侵蚀山体，挟带大量泥、砂、石块等固体物质，沿陡峭的山间沟谷下泄的特殊洪流。它往往突然暴发，来势凶猛，具有强大的破坏力；它常常堵塞江河，使江河泛滥成灾，严重地影响着山区场地设施及居民生命安全。

二、泥石流的形成条件

泥石流的形成，必须同时具备以下三个基本条件：

(1)有利于储集、运动和停淤的地形地貌条件。

(2)有丰富的松散土石碎屑固体物质来源。

(3)短时间内可提供充足的水源和适当的激发因素。

三、泥石流的分类

泥石流的分类由于划分标准不同而有多种，既可以依据单一指标特征划分，也可按泥石流的综合特征划分。以下介绍几种常见的划分类型。

(一)按泥石流规模分类

按泥石流规模分为特大型、大型、中型、小型(见表8-4)。

表8-4　按泥石流规模分类

指标	类型			
	特大型	大型	中型	小型
流域单位面积固体物质储量(万 m^3/km^2)	>100	10~100	5~10	<5
固体物质一次最大冲出量(万 m^3)	>10	5~10	1~5	<1
破坏范围及威力	最大	大	中等	小

(二)按泥石流流体性质分类

按泥石流流体性质分为黏性和稀性两大类，泥流、泥石流、水石流三个亚类。

(三)泥石流工程分类

泥石流工程分类是要解决泥石流沟谷作为各类建筑场地的适应性问题，它综合反映了泥石流成因、物质组成、泥石流体特征、流域特征、危害程度等，属于综合性的分类，对泥石流的整治更有指导意义。泥石流工程分类见表8-5。

表 8-5 泥石流的工程类别与特征

沟谷类别	泥石流特征	流域特征	亚类	严重程度	流域面积（km^2）	固体物一次冲出量（万 m^3）	流量（m^3/s）	堆积区面积（km^2）
Ⅰ类（高频率泥石流沟谷）	基本上每年均有泥石流发生。固体物质主要来源于沟谷的滑坡、崩塌。暴发雨强小于 2～4 mm/10 min。除岩性因素外，滑坡、崩塌严重的沟谷多发生黏性泥石流，规模大；反之，多发生稀性泥石流，规模小	多位于强烈抬升区，岩层破碎，风化强烈，山体稳定性差。泥石流堆积新鲜，无植被或仅有稀疏草丛。黏性泥石流沟中下游沟床坡度大于4%	$Ⅰ_1$	严重	>5	>5	>100	>1
			$Ⅰ_2$	中等	1～5	1～5	30～100	<1
			$Ⅰ_3$	轻微	<1	<1	<30	—
Ⅱ类（低频率泥石流沟谷）	爆发周期一般在 10 a 以上。固体物质主要来源于沟床，泥石流发生时“揭床”现象明显。暴雨时坡面产生的浅层滑坡往往是激发泥石流形成的重要因素。暴发雨强一般大于 4 mm/10 min。规模一般较大，性质有黏有稀	山体稳定性相对较好，无大型活动性滑坡、崩塌。沟床和扇形地上巨石遍布。植被较好，沟床内灌木丛密布，扇形地多已辟为农田。黏性泥石流沟中下游沟床坡度小于4%	$Ⅱ_1$	严重	>10	>5	>100	>1
			$Ⅱ_2$	中等	1～10	1～5	30～100	<1
			$Ⅱ_3$	轻微	<1	<1	<30	

注：1. 表中流量对高频率泥石流沟谷指百年一遇流量，对低频率泥石流沟谷指历史最大流量。

2. 泥石流的工程分类宜采用野外特征与定量指标相结合的原则，定量指标满足其中一项即可。

任务一 泥石流场地勘察

泥石流勘察应在可行性研究或初步勘察阶段进行，应查明泥石流的形成条件和泥石流的类型、规模、发育阶段、活动规模，并对工程场地做出适宜性评价，提出防治方案的建议。

一、工程地质测绘和调查

泥石流勘察应以岩土工程测绘和调查为主要勘察手段，一般情况下不进行勘探和测试。

（一）测绘范围

岩土工程测绘范围应包括沟口至分水岭的全部地段（包括泥石流的形成区、流通区和堆积区）和可能受泥石流影响的地段。

（二）测绘比例尺

测绘比例尺，对全流域宜采用 1∶50 000，对中下游可采用 1∶2 000～1∶10 000。

（三）调查内容

（1）冰雪融化和暴雨强度、前期降雨量、一次最大降雨量、平均及最大流量、地下水活动等情况。

（2）地形地貌特征。包括沟谷的发育程度、切割情况、坡度、弯曲、粗糙程度，并划分泥石流的形成区、流通区和堆积区，圈绘整个沟谷的汇水面积。

(3)形成区的水源类型、水量、汇水条件、山坡坡度，岩层性质及风化程度；查明断裂、滑坡、崩塌、岩堆等不良地质作用的发育情况及可能形成泥石流固体物质的分布范围、储量。

(4)流通区的沟床纵横坡度、跌水、急弯等特征，查明沟床两侧山坡坡度、稳定程度，沟床的冲淤变化和泥石流的痕迹。

(5)堆积区的堆积扇分布范围。表面形态、纵坡、植被、沟道变迁和冲淤情况，查明堆积物的性质、层次、厚度，一般粒径和最大粒径，判定堆积区的形成历史、堆积速度，估算一次最大堆积量。

(6)泥石流沟谷的历史，历次泥石流的发生时间、频数、规模、形成过程、暴发前的降雨情况和暴发后产生的灾害情况。

(7)开矿弃渣、修路切坡、砍伐森林、陡坡开荒和过度放牧等人类活动情况。

(8)当地防治泥石流的经验。

二、勘探测试

当需要对泥石流采取防治措施时，应进行勘探测试，进一步查明泥石流堆积物的性质、结构、厚度、固体物质含量、最大粒径、流速、流量、冲出量和淤积量等。具体实施应按照以下几点：

(1)需要查明泥石流堆积物的组成与厚度时，可采用钻探、坑探方法，条件适合时也可采用物探。查明泥石流堆积物厚度的钻孔应钻入基岩的深度，并宜超过沟内最大块石直径 3 ~ 5 m。

(2)泥石流试验的取样工作应在工程地质测绘与调查之后进行，并应选取流域内的代表性泥石流堆积物土样。

(3)泥石流流体密度 ρ_c、固体颗粒密度 ρ_s、颗粒分析试验，应在现场进行；泥石流的颗粒分析侧重做粉砂和黏土粒组含量百分数、小于 1 mm 的颗粒含量百分数、平均粒径 d_{50} 的分析；黏性泥石流要做湿陷性试验及可溶盐含量测试；稀性泥石流还要采取固体物质补给区试样进行颗粒分析试验。

(4)对严重危害铁路、公路等线路工程的大规模泥石流，应建立观测试验站，以获取泥石流各项特征值的定量指标。

三、对泥石流进行动态监测

在泥石流的治理过程中，对泥石流的动态监测是采取和调整治理措施的依据。泥石流动态监测可采用下列方法：

(1)采用遥感技术进行泥石流规模、发育阶段、活动规律的中、长周期监测。

(2)采用地面多光谱陆摄法、地面立体摄影测量技术，进行泥石流基本参数变化的短周期动态监测。

任务二 泥石流场地评价

泥石流地区工程建设适宜性评价，一方面应考虑到泥石流的危害性，确保工程安全，不能轻率地将工程设在有泥石流影响的地段；另一方面也不能认为凡属泥石流沟谷均不能兴建工程，而应根据泥石流的规模、危害程度等按泥石流工程分类区别对待。

(1) $Ⅰ_1$类、$Ⅱ_1$类泥石流沟谷规模大，危害性大，防治工作困难且不经济，故不能作为各类工程的建设场地。

(2) $Ⅰ_2$类、$Ⅱ_2$类泥石流沟谷，一般以避开为好，不宜作为工程建设的场地；当必须作为建设场地时，应提出综合防治措施的建议；对线路工程（包括公路、铁路和穿越线路工程），宜在流通区或沟口选择沟床固定、沟形顺直、沟道纵坡比较一致、冲淤变化较小的地段设桥或墩通过，并尽量选择在沟道比较狭窄的地段以一孔跨越通过，当不可能一孔跨越时，应采用大跨径，以减少桥墩数量。

(3) $Ⅰ_3$类、$Ⅱ_3$类泥石流沟谷，由于其规模及危害性均较小，防治也较容易和经济，堆积扇可作为工程建设场地；线路工程可以在堆积扇通过，但宜用一沟一桥，不宜任意改沟、并沟，根据具体情况做好排洪、导流等防治措施。

(4)当沟口上游有大量弃渣或进行工程建设改变了沟口的原有供排平衡条件时，应重新判定产生新的泥石流的可能性。

单元四　场地和地基的地震效应勘察与评价

【知识链接】

地震是地下深处的岩层，由于某种原因突然破裂、塌陷以及火山爆发等而产生振动，并以弹性波的形式传递到地表。表示地震本身大小的尺度是地震震级，是由地震所释放出来的能量大小所决定的，释放出来的能量愈大则震级愈大。地震烈度是指某一地区的地面和各种建筑物遭受地震影响的强烈程度。我国和世界上大多数国家都是把烈度分为12度。

震级和烈度既有联系，又有区别。震级是反映地震本身大小的等级，只与地震释放的能量有关，而烈度则表示地面受到的影响和破坏的程度。

地震烈度分为：①基本烈度，是指在今后一定时期内，某一地区在一般场地条件下可能遭遇的最大地震烈度。基本烈度所指的地区，并不是某一具体工程场地，而是指一较大范围，因此基本烈度又常常称为区域烈度。②场地烈度，提供的是地区内普遍遭遇的烈度，具体场地的地震烈度与地区内的平均烈度常常是有差别的。③设防烈度，是指按国家规定的权限批准作为一个地区抗震设防依据的地震烈度。

松散饱水的土体在地震和动力荷载作用下，受到强烈振动而丧失抗剪强度，土颗粒处于悬浮状态，致使地基失效的现象，称为振动液化。这种现象多发生在砂土地基中，故也称砂土液化。

地震液化造成了地面下沉、地表塌陷、地面流滑及地基土承载力丧失等宏观震害现象，它们对工程设施皆有危害性。

任务一　场地和地基地震效应勘察

一、场地和地基地震效应岩土工程勘察的主要任务

(1)根据国家批准的地震动参数区划和有关的规范，提出勘察场地的抗震设防烈度、设计基本地震加速度和设计特征周期分区。

(2)在抗震设防烈度大于或等于6度的地区进行勘察时，应划分对抗震有利、不利和危险的地段，划分场地类别。《建筑抗震设计规范》(GB 50011—2010)根据土层等效剪切波速和覆盖层厚度把建筑场地划分为四类。当有可靠的剪切波速和覆盖层厚度值而场地类别处于类别的分界线附近时，可按插值方法确定场地反应谱特征周期。

(3)场地内存在地震断裂时，应对断裂的工程影响进行评价。

(4)对需要采用时程分析的工程，应根据设计要求，提供土层剖面、覆盖层厚度和剪切波速度等有关参数。当任务需要时，可进行地震安全性评估或抗震设防区划。

(5)进行液化判别。通过初判判别场地有无液化的可能性，再进一步综合判别评价液化等级。

【小贴士】

当抗震设防烈度为6度时，可不考虑液化的影响。但对沉陷敏感的乙类建筑，可按7度进行液化判别。甲类建筑的地震作用要按本地区设防烈度提高1度计算，当为8、9度时应进行专门的液化研究。

(6)抗震设防烈度大于或等于7度的厚层软土分布区，宜判别软土震陷的可能性和估算震陷量。

(7)场地或场地附近有滑坡、滑移、崩塌、塌陷、泥石流、采空区等不良地质作用时，应进行专门勘察分析评价在地震作用时的稳定性。

(8)提出抗液化措施的建议。

二、勘探工作量布置要求

场地和地基地震效应勘察以钻探、波速测试为主要勘探手段。以岩土工程地震测绘和调查为辅。其工作量布置一般应符合以下要求：

(1)为划分场地类别布置的勘探孔，当缺乏资料时，其深度应大于覆盖层厚度。当覆盖层厚度大于80 m时，勘探孔深度应大于80 m，并分层测定剪切波速。

【小贴士】

10层和高度30 m以下的丙类和丁类建筑，无实测剪切波速时，可按国家标准《建筑抗震设计规范》(GB 50011—2010)的规定，按土的名称和性状估计土的剪切波速。

(2)在场地的初步勘察阶段，对大面积的同一地质单元，测量土层剪切波速的钻孔数量，应为控制性钻孔数量的1/5 ~ 1/3，山间河谷地区可适量减少，但不宜少于3个。在场地的详细勘察阶段，对单幢建筑测量土层剪切波速的钻孔数量不宜少于2个，数据变化较大时，可适量增加；对小区中处于同一地质单元的密集高层建筑群，测量土层剪切波速的钻孔数量可适当减少，但每幢高层建筑不得少于一个。

(3)地震液化的进一步判别应在地面以下15 m的范围内进行；对于桩基和基础埋深大于5 m的天然地基，判别深度应加深至20 m。为判别液化而布置的勘探点不应少于3个，勘探孔深度应大于液化判别深度。

(4)当采用标准贯入试验判别液化时，应按每个试验孔的实测击数进行。在需要做判定的土层中，试验点的竖向间距为1.0 ~ 1.5 m，每层土的试验点数不宜少于6个。

任务二　场地和地基地震效应稳定性评价

一、地震液化成因分析

引起地震液化的主要因素包括土的类型与性质、土体的埋藏分布、地震的强度和历时几个方面。

(一)土的类型与性质

1. 土的颗粒级配

根据统计资料,最易发生液化的粒度组成特征值是:平均粒径 D_{50} 为 0.02 ~0.10 mm;黏粒(粒径 <0.005 mm)含量 ρ_c <10%;不均匀系数 η 为 2 ~8;相对密度 D_r 不大于 75%;级配不连续的土粒径 <1 mm 的颗粒含量大于 40%;塑性指数 I_P 不大于 10。

2. 砂土的密实度

松砂极易液化,密实砂则不易液化。一般情况是:相对密度 D_r <50% 的砂土在振动作用下很快液化,D_r >80% 时不易液化。

3. 饱水砂土的成因和堆积年代

一般大范围地震液化的地区,多为沉积年代较新的滨海平原、河口三角洲和河流堆积物区,一般土体结构疏松,地下水埋藏浅。近年来历次地震震后调查发现,发生液化处多为全新世乃至近代海相及河湖相沉积平原、河口三角洲、洼地、河流的泛滥地带、河漫滩、古河道、滨海地带及人工填土地带等。

(二)液化土体的埋藏分布条件

疏松砂层埋藏愈浅,上覆不透水的黏性土盖层愈薄,地下水位愈高时,液化所需的超孔隙水压力就愈小,愈易液化。据资料显示,饱水砂层埋深大于 15 ~20 m 时难以液化。此外,地下水埋深大于 5 m 时,液化现象极少。最大液化深度:一般认为液化判别应在地下 15 m 深度范围内进行,最大液化深度可达 20 m,但对一般浅基础而言,即使 15 m 以下液化,对建筑物影响也极轻微。最高地下水位:喷砂冒水严重的地区,地下水埋深一般不超过 3 m,甚至不足 1 m,深为 3 ~4 m 时喷砂冒水现象少见,超过 5 m 没有喷砂冒水实例。

(三)地震的强度和历时

地震是液化的动力来源。地震愈强,历时愈长,则愈易引起液化作用,而且波及范围愈广,破坏愈严重。

二、地震液化的判别

《建筑抗震设计规范》(GB 50011—2010)规定对存在饱和砂土和饱和粉土(不含黄土)的地基,除 6 度设防外,应进行液化判别;存在液化土层的地基,应根据建筑的抗震设防类别、地基的液化等级,结合具体情况采取相应的措施。

(1)根据地层条件,进行初步判别:饱和土液化判别和地基处理,6 度时,一般情况下可不考虑,但对液化沉降敏感的乙类建筑物,可按 7 度考虑;7 ~9 度时,乙类建筑物可按原烈度考虑。

(2)饱和砂土或粉土为第四纪晚更新世(Q_3)及其以前的可判不液化,当粉土的黏粒(粒径小于 0.005 mm 的颗粒)含量百分数,7 度、8 度和 9 度分别不小于 10%、13% 和 16% 时,可判为不液化；采用天然地基的建筑，当上覆非液化土层厚度和地下水位符合下列条件之一时，可不考虑液化影响：

$$d_u > d_o + d_b - 2 \tag{8-4}$$

$$d_w > d_o + d_b - 3 \tag{8-5}$$

$$d_u + d_w > 1.5d_o + 2d_b - 4.5 \tag{8-6}$$

式中　d_w——地下水位，m，宜按建筑物使用期内年平均最高水位，也可按近期内年最高水位；

d_o——上覆非液化土层厚度，m，计算时应将淤泥和淤泥质土层排除；

d_b——基础埋置深度，m，不超过 2 m 时采用 2 m；

d_u——液化土特征深度，m，可按表 8-6 采用。

表 8-6　液化土特征深度　（单位：m）

饱和土类别	地震烈度（度）		
	7	8	9
粉土	6	7	8
砂土	7	8	9

（3）当初判认为需进一步进行液化判别时，应用标准贯入试验判别法判别地面下 15 m 深度范围内的液化；当采用桩基或埋深大于 5 m 的深基础时，尚应判别 15～20 m 范围内土的液化。当饱和土标准贯入锤击数（未经杆长修正）小于液化判别标准贯入锤击数临界值时，应判为液化土。当有成熟经验时，尚可采用其他判别方法。在地面下 15 m 深度范围内的液化土应符合下式要求：

$$N < N_{cr} \tag{8-7}$$

$$N_{cr} = N_o[0.9 + 0.1(d_s - d_w)]\sqrt{\frac{3}{\rho_c}} \quad (d_s < 15) \tag{8-8}$$

在地面下 15～20 m 范围内，液化判别标准贯入锤击数临界值可按式（8-9）计算：

$$N_{cr} = N_o(2.4 - 0.1d_s)\sqrt{\frac{3}{\rho_c}} \quad (15 < d_s < 20) \tag{8-9}$$

式中　N——饱和土标准贯入锤击数实测值（未做杆长修正）；

N_{cr}——液化判别标准贯入锤击数临界值；

N_o——液化判别标准贯入锤击数基准值，应按表 8-7 采用；

d_s——饱和土标准贯入点深度，m；

ρ_c——黏粒含量百分率，当小于 3 或为砂土时，均应采用 3。

表 8-7　标准贯入锤击数基准值 N_o

设计地震分组	地震烈度（度）		
	7	8	9
第一组	6(8)	10(13)	16
第二、三组	8(10)	12(15)	18

注：括号内数值用于设计基本地震加速度为 0.15g 和 0.30g 的地区。

(4)存在液化土层的地基,应进一步探明各液化土层的深度和厚度,并应按式(8-10)计算液化指数:

$$I_{LE} = \sum_{i=1}^{n}\left(1 - \frac{N_i}{N_{cr}}\right)d_i W_i \tag{8-10}$$

式中 I_{LE}——液化指数;

n——在判别深度范围内每一个钻孔标准贯入试验点的总数;

N_i、N_{cr}——i 点标准贯入锤击数的实测值和临界值,当实测值大于临界值时应取临界值的数值;

d_i——i 点所代表的土层厚度,m,可采用与该标准贯入试验点相邻的上、下两标准贯入试验点深度差的一半,但上界不小于地下水位,下界不大于液化深度;

W_i——i 土层考虑单位土层厚度的层位影响权函数值,m^{-1},若判别深度为15 m,当该层中点深度不大于5 m时应采用10,等于15 m时应采用零值,5~15 m时应按线性内插法取值,若判别深度为20 m,当该层中点深度不大于5 m时应采用10,等于20 m时应采用零值,5~20 m时应按线性内插法取值。

根据液化指数按表8-8划分液化等级。

表8-8 液化等级

液化等级	轻微	中等	严重
判别深度为15 m时的液化指数	$0 < I_{LE} \leqslant 5$	$5 < I_{LE} \leqslant 15$	$I_{LE} > 15$
判别深度为20 m时的液化指数	$0 < I_{LE} \leqslant 6$	$6 < I_{LE} \leqslant 18$	$I_{LE} > 18$

单元五 其他不良地质作用场地勘察与评价

本单元主要介绍采空区、地面沉降和活断层的勘察与评价内容、方法和技术要求,重点是场地评价的内容、方法和技术要求。

一、采空区场地勘察与评价

为采掘地下资源而留下的地下空间称为地下采空区,根据开采现状可分为老采空区、现采空区及未来采空区三类。老采空区是指建筑物兴建时,历史上已经采空的场地;现采空区是指建筑物兴建时,地下正在开采的场地;未来采空区是指建筑物兴建时,地下赋存有工业价值的矿层,目前尚未开采,而规划中要开采的场地。

当开采空间位置很浅或尺寸很大时,围岩变形破坏往往波及地表,使之产生沉降,形成地表移动盆地,甚至出现崩陷和裂缝,以致危及地面建筑物安全,形成采空区场地特有的岩土工程问题。

(一)采空区场地勘察

地下采空区场地不同部位的变形类型和大小各不相同,且随时间也是变化的。这种变形对建筑物选址和选型都是很重要的,如铁路、公路及大型引水工程选线,房屋建筑和构筑物、隧洞等工程的选址及其地基处理都必须考虑地下采空区场地变形特性及发展趋势的影响。与一般建筑场地相比，地下采空区场地的勘察内容、研究方法都是不一样的，甚至对不同类型的采空区也是有区别的。

地下采空区勘察的主要目的是查明老采空区的分布范围、埋深、充填程度及上覆岩层的稳定性。预测现采空区和未来采空区的地表变形特征及规律，为建筑工程选址、设计和施工提供可靠的地质和岩土工程资料。采空区勘察主要通过资料收集、地面调查，辅以物探、钻探和地表变形观测等进行。具体内容如下：

(1)矿区地层岩性、地质构造及水文地质条件。

(2)矿层的分布、层数、厚度、倾角、埋深及上覆岩层性质。

(3)开采方法、深度、厚度、顶板管理方法、开采边界及工作面推进方向与速度。

(4)地表变形特征和分布规律。包括地表陷坑、台阶及裂缝的位置、形状、大小、深度、延伸方向及其与采空区、地质构造、开采边界及工作面推进方向等的关系。

(5)对老采空区，应通过调查访问和物探、钻探工作查明采空区的分布范围、采厚、埋深、充填情况和密实程度、开采时间、方式，评价上覆岩层的稳定性，预测残余变形的影响，判定作为建筑场地的适宜性和应采取的措施。

(6)对现采空区和未来采空区，应分析预测地表移动盆地的特征，划分出中间区、内边缘区和外边缘区。计算地表下沉、倾斜、曲率、水平位移和变形等值的大小。根据建筑物的允许变形判断对建筑物的危害程度，提出加固保护方案和措施。

(7)采空区附近的抽、排水情况及对采空区稳定性的影响。

(8)已有建筑物的类型、结构及其对地表变形的适宜程度和建筑经验等。

(9)建筑场地的地形及地基岩土物理力学性质。

采空区场地的物探工作应根据岩土的物理条件和当地经验采用综合物探方法，如地震法、电法等。

钻探工作除满足甲级岩土工程详勘要求外，在异常点和可疑部位应加密勘探点，必要时可一桩一孔。

(二)地表变形的观测方法

地表变形观测是在选定的地区或建筑物上，设置一定数量的观测点(水准点或三角测量点)，定期观测这些点在地下采动过程中变形随时间的变化情况，确定其位移和变形大小，用以分析、研究地表变形特征，预测其变化趋势，以便针对其变形情况采取必要的处理措施。这是研究采空区地表变形简单而有效的途径。

地表变形观测一般至少布置两条测线，一条平行于矿层走向，另一条垂直于矿层走向。方法是先确定矿层走向，然后根据矿区已有地表位移资料确定其观测线。观测线长度应稍超过地表移动盆地边界一定距离，以便确定盆地边界，盆地边界可根据矿区已有地表位移资料、观测资料或类似矿区资料综合确定。

(三)采空区场地评价

地下采空区场地评价的主要任务是：查明老采空区上覆岩层的稳定性，预测现采空区和未来采空区地表移动、变形的特征和规律，判定其作为建筑场地的适宜性和对建筑物的危害程度。这是矿山城市特殊的岩土工程研究课题。

二、地面沉降场地勘察与评价

地面沉降是一种环境地质灾害。它是由于人为开采地下水、石油和天然气而造成地层压密变形，从而导致区域地面高程下降的地质现象，使城市地质环境恶化，建筑（构）物不能正常使用，给国民经济造成极大损失。本单元主要是针对由于人为抽取地下承压水引起的大面积地面沉降，即抽水导致的地面沉降。

（一）地面沉降场地勘察

1. 地面沉降勘察的目的和任务

（1）对已发生地面沉降的地区，应查明地面沉降的原因和现状，并预测其发展趋势，提出控制和治理方案。

（2）对可能发生地面沉降的地区，应结合水资源评价预测发生地面沉降的可能性，并对可能的沉降层位做出估计，对沉降量进行估算，提出预防和控制地面沉降的建议。

2. 地面沉降岩土工程勘察的内容

1）对地面沉降原因调查

调查地面沉降原因应从工程地质条件、地下水埋藏条件和地下水动态三方面进行。

（1）工程地质条件。场地的地貌和微地貌；第四纪堆积物年代、成因、厚度和埋藏条件和土性特征，硬土层和软弱压缩层的分布；地下水位以下可压缩层的固结状态和变形参数。

（2）地下水埋藏条件。含水层和隔水层的埋藏条件和承压性质，含水层的渗透系数、单位涌水量等水文地质参数；地下水的补给、径流、排泄条件，含水层间或地下水与地面水的水力联系。

（3）地下水动态。历年地下水位、水头的变化幅度和速率；历年地下水的开采量和回灌量，开采或回灌的层段；地下水位下降漏斗及回灌时地下水反漏斗的形成和发展过程。

2）对地面沉降现状调查

对地面沉降现状的调查主要包括对地面沉降量观测、对地下水观测、对地面沉降范围内已有建筑物的调查三个方面。

3. 地面沉降勘察的技术方法

地面沉降勘察主要采用以下技术方法：

（1）工程地质测绘与调查。

（2）精密水准监测。通常设置三种标点：①高程基准标（也称背景标），设置在地面沉降所不能影响的范围内；②地面沉降标，是用于观测地面升降的地面水准点；③分层沉降标，用于观测某一深度范围内土层的沉降幅度的观测标。

（3）勘探。通过钻探、槽探、井探观察、鉴别地层情况，采取水样、原状土样。

钻探孔可以有水文地质孔和工程地质孔两种。其中，水文地质孔主要用作抽水试验孔和水位观测孔；工程地质孔主要用于土层鉴别、采取原状土样并兼作孔隙水压力测试等。

（4）土工试验。土工试验包括室内土工试验和现场原位测试。室内土工试验主要包括颗粒分析试验和含水量、重度、土的比重、液塑限、抗剪强度试验，常规压缩、固结试验以及水质分析、高压固结试验、循环加荷固结试验等特殊性试验。原位测试主要有抽水试验、孔隙水压力测试等。

土工试验的目的就是为地面沉降分析计算提供有关岩土物理力学及水化学性质指标。

(二)地面沉降场地评价

国内外关于地面沉降的计算方法较多,归纳起来大致有理论计算法、半理论半经验法、经验法三种。以下主要介绍半理论半经验的分层总和法和基于经验的单位变形量法。

1. 分层总和法

(1)砂层应按式(8-11)计算

$$S_{\infty} = \frac{\Delta p H}{E} \tag{8-11}$$

(2)黏性土或粉土层按式(8-12)计算

$$S_{\infty} = \frac{a_v}{1 + e_0}\Delta p H \tag{8-12}$$

式中 S_{∞}——最终沉降量,cm;

a_v——黏性土或粉土的压缩系数或回弹系数,MPa^{-1};

e_0——初始孔隙比;

Δp——水位变化施加于土层上的平均荷载,MPa;

H——计算土层厚度,cm;

E——砂土的弹性模量,压缩时为 E_c,回弹时为 E_s,MPa。

总沉降量应等于各土层沉降量的总和,即

$$S = \sum_{i=1}^{n} S_i \tag{8-13}$$

2. 单位变形量法

以已有的地面沉降实测资料为依据,计算在某一特定时段(水位上升或下降)内,含水层水头变化 1 m 相应的变形量,称为单位变形量,可按下列公式计算:

$$I_s = \frac{\Delta S_s}{\Delta h_s} \tag{8-14}$$

$$I_c = \frac{\Delta S_c}{\Delta h_c} \tag{8-15}$$

式中 I_s、I_c——水位升、降期的单位变形量,mm/m;

Δh_s、Δh_c——同时期水位升、降幅度,m;

ΔS_s、ΔS_c——相应于该水位变幅下的土层变形量,mm。

为了反映地质条件和土层厚度与 I_s、I_c 参数的关系,将上述单位变形量除以土层的厚度 H(mm),称为该土层的比单位变形量,按下列公式计算:

$$I'_s = \frac{I_s}{H} = \frac{\Delta S_s}{\Delta h_s H} \tag{8-16}$$

$$I'_c = \frac{I_c}{H} = \frac{\Delta S_c}{\Delta h_c H} \tag{8-17}$$

式中 I'_s、I'_c——水位升降期的比单位变形量,1/m。

在已知预期的水位升降幅度和土层厚度的情况下,土层预测回弹量或沉降量按下列公式计算:

$$S_s = I_s \Delta h = I'_s \Delta h H \tag{8-18}$$

$$S_c = I_c \Delta h = I'_c \Delta h H \tag{8-19}$$

式中　S_s、S_c——水位上升或下降 Δh 米时，厚度为 H 毫米的土层预测沉降量，mm。

3. 黏性土固结过程计算

为预测地面沉降的发展趋势，在水位升降已经稳定的情况下，土层变形量与时间变化关系可用下列公式计算：

$$S_t = S_\infty U \tag{8-20}$$

$$U = 1 - \frac{8}{\pi^2}\left(e^{-N} + \frac{1}{9}e^{-9N} + \frac{1}{25}e^{-25N} + \cdots\right) \approx 1 - 0.8e^{-N} \tag{8-21}$$

$$N = \frac{\pi^2 C_v t}{4H^2} \tag{8-22}$$

式中　S_t——预测 t 月以后的土层变形量，mm；

U——固结度（%）；

e——自然对数的底，e = 2.718；

N——时间因数；

C_v——固结系数，压缩时为 C_{vc}，回弹时为 C_{vs}，mm^2/月；

H——土层的计算厚度，两面排水时取实际厚度的一半，单面排水时取全部厚度，mm。

三、活断层场地勘察与评价

活动断裂对工程建筑物安全的威胁主要来自断层错动——突发错动和缓慢错动。无论哪种方式的位移，都会对工程建筑物造成威胁，因而对活动断裂进行工程地质研究和工程安全评价非常必要。

（一）活断层场地勘察

抗震设防烈度大于或等于 7 度的重大工程场地应进行活动断裂（简称断裂）勘察。断裂勘察应查明断裂的位置和类型，分析其活动性和地震效应，评价断裂对工程建设可能产生的影响，并提出处理方案。

1. 准备工作

断裂勘察之前，应收集和分析有关文献档案资料，包括卫星航空像片、区域构造地质、强震震中分布、地应力和地形变、历史和近期地震等。

2. 断裂勘察工程地质测绘

断裂勘察工程地质测绘，除应符合一般工程地质勘察的要求外，尚应包括下列内容的调查：

（1）地形地貌特征。山区或高原不断上升剥蚀或有长距离的平滑分界线；非岩性影响的陡坡、峭壁、深切的直线形河谷，一系列滑坡、崩塌和山前叠置的洪积扇；定向断续线形分布的残丘、洼地、沼泽、芦苇地、盐碱地、湖泊、跌水、泉、温泉等；水系定向展布或同向扭曲错动等。

（2）地质特征。近期断裂活动留下的第四系错动，地下水和植被的特征；断层带的破碎和胶结特征等；深色物质宜采用放射性碳 14（^{14}C）法，非深色物质宜采用热释光法或铀系法，测定已错断层位和未错断层位的地质年龄，并确定断裂活动的最新时限。

（3）地震特征。与地震有关的断层、地裂缝、崩塌、滑坡、地震湖、河流改道和砂土液化等。

3. 避让措施

大型工业建设场地，在可行性研究勘察时，应建议避让全新活动断裂和发震断裂。避让距离应根据断裂的等级、规模、性质、覆盖层厚度、地震烈度等因素，按有关标准综合确定。非全新活动断裂可不采取避让措施，但当浅埋且破碎带发育时，可按不均匀地基处理。

(二)活断层场地评价

表征活动断裂在时空域内运动的参数有活动断裂的产状、长度、断距、错动速率和重复周期、年龄判断等。它们是活动断裂区进行地震预报和设防的重要资料。

1. 活动断裂的产状

活动断裂的产状，包括断层面的走向、倾向和倾角，可通过遥感影像判读、宏观地质调查、震源机制断层面解，以及对等震线几何特征、地表地震断层和裂缝带、大地测量资料的分析等多种途径获取。

2. 活动断裂的长度和断距

研究者习惯上用地震时地表断裂带长度和断层最大位移值分别来表征活动断裂的长度和断距。一般地说，地震的震级愈大，震源深度愈浅，地表断裂愈长，断层位移量也愈大。实测资料表明，一般大于7.5级的浅源地震均伴有地表错断，而小于5.5级者则少见。地震时地表错断的长度可从小于1 km至数百千米，地表错移量从几厘米至十几米。它们的变化均很大。

一般认为，地面上产生的最长地震断裂最能代表震源断层的长度。据此观点，我国地震工作者统计了我国及邻近地区地震的地表断裂资料，于1965年提出了如下关系式：

$$M = 3.3 + 2.1\lg L \tag{8-23}$$

式中 M——地震震级；

L——相应的最长地面断裂长度，km，当某次地震已知其震级时，即可按式(8-23)估算震源断层的长度。

3. 活动断裂的错动速率和周期

活动断裂的错动速率，一般是通过重复精密地形测量和研究第四纪沉积物年代及其错位量而获得的。重复精密地形测量可以精确地测定活动断裂不同地段的现今错动速率。而第四纪沉积物年代及其错位量的研究则只能确定活动断裂在最新地质时期内的平均错动速率。

据统计，我国活动断裂的平均错动速率各地差异甚大。

地震断层两次突然错动之间的时间间隔，即是活动断裂的错动周期。

活动断裂发生大地震的重复周期往往长达数百年至数千年，有的已超出地震记录的时间。为此，要加强史前古地震的研究，利用古地震保存在近代沉积物中的地质证据及地貌记录，来判定断层错动的次数和年代。

地震断层的错动周期主要取决于断层周围地壳应变速率和断层面锁固段(活断层的端点、拐点、交会点、分支点和错裂点，它们被称为活动断裂锁固段)的强度。一般情况是：应变速率愈小，锁固段强度愈大，则错动周期愈长。这就是说，地震强度愈大的活动断裂，其错动周期愈长。因此，刚发生过大地震的地段应该是安全的。

4. 活动断裂的年龄判据

确定活动断裂最新一次活动的地质年代和绝对年龄，对工程建设至关重要。

活动断裂的年龄判据，要以第四纪地质学和地层学研究等为基础，来判定活动断裂的地质年代或年代范围。在此基础上，应用现代测试技术，取样测定绝对年龄。所以，年龄判据方法可分为错断地层年龄法（间接法）和断层物质绝对年龄法（直接法）两大类。

错断地层年龄法适用于错断断层带及其所在地质体上覆盖第四纪沉积物的条件下。断层物质绝对年龄测定法，是从断层带内采取样品，并用专门仪器测定样品中某些矿物、岩石、化石的物理、化学和显微结构的变化等，用以确定绝对年龄。目前，有效的方法有^{14}C法、热发光法、铀系法、电子自旋共振法和石英表面显微结构法等。这些方法精度高，结果可靠，但取样有特殊要求。

若将上述两种方法结合起来使用，活动断裂年龄判据的可信度是很高的。

【阅读与应用】

(1)《岩土工程勘察规范》(GB 50021—2001)(2009 年版)。

(2)《建筑边坡工程技术规范》(GB 50330—2002)。

(3)《建筑抗震设计规范》(GB 50011—2010)。

小　结

本项目明确了不良地质作用和地质灾害的形成条件、类型和特点，重点介绍了场地勘察与评价的内容、要求和技术方法，保证工程建筑和生命财产的安全。

技能训练

1. 某建筑场地设防烈度为 8 度，设计基本地震加速度值为 0.30g，设计地震分组为第 1 组，经勘察地层结构 0 ~ 4.0 m 为粉质黏土层；4.0 ~ 29.0 m 为粉、细砂层，粉、细砂的黏粒含量为 3.0%；此层以下为粗、中砂层；地下水位为 2.0 m。对细砂层进行标贯试验，结果见表 8-9，试判断该地基土层有无液化，求出液化土层深度、液化指数，判定液化等级。

表 8-9　细砂层标准贯入试验结果

试验深度(m)	5	6.5	8	9.5	11	12.5	14	15.5	17	18.5	20	21.5	23	24.5	26	27
标准贯入锤击数(击)	10	14	15	19	23	28	28	30	35	42	40	43	48	48	49	49

2. 某滑坡剖面图如图 8-1 所示，取滑坡推力安全系数 r = 1.15，计算参数如表 8-10 所示，试计算该第一滑块传递系数、滑块的最终推力、滑坡的安全稳定系数。

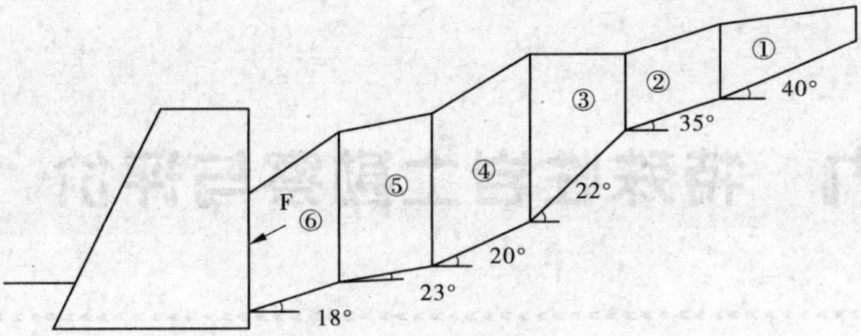

图 8-1 滑坡剖面图

表 8-10 计算参数

滑块编号	滑块自重 G(kN)	滑体土的黏聚力 C(kPa)	滑体土的内摩擦角 φ(°)	滑块滑动面的长度 L(m)	滑面倾角 β(°)	传递系数 Ψ
①	10 000	18	19	100	40	?
②	50 000	20	20.5	120	35	0.90
③	45 600	18	18.5	100	22	0.99
④	15 000	15	17	80	20	1.01
⑤	14 500	15	17	90	23	0.96
⑥	8 900	19	20.8	50	18	—

项目九　特殊性岩土勘察与评价

学习目标

一、知识目标

1. 熟悉特殊土工程地质特性。

2. 掌握特殊土场地勘察基本要求、内容和勘察方法。

3. 了解特殊土勘察的有关规定。

二、能力目标

能完成特殊土场地勘察基本工作，对特殊土地基做出工程评价。

【导入】

特殊性岩土是指在特定的地理环境或人为条件下形成的具有特殊的物质组成、结构构造的岩土，其物理力学性质和工程地质特征比一般土特殊而复杂。如果在此类岩土场地开展工程建设，常规勘察设计的方法不能满足工程要求，为了安全和经济，在岩土工程勘察中须采取特殊的方法和手段进行研究和处理，否则会给工程带来不良后果。特殊性岩土的种类很多，其分布一般具有明显的地域性。常见的特殊性岩土有湿陷性土、红黏土、软土、填土、膨胀岩土、冻土、盐渍土、混合土等。

单元一　湿陷性土

湿陷性土是结构不稳定的非饱和土，在自重或一定压力作用下受水浸湿后，其结构迅速破坏，并产生显著的附加下沉，其强度也随之迅速降低。湿陷性土在我国北方分布广泛，除常见的湿陷性黄土外，在我国的干旱及半干旱地区，特别是在山前洪、坡积扇中常遇到湿陷性碎石土、湿陷性砂土等。

任务一　了解湿陷性黄土

我国黄土的堆积时代包括整个第四纪。主要为晚更新世（Q_3）形成的马兰黄土和全新世（Q_4）形成的黄土状土（包括湿陷性 Q_{41} 黄土和新近堆积 Q_{42} 黄土）。而中更新世（Q_2）及其以前形成早更新世（Q_1）的离石黄土和午城黄土一般仅在上部具有较微弱的湿陷性或不具有湿陷性。我国陕西、山西、甘肃等省区分布有大面积的湿陷性黄土。

湿陷性黄土的物理力学性质：

（1）颗粒组成以粉粒（粒径 0.05 ~ 0.005 mm）为主，含量一般在 60% 以上，砂粒、黏粒含量较少。

(2)有肉眼可见的大孔,孔隙比一般在1.0左右,在其他条件相同时,孔隙比越大,湿陷性越强烈。

(3)天然含水量较少时,结构强度高,湿陷性强烈;随含水量增大,结构强度降低,湿陷性降低。

(4)塑性较弱,塑性指数为8~13。当湿陷性黄土的液限小于30%时,湿陷性较强;当液限大于30%时,湿陷性较弱。

(5)湿陷性黄土的压缩性与天然含水量和地质年代有关,天然状态下,压缩性中等,抗剪强度较大。随含水量增加,黄土的压缩性急剧增大,抗剪强度显著降低。新近沉积黄土,土质松软,强度低,压缩性高,湿陷性不一。

(6)抗水性弱,遇水强烈崩解,膨胀量小,但失水收缩较明显,遇水湿陷性较强。

任务二　湿陷性黄土场地勘察

在湿陷性黄土场地进行岩土工程勘察时应查明下列内容:①黄土地层的时代、成因;②湿陷性黄土的厚度;③湿陷系数、自重湿陷系数和湿陷起始压力随深度的变化;④场地湿陷类型和地基湿陷等级的平面分布;⑤变形参数和承载力;⑥地下水等环境水的变化趋势;⑦其他工程地质条件。并结合工程特点和设计要求,对场地和地基做出评价,对地基处理措施提出建议。

不扰动土样,必须保持其天然的湿度、密度和结构,并符合Ⅰ级土样质量的要求。

在探井中取样,竖向间距宜为1 m,土样直径不宜小于120 mm;在钻孔中取样,应严格按规范要求执行,避免扰动。

取土勘探点中,应有足够数量的探井,其数量应为勘探点总数的1/3~1/2,并不宜少于3个。探井的深度宜穿透湿陷性黄土层。

勘探点使用完毕后,应立即用原土分层回填夯实,并不宜小于该场地天然黄土的密度。

场址选择或可行性勘察阶段应对拟建场地的稳定性和适宜性做出初步评价。进行的工作有收集资料、现场调查,当已有资料不能满足设计要求时,应进行必要的工程地质测绘、勘探和试验等工作。

初步勘察阶段应查明场地湿陷类型,为确定建筑物总平面图的合理布置提供依据,对地基基础方案、不良地质现象和地质环境的防治提供参数和建议。进行的工作有:初步查明场地各土层物理力学性质、场地湿陷类型、地基湿陷等级、不良地质现象及其影响,并对场地稳定性做出初步评价。勘探工作要求:

(1)初步勘探线的布置应按地貌单元的纵、横线方向布置,勘探点的间距宜按表9-1确定。

表9-1　初步勘察勘探点的间距　(单位:m)

场地类别	勘探点间距	场地类别	勘探点间距
简单场地	120~200	复杂场地	50~80
中等复杂场地	80~120		

注:1. 简单场地:地形平缓,地貌、地层简单,场地湿陷类型单一,地基湿陷等级变化不大。

2. 中等复杂场地:地形起伏较大,地貌、地层较复杂,不良地质现象局部发育,场地湿陷类型、地基湿陷等级变化较复杂。

3. 复杂场地:地形起伏很大,地貌、地层复杂,不良地质现象广泛发育,场地湿陷类型、地基湿陷等级变化复杂,地下水位变化显著。

(2)取土和原位测试点的数量，应按地貌单元和控制性地段布置，其数量不得少于全部勘探点的1/2。

(3)勘探点深度应根据湿陷性黄土层的厚度和地基压缩层深度的预估值确定，控制性勘探点应有一定数量的取土勘探点穿过湿陷性黄土层。

(4)新建地区的重要建筑，应按规定进行现场试坑浸水试验，并按自重湿陷系数的实测值判定场地湿陷类型。

详细勘察阶段应按建筑物或建筑群提供详细的岩土工程资料和设计所需的岩土技术参数；对地基、桩基或深基坑做出分析评价；并对地基处理、不良地质现象、地质环境和施工监测提出建议。进行的工作有：详细查明地基土层及其物理力学性质指标，确定场地湿陷类型、地基湿陷等级的平面分布和承载力。勘探工作要求：

(1)勘探点的间距应按建筑物类别和工程地质条件的复杂程度等因素确定，宜按表9-2确定。

表9-2　详细勘察勘探点的间距　(单位：m)

场地类别	建筑类别			
	甲	乙	丙	丁
简单场地	30~40	40~50	50~80	80~100
中等复杂场地	20~30	30~40	40~50	50~80
复杂场地	10~20	20~30	30~40	40~50

(2)在单独的甲、乙类建筑场地，勘探点不应少于4个。

(3)采取不扰动土样和原位测试的勘探点不得少于全部勘探点的2/3，其中采取不扰动土样的勘探点不宜少于1/2。

(4)勘探点的深度应大于地基压缩层的深度，并符合表9-3的规定或穿透湿陷性黄土层。

表9-3　勘探点的深度　(单位：m)

湿陷类型	非自重湿陷性黄土场地	自重湿陷性黄土场地	
		陇西、陇东—陕北—晋西地区	其他地区
勘探点深度(自基础底面算起)	>10	>15	>10

任务三　湿陷性黄土地基湿陷性的评价

黄土地基的湿陷性评价内容：首先判定黄土是湿陷性黄土还是非湿陷性黄土，如果是湿陷性黄土，再进一步判定湿陷性黄土场地湿陷类型；其次判别湿陷性黄土地基的湿陷等级。

一、湿陷性判定

湿陷系数 δ_s：单位厚度土样所产生的湿陷变形，以小数表示，是判定黄土湿陷性的定量

指标,由室内压缩试验测定,按式(9-1)计算:

$$\delta_s = \frac{h_p - h_p'}{h_0} \tag{9-1}$$

式中 h_p——保持天然湿度和结构的试样,加至一定压力时,下沉稳定后的高度,mm;

h_p'——上述加压稳定后的试样,在浸水(饱和)作用下,附加下沉稳定后的高度,mm;

h_0——试样原始高度,mm。

【小贴士】

湿陷系数试验方法详见《湿陷性黄土地区建筑规范》(GB 50025—2004)4.3.3条。

黄土湿陷性是按室内浸水压缩试验在规定压力下测定的湿陷系数 δ_s 值判定的:当 $\delta_s <$ 0.015时,为非湿陷性黄土;当 $\delta_s \geq 0.015$ 时,为湿陷性黄土。

二、自重湿陷性判别

自重湿陷系数 δ_{zs}:单位厚度土样在该试样深度处上覆土层饱和自重压力作用下所产生的湿陷变形,以小数表示,按式(9-2)计算:

$$\delta_{zs} = \frac{h_z - h_z'}{h_0} \tag{9-2}$$

式中 h_z——保持天然湿度和结构的试样,加压至上覆土的饱和自重压力时,下沉稳定后的高度,mm;

h_z'——上述加压稳定后的试样,在浸水(饱和)作用下,附加下沉稳定后的高度,mm;

h_0——试样原始高度,mm。

自重湿陷性的判别是测定在饱和自重压力下黄土的自重湿陷系数 δ_{zs} 值,当 $\delta_{zs} < 0.015$ 时,为非自重湿陷性黄土;当 $\delta_{zs} \geq 0.015$ 时,为自重湿陷性黄土。

三、场地湿陷类型的判定

湿陷性黄土场地湿陷类型,应按照自重湿陷量的实测值 Δ_{zs}' 或计算值 Δ_{zs} 判定。湿陷性黄土场地的湿陷类型按下列条件判别:

当自重湿陷量的实测值 Δ_{zs}' 或计算值 Δ_{zs} 小于或等于7 cm时,应定为非自重湿陷性黄土场地;当自重湿陷量的实测值 Δ_{zs}' 或计算值 Δ_{zs} 大于7 cm时,应定为自重湿陷性黄土场地;当自重湿陷量的实测值与计算值出现矛盾时,应按自重湿陷量的实测值判定。

自重湿陷量应按式(9-3)计算:

$$\Delta_{zs} = \beta_0 \sum_{i=1}^{n} \delta_{zsi} \cdot h_i \tag{9-3}$$

式中 δ_{zsi}——第 i 层土的自重湿陷系数;

h_i——第 i 层土的厚度;

β_0——因地区土质而异的修正系数,在实测资料难以获得时按以下经验取值:陇西地区取1.5,陇东—陕北—晋西地区取1.2,关中地区取0.9,其他地区取0.5。

四、地基湿陷等级判定

湿陷性黄土地基的湿陷等级,应根据湿陷量的计算值和自重湿陷量的计算值等因素,按照表 9-4 判定。

表 9-4　湿陷性黄土地基的湿陷等级　（单位：mm）

Δ_s	湿陷类型		
	非自重湿陷性场地	自重湿陷性场地	
	$\Delta_{zs} \leqslant 70$	$70 < \Delta_{zs} \leqslant 350$	$\Delta_{zs} > 350$
$\Delta_s \leqslant 300$	Ⅰ（轻微）	Ⅱ（中等）	—
$300 < \Delta_s \leqslant 700$	Ⅱ（中等）	Ⅱ（中等）或Ⅲ（严重）	Ⅲ（严重）
$\Delta_s > 700$	Ⅱ（中等）	Ⅲ（严重）	Ⅳ（很严重）

注：当湿陷量的计算值 $\Delta_s > 600$ mm、自重湿陷量的计算值 $\Delta_{zs} > 300$ mm 时，可判为Ⅲ级，其他情况可判为Ⅱ级。

湿陷量应按式(9-4)计算：

$$\Delta_s = \sum_{i=1}^{n} \beta \delta_{si} \cdot h_i \tag{9-4}$$

式中　δ_{si}——第 i 层土的湿陷系数；

h_i——第 i 层土的厚度；

β——考虑基底下地基土受水浸湿可能性和侧向挤出等因素的修正系数，在缺乏实测资料时，可按下列规定取值：基底下 0～5 m 深度内，取 $\beta = 1.5$，基底下 5～10 m 深度内，取 $\beta = 1.0$，基底下 10 m 以下至非湿陷性黄土层顶面，在自重湿陷性黄土场地，可取工程所在地的 β_0 值。

任务四　其他湿陷性土

一、勘察要点

其他湿陷性土是指除湿陷性黄土外的湿陷性土。此类土的勘察方法和要求原则上与湿陷性黄土的勘察相同。但由于这类土分布在山间盆地中、冲积扇上或山脚下，多属复杂场地。勘察时除满足一般要求外，尚应注意以下几点：

(1)对湿陷性土分布极不均匀的场地应加密勘探点。

(2)控制性勘探孔深度应穿透湿陷性土层。

(3)应查明湿陷性土的年代、成因、分布和其中的夹层、包含物、胶结物的成分和性质。

(4)湿陷性碎石土和砂土，宜采用动力触探试验和标准贯入试验确定其力学特性。

(5)不扰动土试样应在探井中采取，且不扰动土试样除测定一般物理力学性质外，尚应做土的湿陷性和湿化试验。

(6)对不能取得不扰动土试样的湿陷性土，应在探井中采用大体积法测定密度和含水量。

(7)对于厚度超过 2 m 的湿陷性土，应在不同深度处分别进行浸水载荷试验，并应不受相邻试验的浸水影响。

二、湿陷性土的岩土工程评价

(一)湿陷性的判别

非黄土湿陷性土的勘察评价首先要判定是否具有湿陷性。这类土不能如黄土那样用室内浸水压缩试验指标判别湿陷性,应采用现场浸水载荷试验作为判定湿陷性的基本方法。在 200 kPa 压力下浸水载荷试验的附加湿陷量与承压板宽度之比大于或等于 0.023 的土,应判定为湿陷性土。

(二)湿陷性土的湿陷程度划分

湿陷性土的湿陷程度是根据浸水载荷试验测得的附加湿陷量的大小划分的,如表 9-5 所示。

表 9-5　湿陷程度分类

湿陷程度	附加湿陷量 ΔF_s(cm)	
	承压板面积 0.50 m^2	承压板面积 0.25 m^2
轻微	$1.6<\Delta F_s\leqslant 3.2$	$1.1<\Delta F_s\leqslant 2.3$
中等	$3.2<\Delta F_s\leqslant 7.4$	$2.3<\Delta F_s\leqslant 5.3$
强烈	$\Delta F_s>7.4$	$\Delta F_s>5.3$

注:对能用取土器取得不扰动土试样的湿陷性粉砂,其试验方法和评定标准按现行国家标准《湿陷性黄土地区建筑规范》(GB 50025—2004)执行。

三、湿陷性土地基的湿陷等级判定

湿陷性土地基的湿陷等级是依据湿陷性土总湿陷量及湿陷性土总厚度综合分析判定的,如表 9-6 所示。

表 9-6　湿陷性土地基的湿陷等级

总湿陷量 Δ_s(cm)	湿陷性土总厚度(m)	湿陷等级
$5<\Delta_s\leqslant 30$	>3	Ⅰ
	≤3	Ⅱ
$30<\Delta_s\leqslant 60$	>3	Ⅱ
	≤3	Ⅲ
$\Delta_s>60$	>3	Ⅲ
	≤3	Ⅳ

总湿陷量是指湿陷性土地基受水浸湿饱和至下沉稳定的总湿陷量,应按式(9-5)计算:

$$\Delta_s=\sum_{i=1}^{n}\beta\Delta F_{si}h_i \qquad (9\text{-}5)$$

式中　Δ_s——总湿陷量,cm;

ΔF_{si}——第 i 层土浸水载荷试验的附加湿陷量,cm;

h_i——第 i 层土的厚度,cm,从基础地面(初勘时自地面下 1.5 m)算起,$\Delta F_{si}/b<0.023$ 的不计入;

β——修正系数,cm^{-1},承压板面积为 0.50 m^2 时,$\beta=0.014$,承压板面积为 0.25 m^2 时,$\beta=0.020$。

四、湿陷性土的地基承载力

湿陷性土的地基承载力宜采用载荷试验或其他原位测试确定。对湿陷性土边坡,当浸水因素引起的湿陷性本身或其与下伏地层接触面的强度降低时,应进行稳定性评价。

五、湿陷性土的地基处理

湿陷性土的处理原则和方法,除地面防水及管道防渗漏外,应以地基处理为主要手段,处理方法包括换土、压实、挤密、强夯、桩基及化学加固等方法,应根据土质特征、湿陷等级和当地经验综合考虑选用。

【知识链接】

按照《工程地质手册》(第 4 版)和《岩土工程勘察规范》(GB 50021—2001)(2009 年版)、《湿陷性黄土地区建筑规范》(GB 50025—2004)等进行地基与基础设计。

单元二　红黏土

红黏土是指在湿热气候条件下碳酸盐系岩石经过第四系以来的红土化作用形成并覆盖于基岩上,呈棕红、褐黄等色的高塑性土。红黏土是一种区域性特殊土,主要分布在贵州、广西、云南地区,在湖南、湖北、安徽、四川等省也有局部分布。地貌一般发育在高塬平面、台地、丘陵、低山斜坡及洼地上,厚度多在 5 ~ 15 m,天然条件下,红黏土含水量一般较高,结构疏松,但强度较高,往往被误认为是较好的地基土。由于红黏土的收缩性很强,当水平方向厚度变化不大时,极易引起不均匀沉陷而导致建筑物破坏。

任务一　了解红黏土的工程性质

一、红黏土工程性质

(1)天然含水量和孔隙比较高,一般分别为 30% ~60% 和 1.1 ~1.7,且多处于饱和状态,饱和度在 85% 以上。

(2)含较多的铁锰元素,因而其比重较大,一般为 2.76 ~2.90。

(3)黏粒含量高,常超过 50%,可塑性指标较高;含水比为 0.5 ~0.8 且多为硬塑状态和坚硬或可塑状态;压缩性低,强度较高,压缩系数一般为 0.1 ~0.4 MPa^{-1},固结快剪的 C 一般为 0.04 ~0.09 MPa,内摩擦角一般为 10° ~18°。各指标变化幅度大,具有高分散性。

(4)透水性微弱,多为裂隙水和上层滞水。

(5)红黏土的厚度变化很大,主要由基岩的起伏和风化深度不同所致。

二、红黏土的分类

(一)红黏土的状态分类

红黏土的状态按含水比划分应符合表9-7的规定。

表9-7　红黏土的状态分类

状态	含水比 a_w	液性指数 I_L
坚硬	$a_w \leq 0.55$	$I_L \leq 0$
硬塑	$0.55 < a_w \leq 0.70$	$0 < I_L \leq 0.25$
可塑	$0.70 < a_w \leq 0.85$	$0.25 < I_L \leq 0.75$
软塑	$0.85 < a_w \leq 1.00$	$0.75 < I_L \leq 1.00$
流塑	$a_w > 1.00$	$I_L > 1.00$

注:含水比 $a_w = \omega/\omega_L$,液性指数 $I_L = \dfrac{\omega - \omega_P}{\omega_L - \omega_P}$。

(二)红黏土的结构分类

红黏土的结构可根据其裂隙发育程度按表9-8确定。

表9-8　红黏土的结构分类

土体结构	裂隙发育特征
致密状的	偶见裂隙(<1条/m)
巨块状的	较多裂隙(2~4条/m)
碎块状的	富裂隙(>5条/m)

(三)红黏土的复浸水性分类

红黏土的复浸水性可按表9-9分类。

表9-9　红黏土的复浸水性特征分类

类别	I_r 与 I'_r 关系	复浸水特征
Ⅰ	$I_r \geq I'_r$	收缩后复浸水膨胀,能恢复到原位
Ⅱ	$I_r < I'_r$	收缩后复浸水膨胀,不能恢复到原位

注:$I_r = \omega_L/\omega_P$,$I'_r = 1.4 + 0.0066\omega_L$。

(四)红黏土的地基均匀性分类

红黏土的地基均匀性可按表9-10分类。

表9-10　红黏土的地基均匀性分类

地基均匀性	地基压缩层范围内的岩土组成
均匀地基	全部由红黏土组成
不均匀地基	由红黏土和岩石组成

任务二　红黏土场地勘察

一、工程地质测绘和调查应着重查明的内容

(1)不同地貌单元的红黏土和次生红黏土的分布、厚度、物质组成、土性等特征及其差异,并调查当地的建筑经验。

(2)下伏基岩、岩溶发育特征及其与红黏土土性、厚度变化的关系。

(3)地裂的分布、发育特征及其成因、土体结构特征,土体中裂隙的密度、深度、延展方向及其发展规律。

(4)地表水体和地下水的分布、动态及其与红黏土状态垂直向分带的关系。

(5)现有建筑物开裂的原因分析,当地勘察、设计、施工经验等。

二、红黏土地区勘探工作的布置

红黏土地区勘探点的布置,应取较密的间距,查明红黏土厚度和状态的变化。初步勘察勘探点间距宜取 30~50 m;详细勘察勘探点间距,对均匀地基宜取 12~24 m,对不均匀地基宜取 6~12 m。厚度和状态变化大的地段,勘探点间距还需加密。各阶段勘探孔的深度可按一般土对各类岩土工程勘察的基本要求布置。对不均匀地基,勘探孔深度达到基岩。

对不均匀地基、有土洞发育或采用岩面端承桩时,宜进行施工勘察,其勘探点间距和勘探孔深度根据需要确定。

三、试验工作

红黏土的室内试验除应满足常规试验项目的规定外,对裂隙发育的红黏土应进行三轴剪切试验或无侧限抗压强度试验。必要时,可进行收缩试验和复浸水试验。当需评价边坡稳定性时,宜进行重复剪切试验。

任务三　红黏土的岩土工程评价

红黏土的岩土工程评价应符合下列要求:

(1)建筑物应避免跨越地裂密集带或深长地裂地段。

(2)轻型建筑物的基础埋深应大于大气影响急剧层的深度;炉窑等高温设备的基础应考虑地基土的不均匀收缩变形;开挖明渠时应考虑土体干湿循环的影响;在石芽出露的地段,应考虑地表水下渗形成的地面变形。

(3)选择适宜的持力层和基础形式,在满足裂隙和胀缩要求的前提下,基础宜浅埋,利用浅部硬壳层,并进行下卧层承载力的验算;不能满足承载力和变形要求时,应建议进行地基处理或采用桩基础。

(4)基坑开挖时宜采取保湿措施,边坡应及时维护,防止失水干缩。

(5)红黏土的地基承载力应综合地区经验按有关标准综合确定。当基础浅埋、外侧地面倾斜、有临空面或承受较大水平荷载时,应结合以下因素综合考虑确定红黏土的承载力:①土体结构和裂隙对承载力的影响;②开挖面长时间暴露,裂隙发展和复浸水对土质的影响。

(6)当岩土工程评价需要详细了解地下水埋藏条件、运动规律和季节变化时,应在测绘调查的基础上补充进行地下水的勘察、试验和观测工作。有关要求按项目七的规定执行。

单元三 软 土

任务一 了解软土的特征

天然孔隙比大于或等于1.0,且天然含水量大于液限的细颗粒土应判定为软土,包括淤泥、淤泥质土、泥炭、泥炭质土等。软土一般是指在静水或缓慢水流环境中以细颗粒为主的近代沉积物。按地质成因,我国软土有滨海环境沉积、海陆过渡环境沉积、河流环境沉积、湖泊环境沉积和沼泽环境沉积。软土具有如下工程性质:

(1)触变性:灵敏度为3~16。

(2)流变性:在剪应力作用下,土体会发生缓慢而长期的剪切变形。

(3)高压缩性:压缩系数一般为0.6~1.5 MPa^{-1},最高可达4.5 MPa^{-1}。

(4)低强度:不排水抗剪强度小于20 kPa。

(5)渗透性弱:垂向渗透系数为10^{-6}~10^{-8} cm/s。

(6)不均匀性:黏土中常夹有厚薄不等的粉土、粉砂和细砂等。

任务二 软土场地勘察

一、软土勘察的主要内容

软土勘察除应符合常规要求外,尚应查明下列内容:

(1)成因类型、成层条件、分布规律、层理特征、水平向和垂直向的均匀性。

(2)地表硬壳层的分布与厚度,下伏硬土层或基岩的埋深和起伏。

(3)固结历史、应力水平和结构破坏对强度及变形的影响。

(4)微地貌形态和暗埋的塘、浜、沟、坑穴的分布,埋深及其填土的情况。

(5)开挖、回填、支护、工程降水、打桩、沉井等对软土应力状态、强度和压缩性的影响。

(6)当地的工程经验。

二、软土勘察工作布置

软土地区勘察宜采用钻探取样与静力触探结合的手段。勘探点布置应根据土的成因类型和地基复杂程度确定。当土层变化较大或有暗埋的塘、浜、沟、坑、坑穴时应予以加密。

原位测试:软土原位测试宜采用静力触探试验、旁压试验、十字板剪切试验、扁铲侧胀试验和螺旋板载荷试验。软土取样应采用薄壁取土器,其规格应符合相关规范的要求。

软土的力学参数宜采用室内试验、原位测试,结合当地经验确定。有条件时,可根据堆载试验、原型监测反分析确定。抗剪强度指标室内宜采用三轴试验。原位测试宜采用十字板剪切试验。压缩系数、先期固结压力、压缩指数、回弹指数、固结系数可分别采用常规固结试验、高压固结试验等方法确定。

任务三 软土的岩土工程评价

软土的岩土工程评价应包括下列内容：

(1)判定地基产生失稳和不均匀变形的可能性；当工程位于池塘、河岸、边坡附近时，应验算其稳定性。

(2)软土地基承载力应根据室内试验、原位测试和当地经验，并结合下列因素综合确定：

①软土成层条件、应力历史、结构性、灵敏度等力学特性和排水条件；

②上部结构的类型、刚度、荷载性质和分布，对不均匀沉降的敏感性；

③基础的类型、尺寸、埋深和刚度等；

④施工方法和程序。

(3)当建筑物相邻高低层荷载相差较大时，应分析其变形差异和相互影响；当地面有大面积堆载时，应分析对相邻建筑物的不利影响。

(4)地基沉降计算可采用分层总和法或土的应力历史法，并应根据当地经验进行修正，必要时，应考虑软土的次固结效应。

(5)提出基础形式和持力层的建议；对于上层为硬层、下层为软土的双层土地基应进行下卧层验算。

【知识链接】

确定软土路基临界高度可参考《铁路工程特殊岩土勘察规程》(TB 10038—2012)和《岩土工程勘察规范》(GB 50021—2001)(2009 年版)。

单元四 填 土

任务一 填土的分类及工程性质

由于人类活动而堆填的土，统称为填土。在我国大多数城市周边的地表面，普遍覆盖着一层人工杂土堆积层。这种填土的物质组成、分布特征和工程性质均相当复杂，且具有地区性特点。例如，上海地区多暗浜、暗塘、暗井，常用土和垃圾回填；福州市表层为砾填土，其下部常见一种黏质填土。在旧河道、旧湖塘地带，可见一种与淤泥混杂堆填的软弱填土，呈流动或饱和状态。又如，西安市由于古城兴衰、战争等，普遍覆盖一层填土，厚度 2 ~6 m，多为瓦砾素土，其间密布古井渗坑，周围土体呈黑绿色。

一、填土的分类

根据其物质组成和堆填方式，可将填土分为素填土、杂填土、冲填土和压实填土四类。具体分类方法见项目二的单元二中的任务一。

二、填土的工程性质

填土的工程性质和天然沉积土比起来有很大的不同。由于堆填时间、环境，特别是物质来源和组成成分的复杂和差异，填土性质很不均匀，分布和厚度变化缺乏规律，带有极大的人为偶然性，往往在很小的范围内，填土的密度会在垂直方向变化较大。

填土往往是一种欠压密土，具有较高的压缩性，在干旱和半干旱地区，干或稍湿的填土往往具有湿陷性。

因此，填土的工程性质主要包括以下几个方面：

(1)不均匀性：填土由于物质来源、组成成分的复杂和差异，分布范围和厚度变化缺乏规律性，所以不均匀性是填土的突出特点，而且在杂填土和冲填土中更加显著。例如，冲填土在吹泥的出口处，沉积的土粒较粗，甚至有石块，顺着出口向外围土粒则逐渐变细，并且在冲填的过程中，由于泥沙来源的变化，造成冲填土在纵横方向上的不均匀性，故冲填土层多呈透镜体或薄层状出现。

(2)湿陷性：填土由于堆积时未经压实，所以土质疏松，孔隙发育，当进水后会产生附加下陷，即湿陷。通常，新填土比老填土湿陷性强，含有炉灰和变质炉灰的杂填土比素填土湿陷性要强，干旱地区填土的湿陷性比气候潮湿、地下水位高地区的填土湿陷性强。

(3)自重压密性：填土属欠固结土，在自身重量和大气降水下渗的作用下有自行压密的特点，压密所需的时间随填土的物质成分不同而有很大的差别。例如，由粗颗粒组成的砂和碎石类素填土，一般回填时间在2~5 a即可以达到自重压密基本稳定，而粉土和黏性土质的素填土则需5~15 a才能达到基本稳定。建筑垃圾和工业废料填土的基本稳定时间需要2~10 a；而含有大量有机质的生活垃圾填土的自重压密稳定时间可以长达30 a以上。冲填土的自重压密稳定时间更长，可以达几十年甚至上百年。

(4)压缩性大，强度低：填土由于密度小，孔隙度大，结构性很差，故具有高压缩性和较低的强度。对于杂填土而言，当建筑垃圾的组成物以砖块为主时，则性能优于以瓦片为主的土；而建筑垃圾土和工业废料土一般情况下性能优于生活垃圾土，这是因为生活垃圾土物质成分杂乱，含大量有机质和未分解或半分解状态的动、植物体。对于冲填土，则是由于其透水性弱，排水固结差，土体呈软塑状态之故。

任务二 填土的野外勘察

一、填土勘察应包括的内容

(1)收集资料，调查地形和地物的变迁，填土的来源、堆积年限和堆积方式。

(2)查明填土的分布、厚度、物质成分、颗粒级配、均匀性、密实性、压缩性和湿陷性。

(3)判定地下水对建筑材料的腐蚀性。

二、填土勘察点的布置

填土勘察应在一般土勘察规定的基础上加密勘探点，确定暗埋的塘、浜、坑的范围。勘探孔的深度应穿透填土层。

三、勘探方法

勘探方法应根据填土性质确定，对由粉土或黏性土组成的素填土，可采用钻探取样、轻型钻具与原位测试相结合的方法；对含较多粗粒成分的素填土和杂填土宜采用动力触探、钻探，并应有一定数量的探井。

四、填土的工程特性指标测试

(1)填土的均匀性和密实度宜采用触探法,并辅以室内试验。

(2)填土的压缩性、湿陷性宜采用室内固结试验或现场载荷试验。

(3)杂填土的密度试验宜采用大容积法。

(4)对压实填土,在压实前应测定填料的最优含水量和最大干密度,压实后应测定其干密度,计算压实系数。

任务三 填土的岩土工程评价

一、填土的岩土工程评价内容

(一)填土的均匀性和密实度评价

填土的均匀性和密实度与其组成物质、分布特征和堆积年代有密切关系,因此可以根据以上特征判定地基的均匀性、压缩性和密实度。必要时尚应按厚度、强度和变形特性指标进行分层和分区评价。

(二)填土的堆积时间与组成物质的关系

对于堆积年代较长的素填土、冲填土和由建筑垃圾或性能稳定的工业废料组成的杂填土,当较均匀和较密实时可作为天然地基;由有机质含量较高的生活垃圾和对基础有腐蚀性的工业废料组成的杂填土,不宜作为天然地基。

(三)填土的承载力及稳定性

填土的承载力应结合当地建筑经验、室内外测试结果综合确定。当填土地面的天然坡度大于20%时,应验算其稳定性。

二、地基处理及检验

填土的成分比较复杂,均匀性差,厚度变化大,工程上一般要进行地基处理。常用的地基处理方法有换土垫层法,适用于地下水位以上,可减少和调整地基不均匀沉降;机械碾压、重锤夯实及强夯法,适用于加固浅埋的松散低塑性或无黏性填土;挤密法、灰土桩,适用于地下水位以上;砂、碎石桩适用于地下水位以上,处理深度一般可达6~8 m。

填土地基基坑开孔后应进行施工验槽。处理后的填土地基应进行质量检验。常用的检验方法有轻型动力触探、静力触探、取样分析法。对于复合地基,宜进行大面积载荷试验。控制压实填土地基的检验,需随施工进程分层进行。

单元五 膨胀岩土

含有大量亲水矿物,湿度变化时有较大体积变化,变形受约束时产生较大内应力的岩土,应判定为膨胀岩土,包括膨胀岩和膨胀土。

任务一 膨胀岩土的判定

膨胀岩土的判定,目前采用综合判定,分为初判和终判两步。初判主要依据地貌形态、土的外观特征和自由膨胀率;终判是在初判的基础上综合各种室内试验及邻近工程损坏原因分析进行的。

一、膨胀岩土的初判

(一)膨胀土

具有下列特征的土可初判为膨胀土:

(1)多分布在二级或二级以上阶地、山前丘陵和盆地边缘。

(2)地形平缓,无明显自然陡坎。

(3)常见浅层滑坡、地裂、新开挖的路堑、边坡、基槽易发生坍塌。

(4)裂缝发育,方向不规则,常有光滑面和擦痕,裂缝中常充填灰白、灰绿色黏土。

(5)干时坚硬,遇水软化,自然条件下呈坚硬或硬塑状态。

(6)自由膨胀率一般大于40%。

(7)未经处理的建筑物成群破坏,低层较多层严重,刚性结构较柔性结构严重。

(8)建筑物开裂多发生在旱季,裂缝宽度随季节变化。

【小贴士】

自由膨胀率、膨胀率、膨胀力、竖向线缩率和收缩系数等按照《膨胀土地区建筑技术规范》(GB 50112—2013)计算。

(二)膨胀岩

对于膨胀岩的判定目前尚无统一标准,作为地基时,可参照膨胀土的判别方法进行;作为其他环境介质时,可参考有关规范进行。

二、膨胀岩土的终判

终判应在初判的基础上,还应计算土的膨胀变形量、收缩变形量和胀缩变形量,并划分胀缩等级。计算和划分方法应符合现行国家标准《膨胀土地区建筑技术规范》(GB 50112—2013)的规定。有地区经验时,亦可根据地区经验分级。

任务二　膨胀岩土场地勘察

当拟建场地或其邻近有膨胀岩土损坏的工程时,应判定为膨胀岩土,并进行详细调查,分析膨胀岩土对工程的破坏机制,估计膨胀力的大小和胀缩等级。

一、膨胀岩土地区的工程地质测绘和调查的内容

(1)查明膨胀岩土的岩性、地质年代、成因、产状、分布以及颜色、节理、裂缝等外观特征。

(2)划分地貌单元和场地类型,查明有无浅层滑坡、地裂、冲沟以及微地貌形态和植被情况。

(3)调查地表水的排泄和积聚情况以及地下水类型、水位和变化规律。

(4)收集当地降水量、蒸发力、气温、地温、干湿季节、干旱持续时间等气象资料,查明大气影响深度。

(5)调查当地建筑经验。

二、膨胀岩土的勘察应遵守下列规定

(1)勘探点宜结合地貌单元和微地貌形态布置;其数量应比非膨胀岩土地区适当增加,其中采取试样的勘探点不应少于全部勘探点的1/2。

(2)勘探孔的深度,除应满足基础埋深和附加应力的影响深度外,还应超过大气影响深度;控制性勘探孔不应小于8 m,一般性勘探孔不应小于5 m。

(3)在大气影响深度内,每个控制性勘探孔均应采取Ⅰ、Ⅱ级土试样,取样间距不应大于1.0 m,在大气影响深度以下取样间距可为1.5~2.0 m;一般性勘探孔从地表下1 m开始至5 m深度内,可取Ⅲ级土试样,测定天然含水量。

三、膨胀岩土的室内试验

除应进行常规试验项目外,应测定自由膨胀率、一定压力下的膨胀率、收缩系数、膨胀力等指标。

重要的和有特殊要求的工程场地,宜进行现场浸水载荷试验、剪切试验或旁压试验。对膨胀岩应进行黏土矿物成分、体膨胀量和无侧限抗压强度试验。对各向异性的膨胀岩土,应测定其不同方向的膨胀率、膨胀力和收缩系数。

任务三　膨胀岩土的岩土工程评价

膨胀岩土的岩土工程评价应符合下列规定:

(1)膨胀岩土的场地分类。膨胀岩土场地,按地形地貌条件可分为平坦场地和坡地场地。符合下列条件之一者应划为平坦场地:①地形坡度小于5°,且同一建筑物范围内局部高差不超过1 m。②地形坡度大于5°且小于14°,与坡肩水平距离大于10 m的坡顶地带。不符合以上条件的应划为坡地场地。

(2)对建在膨胀岩土上的建筑物,其基础埋深、地基处理、桩基设计、总平面布置、建筑和结构措施、施工和维护,应符合现行国家标准《膨胀土地区建筑技术规范》(GB 50112—2013)的规定。

(3)一级工程的地基承载力应采用浸水载荷试验方法确定;二级工程宜采用浸水载荷试验确定;三级工程可采用饱和状态下不固结不排水三轴剪切试验计算或根据已有经验确定。

(4)对边坡及位于边坡上的工程,应进行稳定性验算;验算时应考虑坡体内含水量变化的影响;均质土可采用圆弧滑动法,有软弱夹层及层状膨胀岩土应按最不利的滑动面验算;具有胀缩裂缝和地裂缝的膨胀土边坡,应进行沿裂缝滑动的验算。

【知识链接】

按照《膨胀土地区建筑技术规范》(GB 50112—2013)进行地基与基础设计。

单元六　冻　土

冻土是指具有负温或零温并含有冰的土。在野外呈现整体构造、层状构造或网状构造。按冻结状态持续时间分为多年冻土(持续冻结时间在2a或2a以上的土);季节冻土

（地壳表层冬季冻结而在夏季又全部融化的土）；隔年冻土（冬季冻结而翌年夏季并不融化的那部分冻土）。

任务一 冻土场地勘察

冻土场地岩土工程勘察应包括冻土的工程地质调查和测绘、勘探、取样、原位测试和室内试验、定位观测以及冻土工程地质条件评价及其预报。

一、季节冻土地区的勘察

可按一般地区的勘察方法并参照多年冻土地区的勘察方法进行，但要查清并提供场地冻土的标准冻结深度。

二、多年冻土地区的勘察

（一）勘察的主要内容

根据多年冻土的设计原则、多年冻土的类型和特征进行，并查明下列内容：

（1）多年冻土的分布范围及上限深度。

（2）多年冻土的类型、厚度、总含水量、构造特征、物理力学及热学特性。

（3）多年冻土层上水、层间水和层下水的赋存形式、相互关系及对工程的影响。

（4）多年冻土的融沉性分级和季节融化层土的冻胀性分级。

（5）厚层地下冰、冰锥、冰丘、冻土沼泽、热融滑塌、热融湖塘、融冻泥流等不良地质作用的形态特征、形成条件、分布范围、发生发展规律及其对工程的危害程度。

（二）勘察的技术要求

（1）勘探点的布置和勘探点的间距，除满足一般地区勘察要求外，还应适当加密。

（2）勘探孔的深度应满足下列要求：①对保持冻结状态设计的地基，不应小于基底以下2倍基础宽度，对桩基应超过桩端以下3～5 m；②对逐渐融化状态和预先融化状态设计的地基，应符合非冻土地基的要求；③无论何种设计原则，勘探孔的深度均宜超过多年冻土上限深度的1.5倍；④在多年冻土的不稳定地带，应查明多年冻土的下限深度，当地基为饱冰冻土或含土冰层时，应穿透该层。

任务二 冻土地基评价

冻土作为建筑物地基，在冻结状态时，具有较高的强度和较低的压缩性或不具压缩性。但冻土融化后则承载力大为降低，压缩性急剧增高，使地基产生融沉；相反，在冻结过程中又产生冻胀，均对地基不利。冻土的冻胀和融沉与土颗粒大小及含水量有关，一般土颗粒越粗，含水量越小，土的冻胀和融沉越小，反之则越大。

【知识链接】

按照《建筑地基基础设计规范》（GB 50007—2011）或《工程地质手册》进行冻胀性分级、季节性冻土的冻结深度计算、冻土地基的最小埋深计算；按照《建筑桩基技术规范》（JGJ 94—2008）进行冻拔力计算。

单元七　盐渍岩土

盐渍岩土系含有较多易溶盐类的岩土,对易溶盐含量大于 0.3%,且具有溶陷、盐胀、腐蚀等特性的土称为盐渍土、对含有较多的石膏、芒硝、岩盐等硫酸盐和氯化物的岩层,称为盐渍岩。我国的盐渍岩主要分布在四川盆地、湘西、鄂西地区、云南、江西、江汉盆地、衡阳盆地、南阳盆地、东濮盆地、洛阳盆地等。盐渍土主要分布在内蒙古、甘肃、宁夏、青海、新疆等大部分西北干旱地区,在华北平原、松辽平原、大同盆地和青藏高原的一些湖盆洼地也有分布。

任务一　了解盐渍岩土分类及工程性质

一、盐渍岩土分类

(一)盐渍岩的分类

分为石膏-硬石膏岩、石盐岩和钾镁质岩三类。

(二)盐渍土的分类

(1)按分布区域分为滨海盐渍土、内陆盐渍土、冲积平原盐渍土。

(2)按盐类性质分为氯盐类($NaCl$、KCl、$CaCl_2$、$MgCl_2$)、硫酸盐类(Na_2SO_4、$MgSO_4$)和碳酸盐类(Na_2CO_3、$NaHCO_3$)三类。

(3)按含盐量分为弱、中、强和超盐渍土四类。

二、盐渍岩土工程性质

(一)盐渍岩的工程性质

1. 整体性

盐渍岩是易溶和中溶的化学沉积岩,埋藏在地下深处呈整体结构,无裂隙、不透水,因此是固体核废料的理想储存场所。

2. 易溶性

盐渍岩一般具有强可溶性,在石膏-硬石膏岩分布地区,岩溶发育。

3. 膨胀性

硫酸盐类盐渍岩脱水后形成硬石膏(Ca_2SO_4)、无水芒硝(Na_2SO_4)、钙芒硝($Ca_2SO_4 \cdot Na_2SO_4$)等,在水的作用下,具有吸水结晶膨胀性,导致地质体变形,造成工程破坏。

4. 腐蚀性

腐蚀性是盐渍岩尤其是硫酸盐类盐渍岩的固有特性。

(二)盐渍土的工程性质

1. 溶陷性

盐渍土中的可溶盐经水浸泡后溶解、流失,致使土体结构松散,在土的饱和自重压力下出现溶陷,有的盐渍土浸水后需要有一定压力才可溶陷。

2. 盐胀性

硫酸盐盐渍土中的 Na_2SO_4 含量较多，Na_2SO_4 在 32.4 ℃以上时是无水晶体，体积较小，当温度降至 32.4 ℃时，吸收 10 个水分子结晶水，成为 $Na_2SO_4 \cdot 10H_2O$ 晶体，体积增大，如此反复，土体结构破坏，土质变松散。碳酸盐盐渍土中含有大量吸附性阳离子，遇水时与胶体颗粒作用，在胶体颗粒和黏土颗粒周围形成结合水薄膜，减少各颗粒间的黏聚力，使其相互分离，引起盐胀。

3. 腐蚀性

硫酸盐含量超过 1% 时，对混凝土产生有害影响，对其他材料也有不同程度的腐蚀作用。

4. 吸湿性

氯盐渍土含有较多的一价钠离子，由于其水解半径大，水化胀力强，故在其周围形成较厚的水化薄膜。因此，氯盐渍土具有较强的吸湿性和保水性。

5. 有害毛细作用

盐渍土有害毛细水上升能引起地基土的浸湿软化和造成次生盐渍土，并使地基土强度降低，产生盐胀、冻胀等不良作用。

6. 盐渍土的起始冻结温度和冻结深度

盐渍土的起始冻结温度是指土中毛细水和重力水溶解土中盐分后形成的溶液开始冻结的温度，起始冻结温度随溶液浓度的增大而降低，且与盐的类型有关。

任务二　盐渍岩土场地勘察

盐渍岩土场地工程勘察除应满足一般工程勘察要求外，还应进行以下工作。

一、重点勘察的内容

(1)盐渍土的成因、分布范围及特点。

(2)含盐类型、化学成分、含盐量及其在土中的分布。

(3)溶蚀洞穴发育程度和分布。

(4)地下水的类型、埋藏条件、水质、水位及其季节变化。

(5)植被状况。

(6)含石膏为主的盐渍岩的水化深度，含芒硝较多的盐渍岩，在隧道通过地段的地温情况。

(7)收集气象、水文和毛细水上升高度等资料。

(8)调查当地工程经验。

二、盐渍岩土勘察测试工作

(1)勘探点布置应满足查明盐渍岩土分布特征的要求。

(2)采取岩土试样宜在干旱季节进行；对用于测定含盐离子的扰动土试样的采取，宜符合表 9-11 的要求。

表 9-11　盐渍土扰动试样的取样要求

勘察阶段	深度范围（m）	取样间距（m）	取样点占勘探点总数比例（%）	勘察阶段	深度范围（m）	取样间距（m）	取样点占勘探点总数比例（%）
初勘阶段	<5	1	100	详勘阶段	<5	0.5	100
	5～10	2	50		5～10	1	50
	>10	3～5	20		>10	2～3	30

（3）根据盐渍岩土的岩性特征选用载荷试验等适宜的原位试验，对于溶陷性盐渍土，应进行浸水载荷试验，以确定其溶陷性；对盐胀性盐渍土应进行长期观测和现场试验，以确定盐胀临界深度、有效盐胀厚度和总盐胀量。

（4）室内试验可根据工程需要对盐渍土进行化学成分分析和土的结构鉴定。对具有溶陷性和盐胀性的盐渍土应进行溶陷性和盐胀性试验。

任务三　盐渍岩土工程的防护措施

工程设置应尽可能避开盐渍岩土主要分布地区，对盐渍岩土中的蜂窝状溶蚀洞穴可采用抗硫酸盐水泥灌浆进行处理。

应防止大气降水、地表水、工业和生活用水淹没或浸湿地基和附近场地，对湿润厂房地基应设置防渗层，各类建筑均应采取防腐蚀措施。

在盐渍岩中开挖地下硐室时，应保持岩石的干燥，施工时禁止用水。硐室开挖后应及时喷射混凝土进行封闭，在盐渍土地区，地基开挖后应及时进行基础施工，严禁施工用水渗入地基内。

对具有盐胀性或溶陷性的盐渍土地基应采取合理的地基处理，当采用桩基础时，桩的埋入深度应大于盐胀性盐渍土盐胀临界深度。

【知识链接】

按照《公路工程地质勘察规范》（JTG C20—2011）进行公路工程中盐渍土含盐量计算和地基分级溶陷量计算等。

单元八　混合土

任务一　了解混合土的性质

由细粒土和粗粒土混杂且缺乏中间粒径的土应定名为混合土。当碎石土中粒径小于 0.075 mm 的细粒土质量超过总质量的 25% 时，应定名为粗粒混合土；当粉土或黏性土中粒径大于 2 mm 的粗粒土质量超过总质量的 25% 时，应定名为细粒混合土。

混合土是由坡积、洪积、冰水沉积形成的，在颗粒分布曲线形态上反映出的是不连续状。混合土因其成分复杂多变，各种成分粒径相差悬殊，所以其性质变化很大。一般来说，混合土的性质主要取决于土中粗、细颗粒含量的比例，粗粒的大小及其相互接触关系以及细粒土的状态。经验和专门研究表明:黏性土、粉土中的碎石组分的质量只有超过总质量的25%时,才能起到改善土的工程性质的作用;在碎石土中,特别是当含水量较大时,当黏粒组分的质量大于总质量的25%时,则对碎石土的工程性质有明显影响。

任务二　混合土场地勘察

混合土的勘察应符合下列要求:

(1)查明地形和地貌特征,混合土的成因、分布,下卧土层或基岩的埋藏条件。

(2)查明混合土的组成、均匀性及其在水平方向和垂直方向上的变化规律。

(3)勘探点的间距和勘探孔的深度除应满足规范的要求外,还应适当加密加深。

(4)应有一定数量的探井,并应采取大体积土试样进行颗粒分析和物理力学性质测定。

(5)对粗粒混合土宜采用动力触探试验,并应有一定数量的钻孔或探井检验。

(6)现场载荷试验的承压板直径和现场直剪试验的剪切面直径都应大于试验土层最大粒径的5倍,载荷试验的承压板面积不应小于0.5 m^2,直剪试验的剪切面面积不宜小于0.25 m^2。

任务三　混合土的岩土工程评价

混合土的岩土工程评价应包括下列内容:

(1)混合土的承载力应采用载荷试验、动力触探试验并结合当地经验确定。

(2)混合土边坡的容许坡度值可根据现场调查和当地经验确定。对重要工程应进行专门试验研究。

【知识链接】

比较《岩土工程勘察规范》(GB 50021—2001)(2009年版)和《水运工程岩土勘察规范》(JTS 133—2013)对混合土的定名。

小　结

通过本项目训练,要熟悉特殊土工程地质特性,掌握特殊土场地勘察基本要求、内容和勘察方法,了解特殊土勘察的有关规定。能完成特殊土场地勘察基本工作,对特殊土地基做出工程评价。有兴趣的同学可以收集知识链接中提到的相关规范,进行知识技能拓展练习。

技能训练

1. 某红黏土的天然含水率为51%,塑限为35%,液限为55%,试判定该红黏土状态及复浸水特征类别。

2. 某场地基础底面以下分布的湿陷性砂厚度为7.5 m,按厚度平均分3层采用0.5 m^2的承压板进行了浸水载荷试验,其附加湿陷量分别为6.4 cm、8.8 cm和5.4 cm。试判断该地基的湿陷等级。

项目十　工程地质分析评价和成果报告

工程地质分析评价和成果报告的编制是在工程地质测绘、勘探、测试和收集已有资料的基础上,结合工程特点和要求进行的。其主要的工作内容包括岩土参数的分析与选定、地基承载力的计算与选用、工程地质条件分析与评价、岩土工程勘察图件编制和勘察报告编写。

单元一　岩土参数的分析和选定

岩土参数即指在与工程有关的岩土表现出来的物理力学性质指标。岩土参数可分为评价指标和计算指标两类。

评价指标:用作评价岩土性状,作为划分地层和鉴定岩土类别的主要依据。

计算指标:用作设计岩土工程,预测岩土体在荷载和自然因素作用下的力学行为和变化趋势,并指导施工和监测。

岩土参数的分析与选定是岩土工程分析评价和岩土工程设计的基础。评价是否符合客观实际,设计计算是否可靠,很大程度上取决于岩土参数选定的合理性。

工程上对这两类岩土参数的基本要求是可靠性和适用性。

一、分析岩土参数的可靠性和适用性

岩土工程勘察报告应对主要参数的可靠性和适用性进行分析,并在分析的基础上选定参数。

可靠性是指参数能正确反映岩土体在规定条件下的性状,能比较有把握地估计参数真值所在的区间。

适用性是指参数能满足岩土工程设计计算的假定条件和计算精度要求。

岩土参数的可靠性和适用性在很大程度上取决于岩土体受到扰动的程度和试验标准。所以,岩土参数的选取应根据工程特点和地质条件来进行,其可靠性和适用性的分析与评价应从以下内容进行:

(1)取样方法和其他因素对试验结果的影响。

(2)采用的试验方法和取值标准。

(3)不同测试方法所得结果的分析比较。

(4)测试结果的离散程度。

(5)测试方法与计算模型的配套性。

二、岩土参数的统计与选定

(一)统计原则

(1)岩土的物理力学指标,应按场地的工程地质单元和层位分别统计。

(2)对工程地质单元体内所取得的试验数据应逐个进行检查,对某些有明显错误,或试验方法有问题的数据应抽出进行检查或将其舍弃。

(3)每一单元体内,岩土的物理力学性质指标,应基本接近。试验数据所表现出来的离散性只能是土质不匀或试验误差的随机因素造成的。

(二)参与统计的参数指标

不同类型岩土参与统计的指标要求不同,一般包括:

(1)黏性土:天然密度、天然含水量、液限、塑限、塑性指数、液性指数。

(2)砂土:相对密实度。

(3)岩石:吸水率、各种力学特性指标。

(4)特殊性岩土:各种特征指标以及各种原位测试指标。

对以上指标在勘察报告中应提供各个工程地质单元或各地层的最小值、最大值、平均值、标准差、变异系数和参加统计数据的数量。

【小贴士】

国家标准规定,当统计参数样本个数不少于6个时,应进行统计,计算标准值。当指标样本个数少于6个时,可不进行统计,在岩土工程勘察报告中可只提供指标的范围值。

(三)统计方法

1.计算参数平均值

$$\phi_{\mathrm{m}} = \frac{\sum_{i=1}^{n} \phi_i}{n} \tag{10-1}$$

式中 ϕ_{m}——统计参数平均值;

ϕ_i——参与统计参数实测值;

n——参与统计参数样本数。

2.计算参数标准差

$$\sigma_{\mathrm{f}} = \sqrt{\frac{\sum_{i=1}^{n} \phi_i^2 - n\phi_{\mathrm{m}}^2}{n-1}} \tag{10-2}$$

式中 σ_{f}——统计参数标准差;

其余符号含义同前。

3.计算参数变异系数

$$\delta = \frac{\sigma_{\mathrm{f}}}{\phi_{\mathrm{m}}} \tag{10-3}$$

式中 δ——统计参数变异系数;

其余符号含义同前。

4.计算离差

岩土参数统计出来后,应对统计结果进行分析,当同组数据中出现比较分散、差异较大的数据时，应分析出现误差的原因，并剔除粗差数据。剔除粗差数据的标准有多种，最常采用的是正负3倍标准差法。

当离差满足式(10-4)时，数据应当剔除：

$$|d| > g\sigma_f \tag{10-4}$$

式中 $|d|$——统计参数离差，$d=\phi_i-\phi_m$；

g——计算系数，依据不同标准进行取值，如无标准要求一般取值为3，即 $g=3$；

其余符号含义同前。

(四)岩土性质指标的选定

1. 选用平均值的指标

(1)评价岩土性状的指标，应选用指标平均值，如天然含水量、液限、塑限、液性指数、塑性指数、天然密度、相对密度、饱和度、吸水率等。

(2)正常使用极限状态计算需要的岩土参数指标，宜选用指标的平均值，如压缩模量、压缩系数、渗透系数等。但当变异系数较大时，可根据经验作适当调整。

2. 选用标准值的指标

承载能力计算需要的岩土参数，如岩土的抗剪强度指标、承载力特征值、极限承载力等。

3. 计算参数标准值

$$\phi_k = \gamma_s\phi_m \tag{10-5}$$

$$\gamma_s = 1 \pm \left\{\frac{1.704}{\sqrt{n}} + \frac{4.678}{n^2}\right\}\delta \tag{10-6}$$

式中 ϕ_k——计算参数标准值；

γ_s——统计修正系数；

其余符号含义同前。

【小贴士】

统计修正系数 γ_s 的计算式中正负号按不利组合考虑，如抗剪强度指标的修正系数应取负值；统计修正系数 γ_s 也可按岩土工程的类型和重要性、参数的变异性和统计数据的个数，根据经验选用。

【知识链接】

在岩土工程勘察报告中应按下列不同情况提供岩土参数值：

(1)一般情况下，应提供岩土参数的平均值、标准差、变异系数、数据分布范围和数据的数量。

(2)承载能力极限状态计算所需要的岩土参数标准值，应按式(10-5)计算；当设计规范另有专门规定的标准值取值方法时，可按有关规范执行。

(3)岩土工程勘察报告中一般不提供设计值，如需要提供设计值，当用分项系数表达式计算设计值。计算表达式为

$$\phi_s = \frac{\sigma_f}{\gamma} \tag{10-7}$$

式中 ϕ_s——计算参数标准值；

γ——岩土参数分项系数，按相关设计规范取值；

其余符号含义同前。

三、统计成果表现形式

对各项数据统计结束后，应该编制相应的成果表格，统计成果表一般会用在岩土工程勘察报告中。由于各地方要求不同，表格形式与内容也有所不同，下面对常用的统计成果表格进行介绍，以作参考。

(一)勘探孔统计一览表

勘探孔统计见表 10-1。

表 10-1　勘探孔统计

工程名称：

编号	钻探深度（m）	地面高程（m）	坐标		取样个数			地下稳定水位		标准贯入（次）	动探深度（m）	勘探开始日期	勘探终止日期
			X	Y	原状样	扰动样	水样	埋深（m）	高程（m）				

(二)地基土物理力学性质统计表

1. 土工试验成果统计表

土工试验成果统计见表 10-2。

表 10-2　土工试验成果统计

工程名称：　　　　　　　　　　　实验室工程编号：　　　　　　　　　　报告日期：

土样编号	钻孔编号	土样分类与定名	土的物理性质						界限含水率				压缩性		快剪	
			含水量 ω	密度 ρ_0	干密度 ρ_d	比重 G_s	孔隙比 e	饱和度 S_r	液限 ω_L	塑限 ω_P	塑性指数 I_P	液性指数 I_L	压缩系数 α_{v1-2}	压缩模量 E_{s1-2}	黏聚力 C	内摩擦角 φ
—	—		%	g/cm³		—	—	%	%	%	—	—	MPa^{-1}	MPa	kPa	(°)

2. 地基土物理力学性质统计表

地基土物理力学性质统计见表 10-3。

表 10-3　地基土物理力学性质统计

工程名称：

土层编号及名称	统计值	主要物理性质								主要力学指标		备注
		含水量 ω（%）	天然重度 γ_0（kN/m^3）	孔隙比 e	饱和度 S_r（%）	液限 ω_L（%）	塑限 ω_P（%）	塑性指数 I_P	液性指数 I_L	压缩系数 α_{v1-2}（MPa^{-1}）	压缩模量 E_{s1-2}（MPa）	
	最大值											
	最小值											
	平均值											
	标准差											
	变异系数											
	统计个数											
	标准值											

（三）原位测试成果统计表

1. 原位测试数据统计表

原位测试数据统计见表 10-4。

表 10-4　原位测试数据统计

__________试验数据统计表

工程名称：

序号	岩土编号	岩土名称	勘探点编号	试验段深度（m）	击数（击/10 cm）	探杆长度（m）	杆长修正系数	修正后击数

2. 原位测试成果统计表

原位测试成果统计见表 10-5。

表 10-5 原位测试成果统计

________试验成果统计表

工程名称：

地质年代成因	土层编号	岩土名称	统计个数（个）	界限值（击）	平均值（击）	标准差（击）	变异系数	标准值

【案例 10-1】 在某小区岩土工程勘察中获得碎石土的原位测试和粉质黏土的土工试验成果资料，分别见表 10-6 和表 10-7。请对原始数据进行统计与分析，并编制成果统计表。

表 10-6 原位测试数据统计表

<u>重型圆锥动力触探</u>试验数据统计表

岩土编号	岩土名称	勘探点编号	试验段深度（m）	$N_{63.5}$（击/10 cm）	探杆长度（m）	杆长修正系数	修正后 $N_{63.5}$（击/10 cm）
4	碎石土	zk1	2.0～2.1	8.0	3.2	0.95	7.6
			2.1～2.2	8.0	3.2	0.95	7.6
			2.2～2.3	9.0	3.2	0.95	8.6
		zk2	3.6～3.7	10.0	4.5	0.95	9.5
			3.7～3.8	9.0	4.5	0.95	8.6
		zk3	5.5～5.6	8.0	6.5	0.90	7.2
			5.6～5.7	10.0	6.5	0.90	9.0

表 10-7 土工试验成果表

土样编号	取土深度	土样分类与定名	土的物理性质						界限含水率				压缩性	
			含水量 ω	密度 ρ_0	干密度 ρ_d	比重 G_s	孔隙比 e	饱和度 S_r	液限 ω_L	塑限 ω_P	塑性指数 I_P	液性指数 I_L	压缩系数 α_{v1-2}	压缩模量 E_{s1-2}
	m		%	g/cm³				%	%	%	—	—	MPa⁻¹	MPa
zk1－1	8.50～8.70	粉质黏土	26.1	1.93	1.53	2.74	0.790	90	38.1	21.4	16.7	0.28	0.16	11.0
zk1－2	9.50～9.70	粉质黏土	26.9	1.94	1.53	2.73	0.786	93	37.1	21.5	15.6	0.35	0.16	11.3
zk2－1	8.00～8.20	粉质黏土	21.7	1.98	1.63	2.73	0.678	87	35.0	19.3	15.7	0.30	0.18	9.3
zk2－2	10.00～10.15	粉质黏土	22.8	1.99	1.62	2.71	0.672	92	31.3	19.8	11.5	0.26	0.16	10.6
zk3－1	9.00～9.15	粉质黏土	25.6	1.95	1.55	2.73	0.758	92	35.1	20.7	14.4	0.34	0.14	12.6
zk3－2	10.50～10.65	粉质黏土	21.9	1.92	1.58	2.72	0.727	82	30.1	18.0	12.1	0.32	0.13	13.3

【案例讲解】

(一)对中砂重型动力触探试验成果统计

1. 计算参数平均值

$$\phi_{\mathrm{m}}=\frac{\sum_{i=1}^{n}\phi_i}{n}=\frac{7.6+7.6+8.6+9.5+8.6+7.2+9.0}{7}=8.3$$

2. 计算参数标准差

$$\sigma_{\mathrm{f}}=\sqrt{\frac{\sum_{i=1}^{n}\phi_i^2-n\phi_{\mathrm{m}}^2}{n-1}}$$

$$=\sqrt{\frac{7.6^2+7.6^2+8.6^2+9.5^2+8.6^2+7.2^2+9.0^2-7\times 8.3^2}{7-1}}$$

$$=0.85$$

3. 计算离差

计算7个参数的离差$|d|=|\phi_i-\phi_{\mathrm{m}}|$,均满足$|d|>3\sigma_{\mathrm{f}}$,所以全部参数均参与统计。

4. 计算参数变异系数

$$\delta=\frac{\sigma_{\mathrm{f}}}{\phi_{\mathrm{m}}}=\frac{0.85}{8.3}=0.102$$

5. 计算修正系数

由于根据利用圆锥动力触探试验成果确定地基承载力,其击数越高承载力特征值越高,反之则越低,所以按不利组合考虑,取负号,即

$$\gamma_{\mathrm{s}}=1\pm\left\{\frac{1.704}{\sqrt{n}}+\frac{4.678}{n^2}\right\}\delta$$

$$=1-\left\{\frac{1.704}{\sqrt{7}}+\frac{4.678}{7^2}\right\}\times 0.102=0.92$$

6. 计算参数标准值

$$\phi_{\mathrm{k}}=\gamma_{\mathrm{s}}\phi_{\mathrm{m}}=0.92\times 8.3=7.64$$

统计成果用表10-8表示。

表10-8　重型圆锥动力触探试验成果统计表

工程名称:

地质年代成因	土层编号	岩土名称	统计个数(个)	界限值(击)	平均值(击)	标准差(击)	变异系数	标准值
	4	碎石土	7	7.2~9.0	8.3	0.85	0.102	7.64

(二)对粉质黏土土工试验成果进行统计

以液性指数统计为例,进行统计分析。

1. 计算参数平均值

$$\phi_{\mathrm{m}}=\frac{\sum_{i=1}^{n}\phi_i}{n}=\frac{0.28+0.35+0.30+0.26+0.34+0.32}{6}=0.308$$

2. 计算参数标准差

$$\sigma_f = \sqrt{\frac{\sum_{i=1}^{n} \phi_i^2 - n\phi_m^2}{n-1}}$$

$$= \sqrt{\frac{0.28^2 + 0.35^2 + 0.30^2 + 0.26^2 + 0.34^2 + 0.32^2 - 6 \times 0.308^2}{6-1}}$$

$$= 0.038$$

3. 计算离差

计算6个参数的离差$|d| = |\phi_i - \phi_m|$，均满足$|d| > 3\sigma_f$，所以全部参数均参与统计。

4. 计算参数变异系数

$$\delta = \frac{\sigma_f}{\phi_m} = \frac{0.038}{0.308} = 0.123$$

5. 计算修正系数

由于根据利用圆锥动力触探试验成果确定地基承载力，其液性指数越高承载力特征值越低，反之则越高，所以按不利组合考虑，取正号，即

$$\gamma_s = 1 \pm \left\{\frac{1.704}{\sqrt{n}} + \frac{4.678}{n^2}\right\}\delta$$

$$= 1 + \left\{\frac{1.704}{\sqrt{6}} + \frac{4.678}{6^2}\right\} \times 0.123 = 1.102$$

6. 计算参数标准值

$$\phi_k = \gamma_s \phi_m = 1.102 \times 0.308 = 0.34$$

同理，可对其他参数进行统计，统计结果见表10-9。

表10-9　地基土物理力学性质统计表

工程名称：

土层编号及名称	统计值	主要物理性质								主要力学指标		备注
		含水量 ω (%)	天然重度 γ_0 (kN/m³)	孔隙比 e	饱和度 S_r (%)	液限 ω_L (%)	塑限 ω_P (%)	塑性指数 I_P	液性指数 I_L	压缩系数 α_{v1-2} (MPa⁻¹)	压缩模量 E_{s1-2} (MPa)	
粉质黏土	最大值			0.790					0.35			
	最小值			0.672					0.26			
	平均值			0.735					0.308			
	标准差			0.052					0.038			
	变异系数			0.058					0.123			
	统计个数			6					6			
	标准值			0.778					0.34			

单元二　地基承载力的计算与确定

《建筑地基基础设计规范》(GB 50007—2011)中明确规定,地基承载力特征值可由载荷试验或其他原位测试、公式计算,并结合工程实践经验等方法综合确定,但在规范中并未提供地基承载力的取值与应用。目前,在计算地基承载力时,主要参考《建筑地基基础设计规范》(GB 50007—2011)和《工程地质手册》(第4版)中的地基承载力的计算方法。各地区也根据地区经验,编制地方承载力经验公式或经验表。

【知识链接】

地基:支承基础的土体或岩体。

地基承载力:指地基受荷后,塑性区限制在一定范围内,保证不产生剪切破坏而丧失稳定,且地基变形不超过容许值时的承载能力,即同时满足地基土的强度条件和对沉降、倾斜的限制要求。

地基承载力特征值:由载荷试验测定的地基土压力变形曲线线性变形段内规定的变形所对应的压力值,其最大值为比例界限值。

任务一　利用原位测试成果计算地基承载力

原位测试试验中的静力载荷试验、动力触探试验、标准贯入试验及静力触探试验等均可进行地基承载力的计算。在我国,利用原位测试确定地基承载力的方法已经积累了丰富的经验,但在应用时应充分考虑地区经验,注重与当地资料对比。

一、载荷试验成果计算地基承载力

在《建筑地基基础设计规范》(GB 50007—2011)中明确规定,利用载荷试验可以直接确定地基承载力特征值,具体计算方法可见项目五的单元一。

二、动力触探试验成果计算地基承载力

利用动力触探试验成果计算地基承载力特征值时,应按照项目五的单元三中的要求对试验数据进行处理,使用处理后的数据查表计算。黏性土基本承载力值和素填土承载力特征值见表10-10、表10-11。

表10-10　黏性土基本承载力值

N_{10}	15	20	25	30
基本承载力(kPa)	100	140	180	220

表10-11　素填土承载力特征值

N_{10}	15	20	25	30
极限承载力(kPa)	180	260	330	400

注:只适用于黏性土与粉土组成的素填土。

【小贴士】

采用查表方法时，对于表中没有的数值，应采用内插法计算。

（一）轻型圆锥动力触探计算地基承载力

在《工程地质手册》（第4版）中，对利用轻型圆锥动力触探确定地基承载力的方法进行了列举，可以参考《铁路工程地质原位测试规程》（TB 10018—2003）中的规定进行计算。

（二）重型圆锥动力触探计算地基承载力

在《建筑地基基础设计规范》（GB 50007—2011）中，原铁道部第二设计院通过筛选，采用了59组对比数据，包括卵石、碎石、圆砾、角砾，分布在四川、广西、辽宁、甘肃等地，统计分析了 $N_{63.5}$ 与承载力的关系，见表10-12、表10-13。

表10-12　$N_{63.5}$ 与碎石土承载力的关系

击数平均值 $N_{63.5}$	3	4	5	6	8	10	12	14	16
碎石土 f_a（kPa）	140	170	200	240	320	400	480	540	600
击数平均值 $N_{63.5}$	18	20	22	24	26	28	30	35	40
碎石土 f_a（kPa）	660	720	780	830	870	900	930	970	1 000

注：适用深度范围为1～20 m；表内 $N_{63.5}$ 为修正后平均击数。

表10-13　$N_{63.5}$ 与中、粗粒砂承载力之间的关系

$N_{63.5}$	3	4	5	6	8	10
f_k（kPa）	120	150	200	240	320	400

（三）超重型圆锥动力触探计算地基承载力

《建筑地基基础设计规范》（GB 50007—2011）中给出了 N_{120} 与碎石土承载力之间的关系，见表10-14。

表10-14　N_{120} 与碎石土承载力之间的关系

N_{120}	3	4	5	6	8	10	12	14	≥16
f_k（kPa）	250	300	400	500	640	720	800	850	900

在《工程地质手册》（第4版）中，《成都地区建筑地基基础设计规范》（DB51/T 5026—2001）给出了利用 N_{120} 计算卵石土极限承载力标准值，见表10-15。

表10-15　成都地区卵石土极限承载力标准值

N_{120}	4	5	6	7	8	9	10	12	14	16	18	20
f_{uk}（kPa）	700	860	1 000	1 160	1 340	1 500	1 640	1 800	1 950	2 040	2 140	2 200

注：本表中 N_{120} 为杆长修正后平均击数。

三、标准贯入试验成果计算地基承载力

《建筑地基基础设计规范》（GB 50007—2011）中给出了标准贯入试验计算承载力标准值，见表10-16、表10-17。

表 10-16　砂土承载力标准值　　（单位：kPa）

土类	N			
	10	15	30	50
中、粗砂	180	250	340	500
粉、细砂	140	180	250	340

表 10-17　黏性土承载力标准值

N	3	5	7	9	11	13	15	17	19	21	23
f_{uk}(kPa)	105	145	190	235	280	325	370	430	515	600	680

在《工程地质手册》（第4版）中给出了国内外利用 N 计算砂土、黏性土承载力的经验公式，见表10-18，在具体工作中可以参考应用。

表 10-18　标准贯入试验锤击数与地基承载力的关系

研究者	回归式	适用范围	备注
江苏省水利工程总队	$p_0=23.3N$	黏性土、粉土	不做杆长修正
冶金部成都勘察公司	$p_0=56N-558$	老堆积土	
	$p_0=19N-74$	一般黏性土、粉土	
冶金部武汉勘察公司	$N=3\sim23$ $p_0=4.9+35.8N_{机}$	第四纪冲洪积黏土、粉质黏土、粉土	
	$N=23\sim41$ $p_0=31.6+33N_{手}$		
	$N=23\sim41$ $p_0=20.5+30.9N_{手}$		
武汉市规划设计院 湖北勘察院 湖北水利电力勘察设计院	$N=3\sim18$ $f_k=80+20.2N$	黏性土、粉土	
	$N=18\sim22$ $f_k=152.6+17.48N$		
铁道部第三勘察设计院	$f_k=72+9.4N^{1.2}$	粉土	
	$f_k=-212+222N^{0.3}$	粉细砂	
	$f_k=-803+850N^{0.1}$	中、粗砂	
纺织工业部设计院	$f_k=N/(0.003\ 08+0.001\ 504)$	粉土	
	$f_k=105+10N$	细、中砂	
冶金部长沙勘察公司	$N=8\sim37$ $p_0=33.4N+360$	红土	
	$N=8\sim37$ $p_0=5.3N+387$	老堆积土	
美国 Terzaghi	$f_k=12N$	黏性土、粉土	条形基础 $F_s=3$
	$f_k=15N$		独立基础 $F_s=3$
日本住宅公司	$f_k=8.0N$		

注：p_0 为载荷试验比例界限；f_k 为地基承载力，kPa；F_s 为安全系数；$N_{机}$ 为机械锤击数；$N_{手}$ 为手动锤击数。

【**案例 10-2**】　单元一【案例 10-1】中对第四层碎石土所进行的重型圆锥动力触探统计标准值为 7.64 击，请确定其地基承载力特征值。

【**案例讲解**】

查表 10-12，可得出 6 击承载力为 240 kPa，8 击承载力为 320 kPa。利用内插法求解标准值为 7.64 击时，碎石土的地基承载力特征值为

$$f_k = 320 - \frac{320 - 240}{8 - 6} \times (8 - 7.64) = 305.6(\text{kPa})$$

或

$$f_k = 240 + \frac{320 - 240}{8 - 6} \times (7.64 - 6) = 305.6(\text{kPa})$$

地基承载力特征值取值时遵从不利原则，取整数为 305 kPa。

任务二　利用规范查表法计算地基承载力

《建筑地基基础设计规范》(GB 50007—2011)中提出了一套根据野外鉴别结果、室内物理力学性质指标或原位测试结果来确定地基承载力的表格。但由于我国幅员辽阔，土质条件各异，用几张表很难概括全国的规律，所以在现行《建筑地基基础设计规范》(GB 50007—2011)中取消了有关承载力表的条文和附录。但是用查表法确定地基承载力，在大多数地区可能基本适合或是偏保守的，所以可以根据原位测试和地区经验确定地基承载力设计参数，也可以参考地区和行业规范来确定地基承载力。

一、野外鉴定结果计算地基承载力

利用野外鉴定结果计算地基承载力主要应用于对岩石和碎石土的地基承载力计算(见表 10-19、表 10-20)。

表 10-19　岩石承载力标准值　(单位:kPa)

岩石类别	风化程度		
	强风化	中等风化	微风化
硬质岩石	500 ~ 1 000	1 500 ~ 2 500	≥4 000
软质岩石	200 ~ 500	700 ~ 1 200	1 500 ~ 2 000

注：对于微风化的硬质岩石，其承载力如取用大于 4 000 kPa，应由试验确定；对于强风化的岩石，当与残积土难以区分时按土考虑。

表 10-20　碎石土承载力标准值　(单位:kPa)

土的名称	密实度		
	密实	中密	稍密
卵石	800 ~ 1 000	500 ~ 800	300 ~ 500
碎石	700 ~ 900	400 ~ 700	250 ~ 400
圆砾	500 ~ 700	300 ~ 500	200 ~ 300
角砾	400 ~ 600	250 ~ 400	200 ~ 250

注：表中数据适用于骨架颗粒空隙全部由中砂、粗砂或硬塑、坚硬状态的黏性土或稍湿的粉土所充填；当粗颗粒为中等风化或强风化时，可按其风化程度适当降低承载力，当颗粒间呈半胶结状时，可适当提高承载力。

【知识链接】

对岩石和土的野外鉴别内容和方法，见本书项目二中相关内容，或参考《建筑地基基础设计规范》（GB 50007—2011）中附录 A、附录 B 和《岩土工程勘察规范》（GB 50021—2001）（2009 年版）相关条文和附录 A。

二、土工试验成果计算地基承载力

（一）根据土工试验成果计算地基承载力基本值

根据土工试验成果计算地基承载力基本值，见表 10-21 ~ 表 10-25。

表 10-21　粉土承载力基本值　（单位：kPa）

第一指标孔隙比 e	第二指标含水量 ω（%）						
	10	15	20	25	30	35	40
0.5	410	390	（365）				
0.6	310	300	280	（270）			
0.7	250	240	225	215	（205）		
0.8	200	190	180	170	（165）		
0.9	160	150	145	140	130	（125）	
1.0	130	125	120	115	110	105	（100）

注：有括号者仅供内插用；折算系数 ξ 为 0；在湖、塘、沟、谷与河漫滩地段，新近沉积的粉土，其工程性质一般较差，应根据当地实践经验取值。

表 10-22　黏性土承载力基本值　（单位：kPa）

第一指标孔隙比 e	第二指标液性指数 I_L					
	0	0.25	0.50	0.75	1.00	1.25
0.5	475	430	390	（360）		
0.6	400	360	325	295	（265）	
0.7	325	295	265	240	210	
0.8	275	240	220	200	170	170
0.9	230	210	190	170	135	135
1.0	200	180	160	135	115	105
1.1		160	135	115	105	

注：有括号者仅供内插用；折算系数 ξ 为 0.1；在湖、塘、沟、谷与河漫滩地段，新近沉积的黏性土，其工程性质一般较差，第四纪晚更新世（Q_3）及其以前沉积的老黏性土，其工程性能通常较好。这些土均应根据当地实践经验取值。

表 10-23　沿海地区淤泥和淤泥质土承载力基本值　（单位：kPa）

天然含水量 ω（%）	36	40	45	50	55	65	75
f_0（kPa）	100	90	80	70	60	50	40

注：对于内陆淤泥和淤泥质土，可参照使用。

（二）计算地基承载力标准值

当使用室内物理、力学指标平均值计算地基承载力标准值时，应按下列规定将由（一）中所计算地基承载力基本值乘以回归修正系数：

表 10-24 红黏土承载力基本值 （单位：kPa）

土的名称	第二指标 液塑比 $I_T = \frac{\omega_L}{\omega_P}$	第一指标含水比 $\alpha_w = \frac{\omega}{\omega_L}$					
		0.5	0.6	0.7	0.8	0.9	1.0
红黏土	≤1.7	380	270	210	180	150	140
	≥2.3	280	200	160	130	110	100
次生红黏土		250	190	150	130	110	100

注：本表仅适用于定义范围内的红黏土；折算系数 ξ 为 0.4。

表 10-25 素填土承载力基本值

压缩模量 E_{s1-2}	7	5	4	3	2
f_0(kPa)	100	90	80	70	60

注：本表只适用于堆积时间超过 10 年的黏性土，以及超过 5 年的粉土；压实填土地基的承载力，可根据压实系数确定。

(1)计算回归修正系数

$$\psi_f = 1 - \left\{\frac{2.884}{\sqrt{n}} + \frac{7.918}{n^2}\right\}\delta \tag{10-8}$$

式中 ψ_f——回归修正系数；

n——据以查表的土性指标参加统计的数据数；

δ——变异系数，计算同前。

当表中并列两个指标时，变异系数应按式(10-9)计算：

$$\delta = \delta_1 + \xi\delta_2 \tag{10-9}$$

式中 δ_1——第一指标的变异系数；

δ_2——第二指标的变异系数；

ξ——第二指标的折算系数，见有关承载力表的注。

(2)计算地基承载力标准值

$$f_{uk} = \psi_f f_0 \tag{10-10}$$

式中 f_{uk}——地基承载力标准值；

f_0——地基承载力基本值。

【案例 10-3】 根据单元一【案例 10-1】中对粉质黏土所进行的土工试验数据中的孔隙比和液性指数统计成果，确定其地基承载力特征值。

【案例讲解】

可按表 10-22 来计算地基承载力特征值，其计算方法与步骤如下：

1. 计算地基承载力基本值

用内插法查表 10-22，可计算孔隙比为 0.778，液性指数为 0.34 时的地基承载力基本值为 245.9 kPa。

2. 计算变异系数

表中并列两个指标时，ξ 取 0.1，则变异系数为：

$$\delta = \delta_1 + \xi\delta_2 = 0.058 + 0.1 \times 0.123 = 0.070\,3$$

3. 计算回归修正系数应

$$\psi_f = 1 - \left\{\frac{2.884}{\sqrt{6}} + \frac{7.918}{6^2}\right\} \times 0.070\,3 = 0.902$$

4. 计算地基承载力标准值

$$f_{uk} = \psi_f f_0 = 0.902 \times 245.9 = 221.8(\text{kPa})$$

任务三　利用理论公式计算地基承载力

当建筑物荷载偏心距 e 小于或等于 0.033 倍基础底面宽度时，可以按《建筑地基基础设计规范》(GB 50007—2011)中规定，根据土的抗剪强度指标确定地基承载力特征值，其计算公式如下：

$$f_{ak} = M_b \gamma b + M_d \gamma_m b + M_c C_k \tag{10-11}$$

式中　f_{ak}——由土的抗剪强度指标确定的地基承载力特征值，kPa；

M_b、M_d、M_c——承载力系数，按表 10-26 确定；

b——基础底面宽度，m，大于 6 m 时按 6 m 取值，对于砂土小于 3 m 时按 3 m 取值；

C_k——基底下一倍短边宽深度范围内土的黏聚力标准值，kPa。

表 10-26　承载力系数 M_b、M_d、M_c

土的内摩擦角 φ_k(°)	M_b	M_d	M_c	土的内摩擦角 φ_k(°)	M_b	M_d	M_c
0	0.00	1.00	3.14	22	0.61	3.44	6.04
2	0.03	1.12	3.32	24	0.80	3.87	6.45
4	0.06	1.25	3.51	26	1.10	4.37	6.90
6	0.10	1.39	3.71	28	1.40	4.93	7.40
8	0.14	1.55	3.93	30	1.90	5.59	7.95
10	0.18	1.73	4.17	32	2.60	6.35	8.55
12	0.23	1.94	4.42	34	3.40	7.21	9.22
14	0.29	2.17	4.69	36	4.20	8.25	9.97
16	0.36	2.43	5.00	38	5.00	9.44	10.80
18	0.43	2.72	5.31	40	5.80	10.84	11.73
20	0.51	3.06	5.66				

注：φ_k 为基底下一倍短边宽深度范围内土的内摩擦角标准值。

【小贴士】　根据土的抗剪强度指标确定地基承载力的计算公式，条件原为均布压力。当受到较大的水平荷载而使合力的偏心距过大时，地基反力分布将很不均匀，根据规范要求 $p_{kmax} \leqslant 1.2 f_a$ 的条件，将计算公式增加一个限制条件为：当偏心距 $e \leqslant 0.033b$ 时，可用该式计算。相应式中的抗剪强度指标 C、φ，要求采用《建筑地基基础设计规范》(GB 50007—2011)中附录 E 求出的标准值。

【案例 10-4】　某工程勘察中通过对粉质黏土进行的三轴压缩试验成果进行统计后，得到土的内摩擦角标准值 $\varphi_k = 10.59°$，黏聚力标准值 $C_k = 25.32$ kPa。已知拟建建筑基础宽为 7.5 m，基础底面以下土的重度为 9 kN/m³，基础底面以上土的加权平均重度为 15 kN/m³。试用试验成果计算该层粉质黏土的地基承载力特征值。

【案例讲解】

利用三轴压缩试验成果，可采用理论公式法计算地基承载力特征值，其计算步骤如下：

1. 求承载力系数 M_b、M_d、M_c

$\varphi_k = 10.59°$，利用内插法查表 10-26，得：

$$M_b = 0.205,\quad M_d = 1.835,\quad M_c = 4.295$$

2. 计算地基承载力特征值

基础宽为7.5 m，所以b取6 m，代入式(10-11)，得：

$$f_a = 0.205 \times 9 \times 6 + 1.835 \times 15 \times 6 + 4.295 \times 25.32 = 284.96(\text{kPa})$$

地基承载力特征值为284 kPa。

任务四　对地基承载力特征值进行修正计算

当建筑物基础宽度大于3 m或埋置深度大于0.5 m时，用载荷试验或其他原位测试、经验值等方法确定的地基承载力特征值，应进行修正，其修正计算公式为

$$f_a = f_{ak} + \eta_b\gamma(b-3) + \eta_d\gamma_m(d-0.5) \tag{10-12}$$

式中 f_a——修正后的地基承载力特征值，kPa；

f_{ak}——地基承载力特征值，kPa；

η_b、η_d——基础宽度和埋深的地基承载力修正系数，按基底下土的类别查表10-27取值；

γ——基础底面以下土的重度，kN/m^3，地下水位以下取浮重度；

b——基础底面宽度，m，当基础底面宽度小于3 m时按3 m取值，大于6 m时按6 m取值；

γ_m——基础底面以上土的加权平均重度，kN/m^3，位于地下水位以下的土层取有效重度；

d——基础埋置深度，m，宜自室外地面标高算起，在填方整平地区，可自填土地面标高算起，但填土在上部结构施工后完成时，应从天然地面标高算起，对于地下室，如采用箱形基础或筏形基础，基础埋置深度自室外地面标高算起；当采用独立基础或条形基础时，应从室内地面标高算起。

承载力修正系数见表10-27。

表10-27　承载力修正系数

土的类别		η_b	η_d
淤泥或淤泥质土		0	1.0
人工填土 e或I_L大于或等于0.85的黏性土		0	1.0
红黏土	含水比$\alpha_w > 0.8$	0	1.2
红黏土	含水比$\alpha_w \leqslant 0.8$	0.15	1.4
大面积压实填土	压实系数大于0.95，黏粒含量$\rho_c \geqslant 10\%$的粉土	0	1.5
大面积压实填土	最大干密度大于2.1 t/m^3级配砂石	0	2.0
粉　土	黏粒含量$\rho_c \geqslant 10\%$的粉土	0.3	1.5
粉　土	黏粒含量$\rho_c < 10\%$的粉土	0.5	2.0
e及I_L均小于0.85的黏性土		0.3	1.6
粉砂、细砂(不包括很湿与饱和的稍密状态)		2.0	3.0
中砂、粗砂、砾砂和碎石土		3.0	4.4

注：强风化和全风化的岩石，可参照所风化成的相应土类取值，其他状态下的岩石不修正；地基承载力特征值按《建筑地基基础设计规范》(GB 50007—2011)附录D深层平板载荷试验确定时η_d取0。

【小贴士】

大面积压实填土地基，是指填土宽度大于基础宽度两倍的质量控制严格的填土地基，质量控制不满足要求的填土地基深度修正系数应取1.0。

目前，建筑工程大量存在着主裙楼一体的结构，对于主体结构地基承载力的深度修正，宜将基础底面以上范围内的荷载，按基础两侧的超载考虑，当超载宽度大于基础宽度两倍时，可将超载折算成土层厚度作为基础埋深，基础两侧超载不等时，取小值。

【知识链接】

1. 岩石地基承载力特征值计算

对于完整、较完整、较破碎的岩石地基，承载力特征值可按《建筑地基基础设计规范》(GB 50007—2011)附录H岩基载荷试验方法确定；对破碎、极破碎的岩石地基，承载力特征值可根据平板载荷试验确定。对完整、较完整和较破碎的岩石地基，承载力特征值也可根据室内饱和单轴抗压强度按式(10-13)进行计算：

$$f_a = \psi_r f_{rk} \tag{10-13}$$

式中 f_a——岩石地基承载力特征值，kPa；

f_{rk}——岩石饱和单轴抗压强度标准值，kPa，可按《建筑地基基础设计规范》(GB 50007—2011)附录J确定；

ψ_r——折减系数，根据岩体完整程度以及结构面的间距、宽度、产状和组合，由地方经验确定，无经验时，对完整岩体可取0.5，对较完整岩体可取0.2～0.5，对较破碎岩体可取0.1～0.2。

上述折减系数值未考虑施工因素及建筑物使用后风化作用的继续；对于黏土质岩，在确保施工期及使用期不致遭水浸泡时，也可采用天然湿度的试样，不进行饱和处理。至于破碎和极破碎的岩石地基，因无法取样试验，故不能用该法确定地基承载力特征值。

2. 地基受力层范围内有软弱下卧层时，地基承载力的计算

应按式(10-14)验算软弱下卧层的地基承载力：

$$p_z + p_{cz} \leq f_{az} \tag{10-14}$$

式中 p_z——相应于作用的标准组合时，软弱下卧层顶面处的附加压力值，kPa；

p_{cz}——软弱下卧层顶面处土的自重压力值，kPa；

f_{az}——软弱下卧层顶面处经深度修正后的地基承载力特征值，kPa。

【案例10-5】 某小区11号楼勘察中获得的资料见表10-28，请判断是否要对地基承载力特征值进行修正？如需修正，如何修正？

表10-28 勘察资料

楼号	地基土名称	承载力特征值 f_{ak}(kPa)	计算基础宽度 b(m)	基础埋深 d(m)	γ_m (kN/m³)	γ (kN/m³)	η_b	η_d	修正后承载力特征值 f_a (kPa)
11	⑦圆砾	350	6	11	15.2	9	3.0	4.4	1 133.24

【案例讲解】

根据所给资料，其基础宽度为6 m，大于3 m，基础深度大于0.5 m，所以承载力特征值需要进行修正。

将表中各项数值代入式(10-12)中进行计算,计算得修正后承载力特征值为1 133.24 kPa。

单元三 工程地质条件评价

工程地质条件分析评价是勘察成果的核心内容,它是在各项勘察工作成果和收集资料的基础上,对所有成果资料进行综合分析,为最终的勘察成果形成真实、可靠的结论。

一、明确分析评价的内容

工程地质条件分析评价的内容,一般主要包括以下几个方面:

(1)拟建工程场地的稳定性和适宜性。

(2)为岩土工程设计提供场地地层结构和地下水空间分布的参数、岩土体工程性状的设计参数。

(3)预测拟建工程对现有工程的影响,工程建设产生的环境变化,以及环境变化对工程的影响。

(4)提出地基与基础等各项岩土工程方案设计的建议。

(5)预测施工过程中可能出现的岩土工程问题,并提出相应的防治措施和合理的施工方法。

【小贴士】

各类工程,不良地质作用和地质灾害以及各种特殊性岩土的分析评价,应按本书有关项目并符合《岩土工程勘察规范》(GB 50021—2001)(2009年版)的有关规定。

【知识链接】

场地的稳定性和适宜性,主要从区域稳定性、场地和地基稳定性、地基均匀性三个方面进行评价。

区域稳定性评价,是要从区域地质条件出发,主要通过对不良地质现象、新构造运动、特殊性岩土等方面进行分析,从而评价其对区域稳定性的影响。

场地和地基稳定性评价,是对场地内地层的分布情况、均匀性,以及不良地质现象和特殊性岩土的分布情况进行分析,从而评价其对场地和地基稳定性的影响。

地基均匀性评价,是通过对场地各工程地质单元(岩土层)的分布稳定性、均匀程度、物理力学性质指标及承载力分析,从而评价每一工程地质单元(岩土层)作为地基的适宜性。

二、确定评价方法

岩土工程分析评价应在定性分析的基础上进行定量分析。

岩土体的变形、强度和稳定应定量分析,场地的适宜性、场地地质条件的稳定性可仅作定性分析。

【小贴士】

任务需要时,可根据工程原型或足尺试验岩土体性状的量测结果,用反分析的方法反求岩土参数,验证设计计算,查验工程效果或事故原因。

三、工程地质分析评价要求

对工程地质条件的分析评价，应满足《岩土工程勘察规范》(GB 50007—2001)(2009 年版)中的规定：

(1)充分了解工程结构的类型、特点、荷载情况和变形控制要求。

(2)掌握场地的地质背景，考虑岩土材料的非均质性、各向异性和随时间的变化，评估岩土参数的不确定性，确定其最佳估值。

(3)充分考虑当地经验和类似工程的经验。

(4)对于理论依据不足、实践经验不多的岩土工程问题，可通过现场模型试验或足尺试验取得实测数据进行分析评价。

(5)必要时可建议通过施工监测调整设计和施工方案。

【小贴士】

岩土工程的分析评价，应根据岩土工程勘察等级区别进行。对丙级岩土工程勘察，可根据邻近工程经验，结合触探和钻探取样试验资料进行；对乙级岩土工程勘察，应在详细勘探、测试的基础上，结合邻近工程经验进行，并提供岩土的强度和变形指标；对甲级岩土工程勘察，除按乙级要求进行外，还需提供载荷试验资料，必要时应对其中的复杂问题进行专门研究，并结合监测对评价结论进行检验。

四、工程地质条件分析评价

(一)天然地基的分析评价

当地基承载力与变形能够满足要求时，有可能采用天然地基的工程，应优先选用天然地基。对天然地基的评价主要包括以下几个方面：

(1)场地和地基的整体稳定性。

(2)提出地基承载力特征值。

(3)工程需要时，估计建筑物的沉降、倾斜、差异沉降。

(4)根据岩土埋藏条件、地下水位、冻结深度等，对设计单位初定的基础埋置深度提出调整建议。

(5)根据岩土工程条件，提出基础和结构的设计施工措施及监测工作的建议。

【小贴士】

地基承载力特征值，应按本项目单元二所列方法进行评价，或根据具体情况采用国家标准、行业标准或地方标准进行评价。当具有成熟经验时，可按经验进行分析评价。

【知识链接】

地基均匀性评价是天然地基评价中的重要内容。其评价标准为：地基土层符合下列情况之一者，应评价为不均匀地基。

(1)跨越不同地貌单元或工程地质单元，工程特性差异显著的地基持力层。

(2)虽属于同一地貌单元或工程地质单元，但遇下列情况之一者的地基持力层，应判别为不均匀地基。

①中—低压缩性地基，持力层底面或相邻基底标高的坡度大于10%。

②中—高压缩性地基，持力层及其下卧层在基础宽度方向的厚度差值大于 0.05b(b 为

基础宽度)。

③衡量地基土压缩的不均匀性,以压缩层内各土层的压缩模量为评价依据。

(二)桩基工程和地基处理的分析评价

当天然地基不能满足要求,或工程有具体要求时,应采用桩基工程,或对地基进行处理。

1. 对桩基工程的分析评价

(1)采用桩基的适宜性。

(2)对桩基类型、桩的布置、桩的直径和桩尖持力层提出建议。

(3)提出各有关岩土的极限侧阻力与极限端阻力标准值。

(4)对预制桩或沉管式灌注桩的沉桩可能性,挤土效应,沉桩顺序和方法,对挖孔桩、钻孔桩、冲孔桩的成孔可行性,对桩端稳定性进行论证,提出建议。

(5)对桩尖持力层的选择进行分析论证,提出单桩承载力特征值的建议;在大面积堆载及欠压密地区,尚应分析桩的负摩阻力,并提出有关数据。

(6)对桩基施工过程中的环境影响进行评价,提出建议。

(7)对桩基工程设计、施工、监测的其他建议。

2. 当需要地基处理时,对地基处理工程的分析评价

(1)论证地基处理的必要性。

(2)提出地基处理的方法,并对其适宜性进行论证。

(3)对处理厚度提出建议,对处理效果进行预测。

(4)对地基处理的设计、施工、监测方案提出初步意见,并对地基处理可能产生的环境影响进行初步评价。

(三)基坑工程的分析评价

(1)提供岩土的重度和抗剪强度指标标准值,并说明抗剪强度的试验方法。

(2)对软土的蠕变和长期强度、软岩失水崩解、膨胀土的胀缩性和裂隙性、非饱和土的增湿软化等岩土的特殊性质及其对基坑工程影响进行评价。

(3)分析评价各层地下水对基坑工程的影响,包括静水压力、动水压力、流砂、管涌等。

(4)分析基坑环境条件与基坑工程的相互影响。

(5)提出基坑开挖与支护方案的初步建议。

(6)提出降水、截水及其他地下水控制方案的初步建议。

(四)地震工程的分析评价

当工程有抗震设计要求时,需对地震工程进行评价,评价内容除遵循前述三项工程评价外,还应包括以下内容:

(1)场地地震的基本烈度或抗震设防烈度。

(2)场地土的类型和场地类别。

(3)场地所处的位置属于对抗震有利、不利或危险地段。

(4)场地断裂的地震工程分类及其对工程稳定性的影响。

(5)对场地土地震液化进行判别,并计算液化指数,划分液化等级。

(6)对场地与地基的抗震措施提出建议。

(五)地下水作用的分析评价

对地下水的评价内容可按本书项目六。

单元四　编制岩土工程勘察报告

岩土工程勘察报告是岩土工程勘察的文字成果，也是最终成果，它的目的性很明确，就是通过各种勘察手段（如现场钻探、原位测试、室内土工试验等）获取建筑场地岩土层的分布规律和物理力学性质指标，通过归纳、整理、分析研究，为地基的设计和整治利用提供具有一定可靠程度的计算依据。此外，勘察报告还是基础施工的参考资料和编制基础工程预决算的依据之一。所以，岩土工程勘察报告的质量好坏，直接反映了整个勘察工作的质量。

岩土工程勘察报告由文字报告和图件两部分组成。

【知识链接】

岩土工程勘察报告编制，应在对原始资料进行整理、检查、分析的基础上，并确认无误后进行。

岩土工程勘察报告应资料完整、真实准确、数据无误、图表清晰、结论有据、建议合理、便于使用和适宜长期保存，并应因地制宜，重点突出，有明确的工程针对性。

岩土工程勘察报告应根据任务要求、勘察阶段、工程特点和地质条件等具体情况编写，其主要内容应该包括：

(1)勘察目的、任务要求和依据的技术标准。

(2)拟建工程概况。

(3)勘察方法和勘察工作布置。

(4)场地地形、地貌、地层、地质构造、岩土性质及其均匀性。

(5)各项岩土性质指标，岩土的强度参数、变形参数、地基承载力的建议值。

(6)地下水埋藏情况、类型、水位及其变化。

(7)土和水对建筑材料的腐蚀性。

(8)可能影响工程稳定的不良地质作用的描述和对工程危害程度的评价。

(9)场地稳定性和适宜性的评价。

岩土工程勘察报告应对岩土利用、整治和改造的方案进行分析论证，提出建议；对工程施工和使用期间可能发生的岩土工程问题进行预测，提出监控和预防措施的建议。

成果报告应附下列图件：勘探点平面布置图、工程地质柱状图、工程地质剖面图、原位测试成果图表、室内试验成果图表。需要时可附综合工程地质图、综合地质柱状图、地下水等水位线图、素描、照片、综合分析图表以及岩土利用、整治和改造方案的有关图表、岩土工程计算简图及计算成果图表等。

对岩土的利用、整治和改造的建议，宜进行不同方案的技术经济论证，并提出对设计、施工和现场监测要求的建议。

任务需要时，可提交下列专题报告：①岩土工程测试报告；②岩土工程检验或监测报告；③岩土工程事故调查与分析报告；④岩土利用、整治或改造方案报告；⑤专门岩土工程问题的技术咨询报告。

勘察报告的文字、术语、代号、符号、数字、计量单位、标点，均应符合国家有关标准的规定。

丙级岩土工程勘察的成果报告内容可适当简化，以图表为主，辅以必要的文字说明；甲级岩土工程勘察的成果报告除应符合本节规定外，还可对专门的岩土工程问题提交专门的试验报告、研究报告或监测报告。

岩土工程勘察报告的编制除应符合现行《岩土工程勘察规范》(GB 50021—2001)(2009年版)之外，特别应当严格执行《工程建设标准强制性条文》的规定。

任务一　工程地质图件编制

工程地质图件是在前期野外勘察和试验资料基础上，经过综合分析绘制而成的。一般的工程地质图件包括：勘探点(钻孔)平面位置图、钻孔工程地质综合柱状图和工程地质剖面图等。

一般的工程地质图件由图头、比例尺、主图、图例、责任表等部分构成。

一、熟悉与编制工程地质图综合图例

在绘制工程地质图件时，应先熟悉工程地质图例，常见的工程地质图例见图10-1。

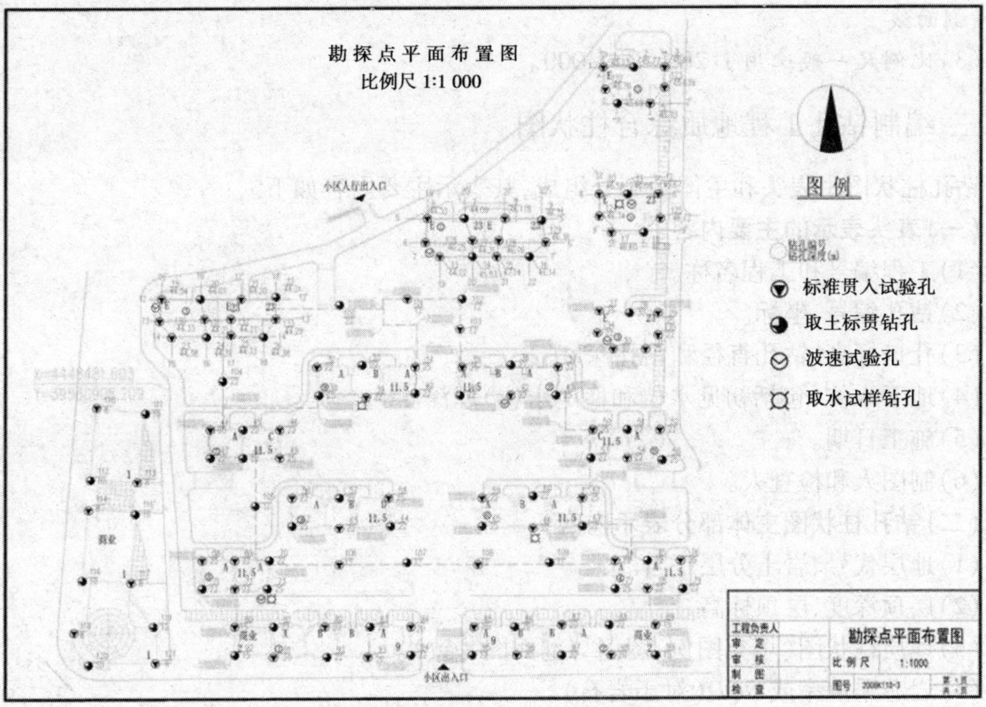

图10-1　勘探点平面位置图

编制工程地质综合图例时，应对工程地质图例分类，按类别依次进行编制。图例类别主要包括土的图例、岩石图例、平面图图例、柱状图图例和剖面图图例。

二、编制勘探点(钻孔)平面位置图

勘探点(钻孔)平面位置图中表示的主要内容包括：

(1)拟建建筑物平面轮廓及名称。

(2)勘探点(钻孔)的位置、类别、编号、深度及孔口标高。

(3)剖面线的布置和编号。

(4)试验点的位置和编号。

(5)建筑物轮廓外相邻的地物(街道或建筑物)。

(6)地理方位标。

(7)图名及比例尺。

勘探点平面位置图见图10-1。

【小贴士】

勘探点(钻孔)平面位置图一般在甲方提供的建筑平面图基础上绘制而成。在可行性研究阶段及初勘阶段,因尚未确定拟建建筑平面位置,可不用绘制拟建建筑物的轮廓线,图名改为勘探点平面布置图。

【知识链接】

(1)勘探点(钻孔)的类别一般分为技术孔、鉴别孔、抽水试验孔、取水样孔、地下水动态观测孔、专门试验孔(如孔隙水压力测试孔)。

(2)剖面线的布置一般沿建筑轮廓、中轴线、柱列线、建筑群布设,较大的工地,应布设纵、横剖面线。

(3)比例尺一般选用1:200~1:1 000。

三、编制钻孔工程地质综合柱状图

钻孔柱状图由表头和主体两部分组成,其表示主要内容如下。

(一)表头表示的主要内容

(1)工程编号和工程名称。

(2)钻孔编号、坐标。

(3)孔口标高、钻孔直径和钻孔深度。

(4)地下水位(包括初见水位和稳定水位)埋深。

(5)施工日期。

(6)制图人和检查人。

(二)钻孔柱状图主体部分表示内容

(1)地层代号、岩土分层序号。

(2)层顶深度、层顶标高、层厚。

(3)地质柱状图(填充图例,图例与剖面图一致)。

(4)岩芯采取率或*RQD*(对于岩石)。

(5)岩土性质描述。

(6)岩土取样深度和样号、原位测试深度和测试值。

【小贴士】

在地质柱状图上,第四系与下伏基岩应表示出不整合接触关系;当钻孔较深且某层很厚时,可将该层断开画出,但应标明实际尺寸。

【知识链接】

(1)柱状图比例尺一般采用1:100或1:200。

(2)地层时代和代号相关知识见《地貌学及第四纪地质》及相关教材。

(3)各类岩土的性质描述内容见本教材项目二的单元三中描述内容。

四、编制工程地质剖面图

（一）工程地质剖面图表示内容

工程地质剖面图是用来了解建筑场地深部地质条件和进行地基基础设计的主要图件。图件主要内容包括：

（1）勘探孔在剖面上的位置、编号、地面标高、勘探深度、勘探孔间距、剖面方向。

（2）岩土图例符号或颜色、岩土分层编号、分层界线、接触关系界线、地层产状。

（3）断层等地质构造的位置、产状、性质。

（4）溶洞，土洞，塌陷，滑坡，地裂缝，古河道，埋藏的湖浜、古井、防空洞、孤石及其他埋藏物。

（5）地下水稳定水位。

（6）取样位置。

（7）静力触探曲线、动力触探曲线。

（8）标准贯入、波速等原位测试的位置及测试成果。

（9）标尺。

（二）工程地质剖面图编制

第一步，根据选用纸张规格与剖面长度及勘探孔深度，确定比例尺。

第二步，根据比例尺先绘水平坐标，定出勘探孔之间的距离；再绘纵坐标（标尺），确定各勘探孔的地面标高，并由每个勘探孔地面标高位置，按比例尺自上而下绘制勘探孔线，依次连线勘探孔的地面标高表示地面。

第三步，在勘探孔线上用符号及一定比例尺按钻孔资料，由上而下的次序表明岩土层的厚度和岩性，将同地质时代的同种岩土层连线，并标注岩土层编号。

第四步，分层深度、钻孔孔深、岩土取样位置及原位测试位置和相关数据。

第五步，按综合图例逐层绘制岩土层符号和花纹。

第六步，绘制图例、标注图名和比例尺，形成完整的工程地质剖面图（见图 10-2）。

【小贴士】

工程地质剖面图质量好坏的关键在于：剖面线的布设是否恰当；地基岩土分层是否正确；分层界线，尤其是透镜体层、岩性渐变线的勾连是否合理；剖面线纵横比例尺的选择是否恰当。

（三）工程地质剖面图编制技术要求

在剖面图旁侧，应用垂直线比例尺标注标高，孔口高程须与标注的标高一致。剖面上邻孔间的距离用数字写明，绘制垂直标尺时，剖面较短时在左边，剖面较长时左右各一。

分层编号的顺序应从上到下，由小而大。除夹层和透镜体外，下层编号不应小于上层编号，需要时可标明地层年代和成因的代号。

工程地质剖面图的比例尺，应根据地质条件、勘探孔的疏密及深度等具体情况确定。水平比例尺宜采用 1∶500，亦可采用 1∶200 或 1∶1 000；垂直比例尺宜采用 1∶100，亦可采用 1∶50 或 1∶200。但水平与垂直之比值不宜大于 1/10。在基岩及斜坡地区，水平比例尺与垂直比例尺宜相同。

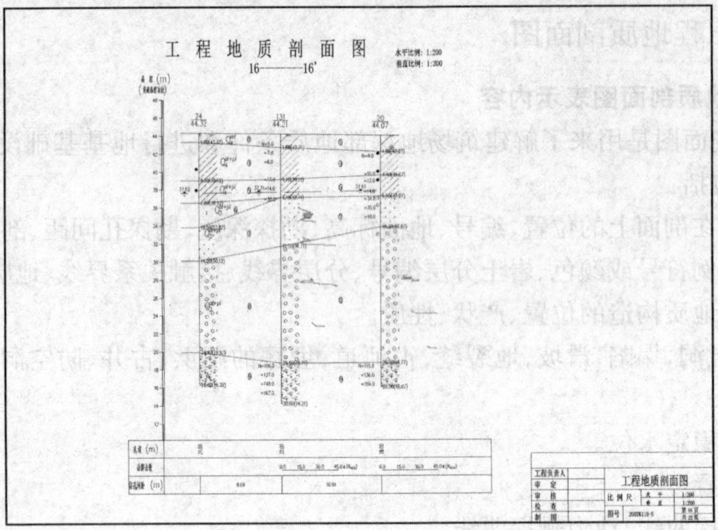

图 10-2　工程地质剖面图

【知识链接】

在一些大型工程或有特殊要求的工程中，经常会要求编制专门性图件，常见的专门性图件有第四系地层分布图，水文地质图，地下水等水位线图，表层软弱土等厚线图，软弱夹层底板等深线图，基岩顶面等深线图，强风化、中风化或微风化岩顶面等深线图，硬塑或坚硬土等深线图，持力层层面等高线图等。这些图件对于建筑工程设计、地基基础设计、建筑工程的施工各有用途。有的图件还可以反映隐伏的地质条件，如中风化顶面等深线图可以反映隐伏的断层；等深线上呈线状伸展的沟部，往往是断层通过地段。专门性图件并非每一勘察报告都做，视勘察要求、反映重点而定。

任务二　岩土工程勘察报告编制

岩土工程勘察报告的文字部分的编写，是在完成原始资料的整理、分析、评价及工程地质图件的整理后完成的岩土工程勘察的最终成果。

一、岩土工程勘察报告文字部分编写

岩土工程勘察报告文字部分主要包括以下内容。

（一）前言

1. 工程概况

项目来由，委托单位名称，勘察阶段；拟建工程的基本概况，包括拟建工程的性质、规模、结构类型、设计高程、层数（地上及地下）、高度；拟采用的基础类型、埋置深度、荷载、地基允许变形及其他特殊要求等；建筑抗震设防要求、勘察阶段、建筑物的周边环境条件等；场地及周围工程地质水文地质条件的研究程度。

2. 勘察目的、任务要求和依据

根据勘察合同或委托书要求，确定勘察等级，明确勘察目的；勘察工作执行的主要技术标准和规范；已有勘察资料和已做勘察工作；勘察工作日期；建设单位、设计单位等。

3. 勘察方法和勘探工作量布置

勘探孔、原位测试点布置原则包括:勘探点位置、勘探深度、勘探点数量、勘探点距离;勘探方法说明;取样器规格与取样方法;原位测试的类型、仪器及试验方法说明,资料整理方法;室内试验项目、方法及资料整理方法说明;取土孔和原位测试点数占总数的比例;勘察成果质量评估。

(二)场地工程地质条件

场地工程地质条件包括地形地貌及气候气象条件、地质构造与地震、地层岩性、水文地质条件、不良地质现象和人类工程活动等。

1. 地形地貌及气候气象条件

勘察场地的具体地理位置;地貌单元、地貌形态、次一级地貌单元划分;地面及室内地坪标高;年平均气温、降水量、蒸发量、常年风向、冻土深度、水系发育情况。

【小贴士】

如果场地小且地貌简单,应着重论述地形的平整程度、相对高差。

2. 区域地质构造和地震

区域地层岩性、分布及埋藏特征;主要断层、褶皱等构造的性质、分布特征,断裂的活动性及最新活动年代;地震等级和区域地震设防烈度;做出区域稳定性评价。

3. 地层岩性

地层岩性是岩土工程勘察报告中着重论述的内容,是工程地质评价的基础。主要说明的是地基岩土分层及其物理力学性质。

对岩土层的描述应自上而下,并且逐层编号,描述内容包括:岩性、成因类型、层顶埋藏深度、标高、厚度、颜色、成分、状态、压缩性;主要物理力学性质指标、原位测试指标、承载力特征值;各岩土层水平、垂直分布规律;土质均匀性评价。

【知识链接】

(1)地层分层原则。土层按地质时代、成因类型、岩性、状态和物理力学性质划分;岩层按成因、岩性、风化程度、物理力学性质划分。在垂直剖面上厚度小、分布范围小的地层可作夹层处理,厚度小且反复出现的地层可作互层处理。

(2)分层编号方法,一般采用自上而下连续编号,即①、②、③、…层。有夹层时,在对应主层编号依次加下角标,即$②_1$、$②_2$、…。这种方法应用比较广泛。

4. 水文地质条件

1)水文地质环境分析

地下水类型;含水层的埋藏条件、分布状况、岩性、厚度,静止水位、降深、涌水量;地下水流向、水力坡度;含水层间和含水层与附近地表水体的水力联系;地下水的补给和排泄条件,水位季节变化,含水层渗透系数。

2)地下水侵蚀性评价

地下水对混凝土的侵蚀性评价内容见本教材项目六。

【小贴士】

对于场地较小或水文地质条件简单的场地,论述的内容可以简化。对于在较短的勘察期间不能查明的内容,可通过调查和收集区域水文资料获得。地下水对混凝土的侵蚀性,要结合场地的地质环境,根据水质分析资料判定。应列出据以判定的主要水质指标,即 pH、

HCO_3^-、SO_4^{2-}、侵蚀 CO_2 的分析结果。

5. 不良地质现象和人类工程活动

有无不良地质现象,包括岩溶、滑坡、泥石流、地面沉降、断裂和砂土液化;有无特殊性岩土,包括湿陷性土、红黏土、软土、混合土、填土、多年冻土、膨胀岩土、盐渍土、风化岩与残积土、污染土;人类工程活动,如人工洞穴、地下采空、大挖大填、抽水排水及水库诱发地震等,并评价其对场地稳定性的影响。

(三)岩土参数分析与选用

对岩土参数的统计分析应按场地工程地质单元或地层分别进行统计,统计内容包括:

(1)取样和土工试验数据:取样个数、主要物理力学性质指标。

(2)原位测试:按试验类别对各地质单元或地层的测试次数和主要数据。

(3)岩土参数的选用:压缩模量、渗透系数等参数,一般采用平均值;抗剪强度指标,一般采用标准值;土层性状的评价指标,一般选用平均值。

【小贴士】

对每一物理力学性质指标的统计,应包括区间值、一般值、平均值、最大值,以便于设计部门选用。对于原位测试也应统计区间值、一般值、平均值和经数理统计后的修正值。统计成果宜用表格形式表示。

(四)场地地震效应

从建设场地的设计地震动参数、建筑场地类别与特征周期、地震液化评价、抗震地段划分等几个方面进行说明。

【小贴士】

本条内容及要求见《建筑抗震设计规范》(GB 50011—2010)中的有关规定。

(五)场地的工程地质评价

1. 区域稳定性评价

从区域地质条件、不良地质发育情况、新构造运动及地震特征、特殊性岩土分布情况等几个方面,对场地区域稳定性进行评价,得出明确结论。

2. 场地和地基稳定性评价

从场地地层分布情况及均匀性、有无不良地质现象与特殊性岩土对场地和地基稳定性进行评价。

3. 地基均匀性评价

从各工程地质层分布稳定情况、均匀程度、状态或密实度、压缩性、强度特征判断出每一工程地质层作为地基的适宜情况。

4. 岩土参数建议值

建议值的取值方法,如主要物理性指标采用平均值、剪切指标采用标准值(规范规定的统计方法)。

5. 地基承载力的特征值

地基承载力特征值确定:

(1)宜采用载荷试验得出承载力特征值。

(2)根据土工试验成果,利用理论公式计算。

(3)根据原位测试方法确定。

(4)通过地方规范或经验查表得出。

以上各种方法需要进行综合分析评价确定后,给出建筑场地各地层的地基承载力特征值。

【小贴士】

采用载荷试验得出承载力特征值时,浅基础可采用平板,深基础可采用螺旋板试验。

(六)基础方案选择

1.天然地基方案

从地基土的构成、特征、埋藏情况分析采用天然地基方案的可行性,对浅基础的埋置深度提出建议,并提出天然地基持力层的建议。存在不良地层或特殊性岩土时,需提出地基处理方案的建议。

2.桩基方案

如果采用桩基础,需要对持力层及埋置深度提出建议,并提出桩型的选择建议。

3.桩基设计参数

根据建议桩型,按照土的类型、状态、埋深、桩的类型和桩的入土深度,安全系数取值,并试算出单桩极限承载力值。

4.沉桩的可能性及桩的施工条件对环境的影响分析

根据建议桩型和地基条件,对沉桩的可能性进行分析,选择合适的沉桩方式,并分析其施工过程是否会对环境产生影响。

5.基坑支护与开挖

提供基坑开挖和支护有关参数,对边坡的稳定性进行评价,建议边坡放坡坡度值,如地下水埋深较小时,则提出可行的降水措施建议。

(七)岩土的整治、现场监测方案

提出对岩土的利用、整治和改造的建议,宜进行不同方案的技术经济论证,并提出对设计、施工和现场监测要求的建议。

(八)结论与建议

一般包括以下几点:

(1)对场地条件和地基岩土条件的评价。

(2)结合建筑物的类型及荷载要求,论述各层地基岩土作为基础持力层的可能性和适宜性。

(3)选择持力层,建议基础形式和埋深。若采用桩基础,应建议桩型、桩径、桩长、桩周土摩擦力和桩端土承载力标准值。

(4)地下水对基础施工的影响和防护措施。

(5)基础施工中应注意的有关问题。

(6)建筑是否进行抗震设防。

(7)其他需要专门说明的问题。

【小贴士】

结论与建议中的7个方面的内容,并非所有的勘察报告都要面面俱到,一一罗列,要根据勘察项目的实际情况,尽量做到报告内容齐全、重点突出、条理通顺、文字简练、论据充实、结论明确、简明扼要、合理适用。

二、主要的附表、插表

(1)岩土试验成果表。

(2)地基土物理力学性质指标数理统计成果表。

(3)原位测试成果表。

(4)钻孔抽水试验成果表。

(5)桩基力学参数表。

(6)其他。

三、主要附图

(1)建筑物与勘探点平面布置图。

(2)工程地质剖面图。

(3)钻孔柱状图。

(4)原位测试成果图。

(5)其他。

【小贴士】

当勘察任务需要时,还可提交下列专题报告:

(1)岩土工程测试报告。

(2)岩土工程检验或监测报告。

(3)岩土工程事故调查与分析报告。

(4)岩土利用、整治或改造方案报告。

(5)专门岩土工程问题的技术咨询报告。

【案例10-6】 石家庄市某规划小区在规划阶段对拟建场地进行了初步勘察,经过对勘察成果进行分析整理后形成的文字报告如下。

石家庄某小区岩土工程勘察报告

第一章 前 言

一、工程概况

拟建居住区位于河北省石家庄市,是由A地产开发有限公司(简称建设单位)投资开发、B建筑工程设计有限责任公司(简称设计单位)设计的住宅楼及配套房。拟建楼群主要由一栋20层塔楼、一栋28层塔楼、配套房及地下车库组成,地下两层,结构型式未定,预计基础埋深8.0 m。

本工程的建筑安全等级为一级,所在地区抗震设防烈度为8度,本工程按8度进行抗震设防,所以勘察等级为一级。

二、勘察任务、目的和依据

(一)勘察任务与目的

根据甲方提供的勘察任务书及勘察场地情况,本次勘察的主要目的是:

(1)收集区域地质、地形地貌、地震及附近岩土工程勘察资料和建筑经验等资料。

(2)查明拟建场地工程影响范围内的土层性质、结构、成因年代、分布规律及其物理力学性质。

(3)提供拟建建筑物地基基础设计与施工所需的各层土的物理力学性质参数。

(4)查明场地地下水的类型与埋藏分布特征,分析其对建筑物基础设计和施工的影响,判断地下水对建筑物主要基础结构材料的腐蚀性,提出地下水位在场地内的变化幅度。

(5)确定场地土的类型、建筑场地类别,判定场地饱和砂土、粉土地震液化的可能性,为建筑物抗震设计提供依据。

(二)执行的规范、标准

本次勘察主要执行的规范和标准包括:

《岩土工程勘察规范》(GB 50021—2001)(2009 年版);

《建筑地基基础设计规范》(GB 50007—2011);

《建筑抗震设计规范》(GB 50011—2010)。

三、本次勘察工作量

本次勘察采用 DPP－100 型汽车钻机 3 台,施工钻孔 3 个,钻孔深度均为 50.0 m。测量钻孔孔口标高 3 个,共取土试样 60 件,进行常规物理力学性质试验。

第二章 拟建场地的工程地质条件

一、地形地物条件

拟建场区现为居民区,场区内地形基本平坦,各钻孔孔口标高相差不大,本次勘察期间量测的钻孔孔口处地面绝对标高为 39.02 ~ 39.46 m,量测依据为建设单位提供的场地东北角 *BM*1 点为引测点(绝对标高为 39.16 m)。

二、地层土质及岩性特征概述

根据现场钻探、原位测试及室内外土工试验成果,按沉积年代、成因类型,将拟建场区现状地面下 50.0 m 范围内的地层划分为人工堆积层及第四纪冲洪积层,并按地层岩性及其物理力学性质指标进一步划分为 7 个大层,各土层的基本岩性特征参见附图“钻孔柱状图”(略)。

现将各土层自上而下简述如下。

人工堆积层:

粉质黏土、素填土①层:褐色,稍湿,稍密,以粉质黏土为主,含少量砖屑,夹杂填土$①_1$透镜体,人工填土一般厚度为 2.4 ~ 2.7 m,层底标高 36.62 ~ 37.06 m。

第四纪冲洪积层:

(1)黏质粉土②层:褐黄色,可塑,含氧化铁、云母等,夹粉质黏土$②_1$、黏土$②_2$、粉砂$②_3$透镜体,本层厚度 7.9 ~ 9.4 m,层底标高 27.66 ~ 28.78 m。

(2)细砂③层:褐黄色,饱和,密实,主要矿物成分为长石、石英等。本层厚度 3.8 ~ 4.3 m,层底标高 23.36 ~ 24.98 m。

(3)重粉质黏土④层:褐黄色,可塑,含氧化铁,夹粉质黏土$④_1$、黏质粉土$④_2$透镜体,本层厚度 5.7 ~ 6.6 m,层底标高 17.66 ~ 18.42 m。

(4)细砂⑤层:褐黄色,饱和,密实,主要矿物成分为长石、石英等,夹砾砂$⑤_1$透镜体,本层厚度 6.2 ~8.6 m，层底标高 1.46 ~9.82 m。

(5)黏质粉土⑥层：褐黄色，可塑，含氧化铁、云母等，夹粉质黏土$②_1$、重粉质黏土$⑥_2$透镜体，本层厚度 10.1 ~12.8 m，层底标高 −0.28 ~ −1.34 m。

(6)粉质黏土⑦层：褐黄色，可塑，含氧化铁，夹黏质粉土$⑦_1$、细砂$⑦_2$透镜体，本层厚度 9.2 ~10.7 m，层底标高 −10.54 ~ −10.98 m。

三、水文地质条件

(一)水文地质环境分析

本次钻探期间各钻孔均见地下水，地下水类型为潜水型。初见水位埋深 8.20 ~8.70 m，绝对标高 30.32 ~31.18 m，静止水位埋深 7.30 ~7.60 m，绝对标高 31.72 ~31.88 m。含水层主要为细砂③层及其透镜体，补给来源主要为地下径流及大气降水，排泄以地下径流和蒸发为主。场地历年最高水位接近自然地面，标高为 38.00 m 左右。近 3 ~5 年最高水位为 33.0 m 左右。

(二)地下水侵蚀性评价

根据所收集勘察资料及水质分析报告，本场区地下水对混凝土无腐蚀性，对钢筋混凝土中的钢筋有弱腐蚀性。

四、不良地质现象和人类工程活动

本场区内无不良地质现象和特殊性岩土，无人工洞穴、地下采空、大挖大填、抽水排水及水库等人类工程活动。

第三章 岩土参数分析与选用

对岩土参数的统计分析应按场地工程地质单元或地层分别进行统计。统计内容包括：

(1)取样和土工试验数据：取样个数、主要物理力学性质指标。

(2)原位测试：按试验类别对各地质单元或地层的测试次数和主要数据。

(3)岩土参数的选用：压缩模量、渗透系数等参数，一般采用平均值；抗剪强度指标，一般采用标准值；土层性状的评价指标，一般选用平均值。

第四章 拟建场地地震效应

一、地震基本烈度

按《建筑抗震设计规范》(GB 50011—2010)第 4.1.1 条判定建筑场地地段类别为有利地段。按附录 A 规定，建筑场地属设计地震第一组。本工程抗震设防烈度为 8 度，按第 3.2.2 条，设计基本地震加速度值为 0.20g。

二、场地土类型及建筑场地类别

根据收集到的场地附近勘察资料，结合本次钻探结果，拟建场地覆盖层厚度大于 50 m，按《建筑抗震设计规范》(GB 50011—2010)第 4.1.6 条判定，本工程拟建场地类别为Ⅲ类，按第 4.1.3 条判定，拟建场地土类型为中软土。

三、场地地基土的液化判定

据现场标准贯入试验结果，实测击数大于临界数，依据《建筑抗震设计规范》(GB 50011—2010)第 4.3.4 条判定，拟建场地饱和砂土和粉土在抗震设防烈度为 8 度时不液化。

第五章 拟建场地的工程地质评价

一、区域稳定性评价

从区域地质条件、不良地质发育情况、新构造运动及地震特征、特殊性岩土分布情况等几个方面,对场地区域稳定性进行评价,得出明确结论。

二、场地和地基稳定性评价

从场地地层分布情况及均匀性、有无不良地质现象与特殊性岩土对场地和地基稳定性进行评价。

三、地基均匀性评价

从各工程地质层分布稳定情况、均匀程度、状态或密实度、压缩性、强度特征判断出每一工程地质层作为地基的适宜情况。

四、岩土参数建议值

建议值的取值方法,如主要物理性指标采用平均值、剪切指标采用标准值(规范规定的统计方法)。

五、地基承载力的特征值

地基承载力特征值确定:

(1)宜采用载荷试验得出承载力特征值。

(2)根据土工试验成果,利用理论公式计算。

(3)根据原位测试方法确定。

(4)通过地方规范或经验查表得出。

以上各种方法需要进行综合分析评价确定后,给出建筑场地各地层的地基承载力特征值,见表10-29。

表10-29 承载力特征值统计

地层	承载力标准值(kPa)	地层	承载力标准值(kPa)
黏质粉土②层	180~240	细砂⑤层(含透镜体)	330~380
粉质黏土$②_1$层	140~200	砾砂$⑤_1$层	350~400
细砂③层	280~320	黏质粉土⑥层(含透镜体)	240~280
重粉质黏土④层(含透镜体)	180~220	粉质黏土⑦层(含透镜体)	220~260

第六章 结论及建议

一、结论

据区域地质资料及本次勘察结果,并结合拟建建筑物具体情况,得出如下结论:

(1)拟建场地内未发现不良地质作用,适宜建筑。

(2)拟建场地地震设防烈度为8度,依据现场标准贯入试验成果,并结合拟建场地地层结构，拟建场地土在抗震设防烈度为8度时不液化。

(3)场地土类型为中软土，建筑场地类别为Ⅲ类。

(4)地下水对混凝土无腐蚀性，对钢筋混凝土中的钢筋有弱腐蚀性。

(5)场地内各土层地基承载力标准值(f_{ak})建议值见表10-29。

表层人工填土结构松散，物理力学性质为均匀，不经处理不宜作为天然地基持力层。

二、建议

考虑本工程设计条件及场地工程地质条件，提出如下建议：

(1)拟建建筑物基础预计埋深8.0 m，根据本次勘察所取得地质资料，地基主要持力层为黏质粉土②层及其透镜体，配套房及车库部分可采用天然地基，但应注意采用抗拔桩或人工配重等措施对地基进行抗浮处理。高层部分如天然地基不能满足要求，可采用CFG桩对地基进行处理。

(2)高层建筑部分与地下车库及配套房必要时应设置后浇带，高层建筑施工及使用期间进行沉降观测，沉降稳定后进行后浇带施工。

(3)基坑开挖时，可根据开挖深度、拟建建筑物周围的情况具体考虑采用放坡、土钉墙或护坡桩方案。

(4)施工时可根据基坑开挖深度、施工季节确定是否需要采取降水措施。

(5)尽量避免扰动地基土。

(6)本报告为咨询报告，最终结论应以详勘报告为准。工程最终确定的基底埋深如有较大变动，勘察设计院有权利补充修改本报告相关内容，届时请及时通知。

(7)场地均匀性评价及波速测试试验待详勘再解决。

小 结

本项目主要从对野外勘察原始资料数据的分析与选取、地基承载力的计算、勘察成果图表的要求及绘制方法、勘察成果的评价到最后勘察报告的编写等几个单元对岩土工程勘察成果的整理进行了讲解。岩土工程勘察报告是整个勘察工作的总结性成果，其质量的好坏反映了整个勘察工作质量的好坏，而报告的质量又是由本项目各单元所决定的，要想写好勘察报告需要反复进行练习来积累足够经验。

技能训练

A勘察公司对某地产开发有限公司××工程进行了岩土工程勘察，要求对其原始资料进行分析、计算、评价，并最终形成文字报告。其原始资料如下：

一、工程概况

某地产开发有限公司××工程由Y设计研究总院设计，拟建一栋高层住宅楼，该住宅楼地上部分为12层，地下室共2层。采用框架剪力墙结构，钢筋混凝土筏板基础。有关建筑物的结构、荷载等情况见表10-30。

表 10-30 拟建建筑物特征

地上层数	地下层数	结构型式	建筑物高度	拟采用基础型式	估算基底压力标准值	备注
12 层	2 层	高层剪力墙结构住宅楼	37.2 m	钢筋混凝土筏板基础	230 kPa	±0.000 相当于绝对标高 45.000 m,室内外高差 0.5 m。

二、岩土工程勘察原始资料

(一)勘探孔基本数据

勘探孔基本数据见表 10-31。

表 10-31 勘探孔基本数据一览表

勘探点编号	钻孔深度(m)	地面高程(m)	坐标		地下稳定水位埋深(m)	外业日期(年-月-日)
			X(m)	Y(m)		
zk1	25.0	44.34	903.47	527.092	6.4	2010-10-2
zk2	25.0	44.07	920.87	527.092	6.2	2010-10-2
zk3	24.0	44.21	942.57	527.092	6.2	2010-10-2
zk4	25.0	44.22	959.77	527.092	6.5	2010-10-2
zk5	24.0	44.38	909.32	507.982	6.6	2010-10-3
zk6	24.0	44.32	925.23	507.982	6.7	2010-10-3
zk7	25.0	44.37	937.68	507.982	6.5	2010-10-3
zk8	26.0	44.38	953.86	507.982	6.3	2010-10-3
钻孔直径	127 mm					

(二)勘探孔野外编录资料

(1)各钻孔揭露岩土层层底深度见表 10-32。

表 10-32 勘探孔揭露岩土层层底深度一览表 (单位:m)

土层编号	钻孔编号							
	zk1	zk2	zk3	zk4	zk5	zk6	zk7	zk8
①	0.90	1.80	1.90	2.10	1.10	1.00	1.80	2.20
②	5.60	4.40	4.60	4.50	7.50	5.30	5.40	5.20
②$_1$	6.80				9.60			7.00
③	7.90	6.80	5.70	5.90	10.50	7.80	8.40	9.10
④	9.70		6.50	7.80		10.50	10.80	10.50
④$_1$			8.50	9.10				
⑤	12.50	10.20	11.00	11.30	15.00	14.20	14.30	15.00
⑥	25.00	25.00	24.00	25.00	24.00	24.00	25.00	26.00

(2)钻孔野外工程地质编录资料。

钻孔野外工程地质编录资料,经汇总整理后见表10-33。

表10-33 标准土层数据一览表

土层编号	地质时代	地质成因	岩土名称	描述
①		ml	杂填土	黄褐色,主要由黏性土混粗砂组成,松散,稍湿
②	Q_4	al + pl	粉质黏土	黄褐色,干强度韧性中等,无摇振反应,切面较光滑,可塑,含少量细砂
$②_1$	Q_4	al + pl	粗砾砂	黄褐色,长石石英质混粒结构,次棱角状,稍湿,稍密—中密,含少量角砾
③	Q_4	al + pl	粉质黏土	黄褐色,干强度韧性中等,无摇振反应,切面较光滑,可塑,含少量角砾
④	Q_3	al + pl	砾砂	黄褐色,长石石英质混粒结构,次棱角状,稍湿,稍密—中密,含少量角砾
$④_1$	Q_3	al + pl	粉质黏土	黄褐色,干强度韧性中等,无摇振反应,切面较光滑,可塑,含少量角砾
⑤	Q_3	al + pl	圆砾	褐黄色—棕黄色,骨架颗粒原岩成分主要为花岗岩,坚硬,呈亚圆性,一般粒径2~30 mm,最大粒径50 mm,骨架颗粒含量约占60%,交错排列,充填大量黏性土,饱和,中密—密实
⑥	Q_3	al + pl	卵石	褐黄色—棕黄色,母岩为混合花岗岩,磨圆度较好,充填中粗砂,最大粒径15 cm,一般粒径2~10 cm,饱和,中密—密实

(三)取样及土工试验成果表

取样及土工试验成果见表10-34。

表 10-34 土工试验成果表

孔号及样号	试样顶深度（m）	取样类型	含水量 ω(%)	比重 G_s	重力密度 γ（kN/m³）	干重度 γ_d（kN/m³）	液限 ω_L（%）	塑限 ω_P（%）	塑性指数 I_P	液限指数 I_L	孔隙比 e	饱和度 S_r（%）	压缩系数 α_{v1-2}（MPa⁻¹）	压缩模量 E_{s1-2}（MPa）
2-1	2.0	原状	28.2	2.71	19.3	15.1	34.6	21.4	13.2	0.52	0.800	95.5		
2-2	4.0	原状	22.7	2.71	20.2	16.5	32.8	20.6	12.2	0.17	0.646	95.2	0.22	7.48
2-3	5.0	原状	20.1	2.69	19.3	16.1	26.3	17.8	8.5	0.27	0.674	80.2	0.23	7.28
4-1	3.0	原状	25.3	2.71	19.7	15.7	34.5	21.3	13.2	0.30	0.724	94.7	0.35	4.93
4-2	5.1	原状	24.6	2.70	19.7	15.8	31.4	20.0	11.4	0.40	0.708	93.8	0.30	5.69
4-3	5.5	原状	21.3	2.69	19.8	16.3	26.1	17.7	8.4	0.43	0.648	88.4	0.26	6.34
6-1	4.0	原状	26.1	2.71	19.7	15.6	33.1	20.7	12.4	0.44	0.735	96.2	0.34	5.10
6-2	5.8	原状	25.8	2.70	20.2	16.1	36.6	22.2	14.4	0.25	0.681	100		
6-3	7.2	原状	31.4	2.71	19.3	14.7	36.8	22.3	14.5	0.63	0.845	100	0.30	6.15
8-1	2.7	原状	26.4	2.71	19.1	15.1	32.8	20.6	12.2	0.48	0.793	90.2	0.35	5.12
8-2	4.3	原状	25.3	2.71	19.5	15.6	32.9	20.6	12.3	0.38	0.741	92.5		
8-3	7.5	原状	28.1	2.71	19.5	15.2	39.6	23.5	16.1	0.29	0.780	97.6	0.16	11.1

（四）勘探孔原位测试数据

（1）标准贯入试验数据见表10-35。

表10-35　标准贯入试验数据

试验编号	试验点底深度（m）	杆长（m）	贯入深度（m）	实测击数（击）
1-1	2.30	2.70	0.30	7
1-2	7.30	9.70	0.30	14
1-3	8.30	9.70	0.30	25
2-1	2.50	2.70	0.30	9
2-2	5.30	5.70	0.30	12
3-1	4.50	5.70	0.30	11
3-2	5.10	5.70	0.30	20
3-3	6.40	6.70	0.30	19
4-1	5.60	6.70	0.30	10
4-2	7.30	8.70	0.30	23
7-1	4.30	5.70	0.30	8
7-2	8.90	9.70	0.30	27
8-1	3.00	3.70	0.30	7
8-2	7.40	8.70	0.30	17
8-3	9.40	9.70	0.30	29

（2）重型动力触探试验数据一览表见表10-36。

表10-36　重型动力触探试验（$N_{63.5}$）统计

试验编号	试验点底深度（m）	贯入量（m）	实测击数（击）	杆长（m）
动1-1	18.00	0.10	41	19.00
动2-1	19.90	0.10	46	21.00
动2-2	23.70	0.10	40	24.00
动4-1	10.70	0.10	25	12.00
动4-2	11.30	0.10	37	21.00
动4-3	16.50	0.10	27	18.00
动5-1	12.80	0.10	19	14.00
动5-2	13.20	0.10	26	14.00

（五）地下水水质

地下水对混凝土均无腐蚀性，在长期浸水条件下地下水对钢筋混凝土结构中钢筋无腐蚀性，在干湿交替作用下对钢筋混凝土结构中钢筋均具弱腐蚀性，地下水对钢结构均具弱腐蚀性。

（六）不良地质作用

勘察和调查结果表明，场地地表附近无滑坡、崩塌、泥石流等不良地质作用分布，场地地基岩土中无岩溶、采空区及有价值的开采矿区。

附录　××公馆勘察大纲

××××勘测工程公司

2011 年 7 月

第一章　工程概况

眉山市××房地产开发有限公司拟建“××公馆”工程，该工程由上海××建筑设计有限公司设计，位于眉山市，玉屏街东侧，眉州大道附近；拟建建筑物主要由 13 栋高层建筑设 1 层地下室及 1 栋 2 层多层建筑组成。该工程规划建设净用地面积 51 434.55 m^2，规划总建筑面积 232 490.415 m^2。建筑物性质见附表 1。

附表 1　拟建建筑物性质一览表

建筑物名　称	结构类型	层数	高度(m)	地下室	对沉降敏感程度
14#楼	框架	2	8.00	—	一般
1～13#楼	框剪	11/27	34.5/80.00	-1F	敏感

受眉山市××房地产开发有限公司的委托，我公司承担其拟建的“××公馆”详细阶段的岩土工程勘察工作。根据《岩土工程勘察规范》(GB 50021—2001)(2009 年版)第 3.1.1 条，本工程重要性等级为一级；第 3.1.2 条，场地等级为二级(中等复杂场地)；第 3.1.3 条，地基等级为二级(中等复杂地基)；第 3.1.4 条，岩土工程勘察等级为甲级。

第二章　勘察方案设计

根据场地地质条件，以满足设计要求为目的，执行《岩土工程勘察规范》(GB 50021—2001)(2009 年版)，遵循技术、经济合理的原则对该工程进行岩土工程勘察方案设计。

第一节　勘察区工程地质概况

一、气象水文

眉山地处亚热带湿润型气候区，冬无严寒，夏无酷暑，霜雪少见，四季分明。年平均气温 17～17.2 ℃，极端最高气温 42 ℃，极端最低气温 -4.3 ℃；年降水量 1 000～1 040 mm；年平均相对湿度 81%～85%；年无霜期 279～318 d；年日照数 900～1 165 h；多年平均风速 1.4 m/s，以北风最多。灾害性天气主要有暴雨、洪涝、大风等。

场地区域范围内均属岷江水系，临岷江河床直线距离约1.5 km。岷江历史最高洪水位427.876 m，一般洪水位424.80 m，11月水位422.24 m，水深1.25～11.51 m。多年平均流量441.43 m^3/s，最大流量11 600 m^3/s（1984年7月30日），最小流量9.3 m^3/s，最大流速5.16 m/s，洪水持续时间105 h，多年平均含沙量为727 g/m^3，最高含沙量为19 600 g/m^3。

二、地形地貌

场地地貌属岷江河谷Ⅱ级阶地，场地地形总体较为平坦，本次勘察时测得勘探点孔口高程为415.59～418.00 m，相对高差2.41 m。

三、地层及地质构造

本次勘察揭露深度内，地层主要由第四系全新统素填土层（Q_4^{ml}）、第四系全新统冲洪积层（Q_4^{al+pl}）及白垩系上统灌口组砂质泥岩（K_2g）组成。各层特征由上向下描述如下：

①第四系全新统填土层（Q_4^{ml}）：

杂填土：杂色，结构松散，稍湿。以砖瓦、碎石块等建筑垃圾混黏性土组成为主，结构疏松不均，于整个场地上部分布。层厚0.3～1.3 m。

素填土：灰色、灰黄色，可塑，以黏性土为主，结构紊乱、松散，孔隙发育，成分以粉质土为主，含有机质物、植物根系、碳化物等。连续分布于整个场地地表。层厚0.4～1.3 m。

②第四系全新统冲洪积层（Q_4^{al+pl}）：

黏土：褐黄、灰黄色，可塑。以黏土矿物为主，含铁、锰质氧化物及结核，局部集中或局部见少量姜灰白色团块、条带，结构致密。韧性高，干强度高，光滑，无摇振反应。部分黏土下含10～40 cm的粉质黏土。网纹状裂隙较发育，裂隙面清晰，其间常充填高岭土或褐黑色氧化铁，连续分布，层厚0.6～4.5 m。

粉土：黄色、灰黄色，湿，稍密，主要由粉粒组成，次为黏粒，含铁、锰质氧化物斑点及结核，摇振反应中等，无光泽反应，干强度低，韧性低。该土层呈似层状分布整个场地中，层厚0.5～3.2 m。

细砂：呈似层状或透镜体分布于卵石层顶，呈黄、青灰色，湿—饱和，松散，以细砂为主，局部薄层中砂和粉砂。主要由石英、长石、云母碎屑及暗色矿物组成，局部地段含少量卵石、圆砾及黑褐色有机质土。本层分布厚度为0.2～0.9 m。

卵石：整个场地均有分布，根据《岩土工程勘察规范》（GB 50021—2001）（2009年版）和N_{120}超重型动力触探修正后的锤击数将其分为松散卵石、稍密卵石、中密卵石、密实卵石4个力学亚层。卵石层顶面埋深3.5～7.8 m。

松散卵石：以层状、透镜体状分布，呈灰、灰黄色，湿—饱和，岩性以岩浆岩及变质岩为主。卵石呈亚圆形，卵石互相不接触，含量50%～55%，粒径一般为20～40 mm，最大粒径70 mm，含少量圆砾，其余为砂土。局部地段含少量圆砾及黑褐色有机质土。

稍密卵石：以层状、透镜体状分布，呈灰色、黄灰色为主，湿—饱和，岩性以岩浆岩及变质岩为主。卵石呈亚圆形，卵石稍有接触，含量55%～65%，粒径一般为20～60 mm，最大大于100 mm，孔隙间充填物主要为砂粒及圆砾。

中密卵石：以层状、透镜体状分布，呈灰、灰褐、灰黄等色，湿—饱和，岩性主要为岩浆岩及变质岩。卵石呈亚圆形，卵石多数接触，含量65%以上，粒径一般为30～60 mm，最大大于120 mm，孔隙间充填物为砂粒及砾石，局部地段含约10%的漂石。

密实卵石：呈灰、灰褐、灰黄等色，饱和，岩性主要为岩浆岩及变质岩。卵石呈亚圆形，含量75%以上，粒径一般为40～70 mm，最大大于130 mm，孔隙间充填物为砂粒及砾石，孔底见少量漂石，含量小于15%。

③白垩系上统灌口组砂质泥岩(K_2g)：

根据钻探揭露，本场地下伏基岩岩层为棕红色泥岩夹泥质粉砂岩。岩层倾角较平缓，近似水平。按其基岩风化程度及结构差异，可分为强风化泥岩及中风化泥岩两个亚层，顶板埋深为11.50 m。现将其岩性及特征描述如下：

强风化砂质泥岩：棕红色、泥质结构，厚层—中厚层状，夹泥质粉质砂岩，风化裂隙较发育，原岩结构清晰，岩芯多呈碎块状、短柱状，岩石坚硬程度为软岩体，完整程度为较破碎，岩体质量基本等级为Ⅴ级。本层分布厚度2.60～3.10 m。

中风化砂质泥岩：棕红色、棕褐色，黏土矿物为主，泥质结构，厚层状构造，夹泥质粉砂岩或互层，风化裂隙不甚发育，岩层层理明显，岩芯较完整，多呈短柱—中柱状。岩石坚硬程度为软岩，岩体完整程度为较完整，岩体质量基本等级为Ⅵ级。

第二节　勘察技术方案设计

一、勘察目的、任务和技术要求

据甲方提供的总平面图(1∶500)及技术要求，结合现行相关规范及场地附近已有的岩土工程勘察资料，本次勘察的目的是：

(1)查明场地不良地质作用的类型、成因、分布范围、发展趋势和危害程度，提供整治方案的建议。

(2)查明场地岩土层的类型、深度、分布、工程特性，分析评价地基的稳定性、均匀性及承载力。预测地基沉降、差异沉降和倾斜等变形特征，提供计算变形所需的计算参数。

(3)查明场地地下水的埋藏条件，提供地下水位及其变化幅度；判断水、土对建筑材料的腐蚀性。提供基础开挖施工时排水降水设计等所需的有关水文参数。对地下室防水和抗浮进行评价。

(4)判明场地土类型和建筑场地类别，提供抗震设计的有关参数。判定饱和砂土、粉土是否液化，提供液化指数并确定液化等级，提出防治措施或处理方法。

(5)对与基础施工有关的岩土工程问题进行评价，预测地基沉降、差异沉降和倾斜等变形特征，提供计算变形所需参数。

(6)对上部结构和地基基础设计、施工中应注意的岩土工程问题提供建议。

(7)查明埋藏的河道、沟浜、墓穴、防空洞、孤石等对工程不利的埋藏物。

本次勘察在充分收集成都地区已有的工程地质资料和勘察经验的基础上，按照下列现行国家有关规范、规程和地方标准执行：

(1)勘察合同书及勘察技术要求。

(2)国家或行业、地方现行技术标准：

《岩土工程勘察规范》(GB 50021—2001)(2009年版)；

《高层建筑岩土工程勘察规程》(JGJ 72—2004)；

《建筑地基基础设计规范》(GB 50007—2011)；
《建筑桩基技术规范》(JGJ 94—2008)；
《建筑抗震设计规范》(GB 50011—2010)；
《建筑基坑支护技术规范》(JGJ 120—1999)；
《建筑地基处理技术规范》(JGJ 79—2002)；
《中国地震动参数区划图》(GB 18306—2001)；
《土工试验方法标准》(GB/T 50123—1999)；
《建筑工程勘察文件编制深度规定(试行)》(建设部,2003.6)。

(3)主要参考文献：
《岩土工程手册》；
《工程地质手册》(第4版)；

(4)甲方提供的拟建建筑物总平面图(1∶500)。

二、勘察方法及设计工作量

本次勘察根据有关规范及勘察技术要求,采用了钻探、标准贯入试验(N)、超重型动力触探试验(N_{120})、波速测试、取样(土样、水样和土的腐蚀性试验样)进行室内试验等勘探测试手段,具体如下。

(一)勘探点的布置

根据设计单位提供的拟建建筑物总平面图,沿拟建建筑物边线、角点及轴线共布设勘探点249个,根据《岩土工程勘察规范》(GB 50021—2001)(2009年版)的相关规定,勘探点间距11.00~26.00 m,详见"勘探点平面布置图"(略)。

(二)收集资料及工程地质调查

收集和研究场地区域地质、地震及场地附近已有的工程勘察、设计和施工技术资料和经验资料,进行现场踏勘及工程地质调查。

(三)勘探点施测

本次勘察系以委托方提供的"1/1 000总平面"为依据,采用ETD－2速测全站仪进行现场施测,勘探点高程以委托方提供的已知点(玉屏街与眉州大道路口交叉一点TP＝416.894 m)为高程起始点(位于"勘探点平面布置图"外)。由于场地中受到地下管道、板房、植被等影响,部分钻孔移位。

(四)钻探

本次勘察采用钻探、标准贯入试验、超重型动力触探试验、取土样、波速测试等勘探测试手段。勘探点(钻孔)均采用SH－30型钻机冲击钻进,其开孔直径127 mm,终孔直径74 mm;另采用XY－100型钻机植物胶护壁、双重岩芯管和金钢石钻头回旋钻进,从上至下连续采取土样,岩芯平均采取率达93%。

(五)原位测试

(1)标准贯入试验:主要对场地内黏土、粉土、细砂进行分段试验,以评价其状态、强度、变形和承载力。

(2)N_{120}超重型动力触探试验:着重对卵石层进行连续系统测试,结合钻探取芯描述对比,以确定卵石土密实度、变形模量和承载力等岩土参数。

(六)波速测试

采用 RSM－24FD 工程动测仪进行波速测试,在 18#、42#、72#、99#、128#、144#钻孔采用单孔波速测试法进行波速测试,确定和划分场地土类型、建筑场地类别、场地地基土的卓越周期等,评价场地抗震性能。

(七)室内土工试验

本次勘察采取水、土样进行室内土工试验,所有样品均按规范要求采取、封包,并及时送检测中心检测,以科学定名和测定地基土物理力学性质指标。本次土工试验由四川省××岩土工程检测中心承担。

(1)岩土试验:取岩土样进行室内常规试验和颗粒分析,以科学定名和测定地基土物理力学性质指标。

(2)地下水水质分析试验:取场地地下水进行室内水质分析试验,判定其对建筑材料等的腐蚀性。

(3)地基土腐蚀性分析试验:选择其中的代表土样进行室内腐蚀性分析试验,判定其对建筑材料的腐蚀性。

(八)水文地质观测

在勘探孔内观测地下水位。

依据上述勘察手段和方法,本次勘察工作量为:

(1)测放勘探点 249 个。

(2)勘探孔 249 个,总进尺为 2 988.50 m。

(3)N_{120}超重型动力触探孔 249 个,动力触探总进尺为 2 116.80 m。

(4)取原状岩石土样 83 件,进行室内土工常规物理力学性质试验。

(5)波速测试孔 8 个,测定地基土的等效剪切波速值等。

(6)取地下水样 6 件,进行水质简分析试验。

(7)标准贯入试验 154 次。

第三章　拟提交的最终成果资料

(1)正式文字报告。

(2)岩样、场地、岩芯相片。

(3)勘探点平面布置图。

(4)地质剖面图。

(5)土工检测报告。

(6)波速测试报告。

第四章　施工组织计划

第一节　施工组织管理及质量安全保证措施

派遣现场技术员、安全员各一名对现场质量及安全进行现场管理。要求项目经理现场监督管理。项目管理示意图见附图1。

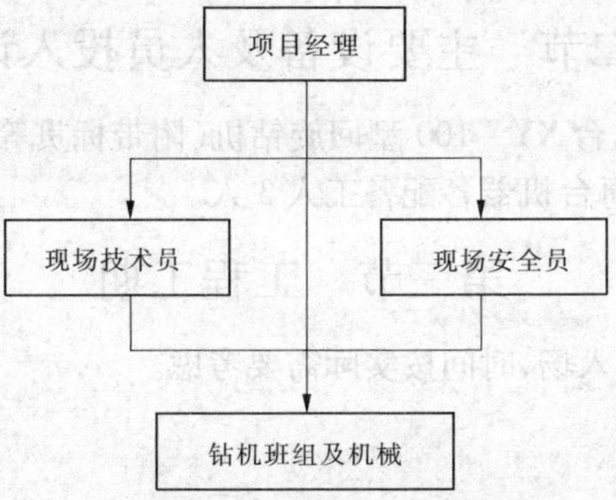

附图1　项目管理示意图

项目经理职责:①确保项目目标实现,保证业主满意,这一项基本职责是检查和衡量项目经理管理成败、水平高低的基本标志。②制订项目阶段性目标和项目总体控制计划。项目总目标一经确定,项目经理的职责之一就是将总目标分解,划分出主要工作内容和工作量,确定项目阶段性目标的实现标志,如形象进度控制点等。③组织精干的项目管理班子。这是项目经理管好项目的基本条件,也是项目成功的组织保证。④及时决策。项目经理需亲自决策的问题包括实施方案、人事任免奖惩、重大技术措施、设备采购方案、资源调配、进度计划安排、合同及设计变更、索赔等。⑤履行合同义务,监督合同执行,处理合同变更。项目经理以合同当事人的身份,运用合同的法律约束手段,把项目各方统一到项目目标和合同条款上来。

现场技术员职责:①认真协助并配合项目经理开展工作,严格按照国家技术规范进行施工,贯彻ISO 9000质量方针和履行质量管理程序,严格质量把关,确保项目过程技术指标的落实。②组织学习推广新技术、新工艺、新材料和先进的施工方法,建立QC小组,组织研究技术方面的疑难问题,并提出解决办法。③填写质量报表,收集、整理所有质量记录和验收资料,建立质量档案。④负责项目工程检测工具的管理,确保检测工具的完好。⑤协助安全员组织对施工人员进行三级安全教育,督促施工队进行班前安全活动,每半月召开一次安全会议,并检查安全会议记录。⑥检查工程质量情况、指导和督促质检员和班组长做好质量检验和评定工作,参加分项、分部和竣工工程的质量检查,特别对隐蔽工程,要做好验收记录,认定质量验评。

现场安全员职责:①在项目经理领导下,负责项目部安全管理工作。②协助项目经理建立健全项目部安全生产管理体系,编制并完善各项安全制度。③负责编制项目部职业健康安全目标和管理方案并组织实施。④负责组织项目部人员学习贯彻相关法律法规、公司当年一号文件、《安全生产三十项"卡死"制度》《施工现场管理标准》等有关施工安全管理办法、规定。⑤负责检查施工现场的临时用电、施工机械的使用管理、特种作业人员的持证上岗、既有线施工的要点和防护、季节性的施工方案实施、现场消防管理,以及施工现场坑、井、沟和各种孔洞、易燃易爆危险场所、变压器、出入口、上料口等部位配备警示、提示、禁止指令、标志等。⑥负责对施工组织设计中编制的安全技术措施进行重点检查。⑦负责班前安全教育每日安全检查,按规定填写记录。⑧负责各项安全报表的填报工作。⑨负责对分包方、相关方的安全教育和监督检查。⑩发生事故,执行相应的应急准备与响应预案,立即组织抢救和执行上报制度，并保护好现场，按规定参加事故调查。

第二节　主要设备及人员投入计划

3 台 SH－30 型钻机，1 台 XY－100 型回旋钻机（附带标贯等），项目经理 1 名，现场技术员 1 名，现场安全员 1 名，每台机器各配备工人 3 人。

第三节　工程工期

因场地未平整，分 3 次入场，时间按实际需要考虑。

参考文献

[1] 工程地质手册编委会. 工程地质手册[M]. 3版. 北京:中国建筑工业出版社,1992.
[2] 李智毅,唐辉明. 岩土工程勘察[M]. 武汉:中国地质大学出版社,2000.
[3] 张喜发. 岩土工程勘察与评价[M]. 长春:吉林科学技术出版社,1995.
[4] 工程地质手册编委会. 工程地质手册[M]. 4版. 北京:中国建筑工业出版社,2008.
[5] 唐辉明. 工程地质学基础[M]. 北京:化学工业出版社,2008.
[6] 高金川,杜广印. 岩土工程勘察与评价[M]. 武汉:中国地质大学出版社,2003.
[7] 林宗元. 岩土工程勘察设计手册[M]. 沈阳:辽宁科学技术出版社,1996.
[8] 凌浩美,罗小龙. 岩土工程勘察[M]. 北京:地质出版社,2014.
[9] 中国工程建设标准化协会. CECS 99:98 岩土工程勘察报告编制标准[S]. 北京:中国工程建设标准化协会,1998.
[10] 国家质量技术监督局,中华人民共和国建设部. GB/T 50123—1999 土工试验方法标准[S]. 北京:中国计划出版社,1999.
[11] 国家技术监督局,中华人民共和国建设部. GB 50218—1994 工程岩体分级标准[S]. 北京:中国计划出版社,1995.
[12] 中华人民共和国建设部,中华人民共和国国家质量监督检验检疫总局. GB 50021—2001 岩土工程勘察规范(2009年版)[S]. 北京:中国建筑工业出版社,2009.
[13] 中华人民共和国建设部,中华人民共和国国家质量监督检验检疫总局. GB 50330—2002 建筑边坡工程技术规范[S]. 北京:中国建筑工业出版社,2002.
[14] 中华人民共和国建设部. JGJ 106—2003 建筑桩基检测技术规范[S]. 北京:中国建筑工业出版社,2003.
[15] 中华人民共和国建设部. JGJ 72—2004 高层建筑岩土工程勘察规范[S]. 北京:中国建筑工业出版社,2004.
[16] 中华人民共和国建设部,中华人民共和国国家质量监督检验检疫总局. GB 50025—2004 湿陷性黄土地区建筑规范[S]. 北京:中国建筑工业出版社,2004.
[17] 中华人民共和国建设部,中华人民共和国国家质量监督检验检疫总局. GB 50046—2008 工业建筑防腐蚀设计规范[S]. 北京:中国计划出版社,2008.
[18] 中华人民共和国建设部. JGJ 94—2008 建筑桩基技术规范[S]. 北京:中国建筑工业出版社,2008.
[19] 中华人民共和国建设部,中华人民共和国国家质量监督检验检疫总局. GB/T 50145—2007 土的工程分类标准[S]. 北京:中国计划出版社,2008.
[20] 中华人民共和国住房和城乡建设部,中华人民共和国国家质量监督检验检疫总局. GB 50011—2010 建筑抗震设计规范[S]. 北京:中国建筑工业出版社,2010.
[21] 中华人民共和国住房和城乡建设部,中华人民共和国国家质量监督检验检疫总局. GB 50007—2011 建筑地基基础设计规范[S]. 北京:中国建筑工业出版社,2011.
[22] 中华人民共和国住房和城乡建设部. JGJ T87—2012 建筑工程地质勘探与取样技术规程[S]. 北京:中国建筑工业出版社,2011.
[23] 中华人民共和国住房和城乡建设部. JGJ 120—2012 建筑基坑支护技术规程[S]. 北京:中国建筑工

业出版社,2012.
[24] 中华人民共和国住房和城乡建设部,中华人民共和国国家质量监督检验检疫总局. GB 50112—2013 膨胀土地区建筑技术规范[S]. 北京:中国建筑工业出版社,2012.
[25] 中华人民共和国住房和城乡建设部,中华人民共和国国家质量监督检验检疫总局. GB/T 50942—2014 盐渍土地区建筑技术规范[S]. 北京:中国计划出版社,2015.
[26] 中华人民共和国交通运输部. JTG C20—2011 公路工程地质勘察规范[S]. 北京:人民交通出版社,2011.
[27] 中华人民共和国铁道部. TB 10012—2007 铁路工程地质勘察规范[S]. 北京:中国铁道出版社,2007.
[28] 国家质量技术监督局,中华人民共和国建设部. GB/T 50123—1999 土工试验方法标准[S]. 北京:中国计划出版社,1999.
[29] 夏邦栋. 普通地质学[M]. 2版. 北京:地质出版社,1995.
[30] 宰金珉. 岩土工程测试与监测技术[M]. 北京:中国建筑工业出版社,2008.
[31] 陈希哲. 土力学地基基础[M]. 3版. 北京:清华大学出版社,1998.
[32] 李智毅. 工程地质学概论[M]. 武汉:中国地质大学出版社,2010.
[33] 周德泉,彭柏兴,陈永贵,等. 岩土工程勘察技术与应用[M]. 北京:人民交通出版社,2008.
[34] 中华人民共和国建设部,中华人民共和国国家质量监督检验检疫总局. GB 50068—2001 建筑结构可靠度设计统一标准[S]. 北京:中国建筑工业出版社,2001.
[35] 中华人民共和国住房和城乡建设部. JGJ 79—2012 建筑地基处理技术规范[S]. 北京:中国建筑工业出版社,2012.
[36] 中华人民共和国国土资源部. DZ/T 0148—2014 水文水井地质钻探规程[S]. 北京:中国标准出版社,2014.
[37] 中华人民共和国建设部,中华人民共和国国家质量监督检验检疫总局. GB 50027—2001 供水水文地质勘察规范[S]. 北京:中国计划出版社,2001.
[38] 任建喜. 岩土工程测试技术[M]. 武汉:武汉理工大学出版社,2009.
[39] 王清. 土体原位测试与工程勘察[M]. 北京:地质出版社,2006.
[40] 蒋辉,郭训武. 专门水文地质学[M]. 北京:地质出版社,2007.
[41] 孟高头. 土体原位测试机理、方法及其规程应用[M]. 武汉:中国地质大学出版社,2000.